世界级的竞争在于细节

要成大事，先做小事

终有一天你会懂
细节决定成败

圣铎☆编著

四川人民出版社

图书在版编目（CIP）数据

终有一天你会懂：细节决定成败 / 圣铎编著 . --
成都：四川人民出版社，2021.6
ISBN 978-7-220-11681-0

Ⅰ . ①终… Ⅱ . ①圣… Ⅲ . ①成功心理—通俗读物
Ⅳ . ① B848.4-49

中国版本图书馆 CIP 数据核字 (2019) 第 272133 号

ZHONG YOU YITIAN NI HUI DONG：XIJIE JUEDING CHENGBAI

终有一天你会懂：细节决定成败

圣铎　编著

出 版 人	黄立新
策划组稿	张明辉
责任编辑	王卓熙
营销策划	张明辉
插画绘制	金版文化
封面设计	简明波
责任印刷	李　剑
出版发行	四川人民出版社（成都槐树街2号）
网　　址	http：//www.scpph.com
E-mail	scrmcbs@sina.com
新浪微博	@四川人民出版社
微信公众号	四川人民出版社
发行部业务电话	（028）86259624　86259453
防盗版举报电话	（028）86259624
印　　刷	深圳市雅佳图印刷有限公司
成品尺寸	135mm × 180mm
印　　张	14
字　　数	300千
版　　次	2021年6月第1版
印　　次	2021年6月第1次印刷
书　　号	ISBN 978-7-220-11681-0
定　　价	49.90元

前言

PREFACE

加藤信三原本是日本狮王株式会社牙刷部的小职员。有一天起床，他匆匆忙忙地洗脸、刷牙，不料，急忙中出了一些小乱子，牙龈被刷出血来。加藤信三不由火冒三丈。因为刷牙时牙龈出血的情况已不止发生过一次了。他本想到公司技术部大发一通脾气，但走到半路，他努力平息自己的怒火，并开始回想自己刷牙的过程，才发现自己一直都太急躁。同时加藤信三发现了一个为常人所忽略的细节：他在放大镜下看到，牙刷毛的顶端由于机器切割，都呈锐利的直角。"如果通过一道工序，把这些直角都挫成圆角，那么问题就完全解决了！"于是，加藤信三一改往日的急躁、粗心，在一次次试验后终于把新产品的样品正式呈交给公司。公司领导看后，欣然采纳了他的建议，迅速投入资金，把全部牙刷毛的顶端改成了圆角。

改进后的狮王牌牙刷很快受到了广大顾客的欢迎。对公司作出巨大贡献的加藤信三从普通职员晋升为课长，十几年后成为公司董事长。

谁也想不到，加藤信三因为关注刷牙细节，从此飞黄腾达起来。钦羡之时，也不得不令人思考"细节"这个问题。其实，生活就是由一些点点滴滴的细节组成，而往往正是这些细节在你人生中的某些时候起到了关键性的作用。

细节就是这样的神奇，细节就是这样的不可思议，你对日常生活中一个司空见惯、微不足道的小事情的关注或许会让你抓住改变命运的机会！

在提倡精细化管理的今天，细节对于企业更是有决定生死成败的威力。企业的细节管理是一个长期的积累过程，它不会在市场上产生立竿见影的效果，带来直接的经济效益。对产品质量精益求精的追求，对管理力臻完善的谨慎，对顾客一点一滴的关爱，都是砌就企业品牌大厦的砖砖瓦瓦。一个不注重细节的企业必定是一个产品粗糙、管理粗糙、服务粗糙的企业。千里之堤，毁于蚁穴，一个漏洞百出的企业怎能经得起市场风雨的吹打？同样，对于个人，你的一言一行、一举一动无不展现着你独特的素质和修养。展示一个完美的自己很难，因为它需要每一个细节都完美，但是毁掉自己却很容易，它只需要疏忽一个小细节。

细节无孔不入，细节出神入化。对于企业，细节就是创新，细节就是机遇，细节就是财富，细节就是决定生死成败的关键；对于个人，细节体现素质，细节决胜职场，细节攸关幸福，细节隐藏玄机，细节具有决定命运的力量。这本书将全方位、多角度地向您展示细节的全部奥秘。全书从“天下大事，必做于细”的理念入手，到“用心捕捉细节”的实质，再到“细节决定成败”的具体场景运用，结合精彩故事和典型案例，对企业管理、创业、人际交往、职场、面试、领导、识人、会议、谈判、推销、演讲、礼仪、理财、家庭、择友、穿着、健康等方方面面的细节进行了深入浅出、细致生动的描述，例如宴请前精心挑选宴请地点、谈判桌上巧妙而恰当地向对方发问……内容兼具指导性与实用性。可以说，这是一本指点读者学习为人处世之道、从平淡的事业走向成功、拥有幸福生活的说明书。相信开启此书，你定会领悟到成功道路中细节的力量。

目录

Contents

上篇 细节决定成败

下篇 细节怎样决定成败

上篇

细节决定成败

PART 01 天下大事，必作于细——改变对小事的观念和态度

世界级的竞争在于细节

随着社会的飞速发展，社会分工越来越细，新兴职业越来越多，职业更替的周期也在不断加速。据统计，中国目前已经有了1800多种职业，并且还有逐年增加的趋势。

分工越来越细，专业化程度越来越高，是社会发展的必然趋势。从古典经济学派的亚当·斯密、大卫·李嘉图，到萨伊、马克思、马歇尔、熊彼特、凯恩斯、萨缪尔森等几乎所有的经济学家，都把分工看成是工业化进程不断深化、劳动生产率不断提高的重要根据。

经济学的开山鼻祖亚当·斯密的首要观点就是分工，讲专业化分工如何发展。市场经济的发展一定是越来越专业化的竞争，国际上许多优秀大企业都是上百年专注于一个领域，把工作做足、做细，然后再涉足相关领域，而不是到处插手、盲目多元化。

1981年于瑞士成立的罗技有限公司（Logitech）是全世界

知名的电脑周边设备供应商，当初罗技只是依靠生产鼠标和键盘进入电脑周边设备行业。鼠标和键盘是电脑最不可缺少的外设配件，同时也是价钱较低、获利较少的配件，因此无法吸引电脑行业的巨头们，这便给了罗技一个契机。从此，罗技走上了鼠标和键盘生产的专业化道路，经过了数年的努力，罗技成了全球最大的鼠标和键盘的生产供应商。

对此，《细节决定成败》一书的作者汪中求先生认为这对中国的企业，尤其是中、小企业有很大的借鉴意义。他一直不主张搞盲目的多元化，因为中国的企业95%都是中、小企业，多元化基本上是“陷阱”而不是“馅饼”。中国的企业如果能在专业化上下足功夫，把产品做精，把质量做细，一定会获得高速成长。浙江、广东的很多企业在这一点上做得非常好。最有代表性的就是鲁冠球的杭州万向节厂。整个20世纪80年代，鲁冠球集中力量生产汽车万向节，实施“生产专业化，管理现代化”以后，又实现“产品系列化”，使当初只有7个人、4000元资产的小厂一跃成为有数亿元资产的大型企业。2003年，鲁冠球位列福布斯中国富豪榜第4名，资产54亿元。

但是世界上却有很多企业家并不知道“钻石就在自己的脚下”的道理，他们喜欢像蜜蜂一样，在全国和世界各地飞来飞去，寻找他们的生意机会，显得异常忙碌。其实完全没有必要，因为在你自己的后院里就可能有很多处理不完的好买卖，只要自己一件一件做好就能够赚大钱。

在美国，一个名叫赫博的人经历过一件惨事——破产！赫博很多年来一直是一个精明的建筑商，他不断地周游全国，以规模越来越大的高层写字楼和公寓楼群给自己立下了一个又一个的纪念碑。但最终他还是破产了。

后来他和他的朋友在一起谈起他的故事。赫博说："你知道，在忍受出差去远方城市开发大项目带来的所有不适和不便的同时，我花费了大量钱财。那是一个永远结束不了的噩梦：与飞机场行李搬运工、票务代理商、空姐、出租车司机和旅馆服务员频繁打交道；忙于进出宾馆以及处理商务差旅所带来的一切麻烦。我做好了这些，结果到头来却是竹篮打水一场空。如果这些年我待在家里，每天只需要在我所住的那条街道上花一个小时来回散步，关注那些细微的变化，注意那些要出售的房产，几乎不用花费什么力气，我就可以轻而易举地赚到数百万美元。我需要做的只是买下那条街上出售的每一份房地产，然后等待机会将它们卖出去。当我耗心费力地在全国各地到处奔波的时候，我所住的那条街道的房地产升值了10倍还多。"

可见，"世界级的竞争，就是细节竞争"。在现代社会里，对细节的重视已经深入人心。作为一个企业的管理者，不仅要关注企业宏观战略的内容，更要注重企业微观方面的管理内容。企业的执行人员要从细节入手把工作做细，从而在企业中形成一种管理文化，那就要注重战略百分百的执行，从而使企业具有极其强大的竞争力。

作为世界著名的动画片制作中心的迪士尼公司就十分善于从细节上为观众和客人提供优质服务，从而使游客在离开迪士尼乐园以后仍然可以感受到他们服务的周到。他们调查发现，每天平均大约有2万游客将车钥匙反锁在车里。于是他们抓住

了这个细节，公司雇用了大量的巡游员，专门在公园的停车场帮助那些将钥匙锁在车里的游客打开车门——无须给锁匠打电话，无须等候，也不用付费。正是这样一个小小的细节，让成千上万的游客感受到迪士尼公司无微不至的服务。

迪士尼公司的服务意识与其产品一样优秀，因为公司内部流传一种“晃动的灯影”理论。所谓“晃动的灯影”，也是迪士尼公司企业文化的一部分。这一词汇源自该公司的动画片《谁陷害了兔子罗杰》，其中有个人物不小心碰到了灯，使得灯影也跟着晃动。这一精心设计，只有少数电影行家才会注意到。但是，无论是否有人注意到，这都反映出迪士尼公司的经营理念一直臻于至善，从而使迪士尼公司越来越深入人心。

细节造就完美。世上不可能有真正的完美，但无论企业也好，人也好，都应该有一个追求完美的心态，并将其作为生活习惯。目前，很多企业虽然有远大的目标，但在具体实施时，由于缺乏对完美的执着追求，事事以为“差不多”便可，结果由于执行的偏差，导致许多“差不多的计划”到最后一个环节已经变得面目全非。

企业经常面对的看似都是琐碎、简单的事情，却最容易被忽略，最容易错漏百出。其实，企业也好，个人也好，无论有怎样远大的目标，如果一个细节处理不到位，都会被搁浅，而导致最终的失败。“大处着眼，小处着手”，与魔鬼在细节上较量，才能达到管理的最高境界。

战略：一切围绕细节

当今社会，企业越做越大，大得以前不敢想象，但不知道你有没有注意到，在这大的背后，企业对细节的重视度越来越高。其实这种现象是必然的。因为战略决定命运，而当今企业的战略往往就是“从细节中来，到细节中去”。这包含两个主要因素：

1.越能把握细节，战略定位越准确

战略管理大师迈克尔·波特认为：战略的本质是抉择、权衡和各适其位。

所谓“抉择”和“权衡”，就是我们所谈的每个战略制定前的调研分析，以便作出最后决定的过程；“各适其位”就是对战略定下来以后的具体细节的执行过程。那么，这个前期的过程，拆开来看，就是对每一个细节的关注。

麦当劳在中国开到哪里，火到哪里，令中国餐饮界人士又是羡慕，又是嫉妒。可是我们有谁看到了它前期艰苦细致的市场调研工作呢？麦当劳进驻中国前，连续5年跟踪调查，内容包括中国消费者的经济收入的情况和消费方式的特点，提前4年在中国东北和北京市郊试种土豆，根据中国人的身高、体形确定了最佳柜台、桌椅和尺寸，还从其他地区空运成品到北京，进行口味试验和分析。开首家分店时，在北京选了5个地点反复论证、比较。最后麦当劳进军中国，一炮打响。这就是细节的魅力。

众所周知，美国是“车轮上的国家”，汽车普及率居全球首位，每100人平均有约80辆车，目前在全美国有超过2亿辆车在行驶着。美国每年销售新车约1700万辆，是全球最庞大的单一汽车市场，所以美国又是全世界汽车业最重要、竞争最激烈的地方。

但是美国汽车在汽车界龙头老大的地位逐渐在20世纪70年代石油危机之后发生了动摇，这主要是因为日本小型汽车的崛起。从20世纪70年代到90年代，日本汽车大举打入美国市场，势如破竹，给美国汽车市场造成巨大损失。追究其中的根源，就是在于日本汽车企业制定了“一切围绕细节”的战略决策。

丰田公司在汽车的调研这件事上，也表现出了日本人特有的精细。有一件小事，说明了丰田公司市场调研的精细程度：

一位彬彬有礼的日本人来到美国，没有选择旅馆居住，却以学习英语为名，跑到一个美国家庭里居住。奇怪的是，这位日本人除了学习以外，每天都在做笔记，美国人居家生活的各种细节，包括吃什么食物、看什么电视节目等，全在记录之列。3个月后，日本人走了。此后不久，丰田公司就推出了针对美国家庭需求而设计的价廉物美的旅行车，大受欢迎。该车的设计在每一个细节上都考虑了美国人的需要，例如美国男士（特别是年轻人）喜爱喝玻璃瓶装饮料而非纸盒装的饮料，日本设计师就专门在车内设计了能冷藏并能安全放置玻璃瓶的柜子。直到该车在美国市场推出时，丰田公司才在报上刊登了他们对美国家庭的研究报告，并向那户人家致歉，同时表示感谢。

正是通过这样系列细致的工作，丰田公司很快掌握了美国汽车市场的情况，5年以后，丰田终于制造出了适应美国需求的轿车——科罗娜。有一个关于科罗娜的广告宣传片是这样的：一辆科罗娜汽车冲破围栏腾空而起，翻了几个滚后稳稳落地，然后继续向前开。马力强劲、坚固耐用、造型新颖，同时价格低廉（不到2万美元）的科罗娜推向美国后获得巨大成功。当年丰田汽车在美国销售达3000多辆，是上年的9倍多。

试想：如果日本丰田公司不做如此细致、准确的市场调研

的话，能有这样辉煌的情形吗？

2.再好的战略，也必须落实到每个细节的执行上

汪中求先生一直认为，中国绝不缺少雄韬伟略的战略家，缺少的是精益求精地执行者；绝不缺少各类规章、管理制度，缺少的是对规章制度不折不扣地执行。好的战略只有落实到每个执行的细节上，才能发挥作用，也就是迈克尔·波特说的“各适其位”。

张先生在不到一年的时间中，在宝岛眼镜连锁店的两次经历让他在商业氛围中产生了真正的感动。第一次是在2013年3月初，那时张先生刚从南方来到现在工作的城市，对这个城市还不大了解。一天，路过宝岛眼镜，想起自己的眼镜架最近几天有点紧，压迫着太阳穴，很不舒服，径直走了进去。

刚进门，店内服务人员就向他问好，并询问他需要什么帮助。说明来意之后，服务人员把他领到一个柜台前，告知该柜台可以提供所需要的服务。由于柜台旁人很多，服务人员便让他坐在柜台附近的椅子上。坐下不久，服务人员端来一杯微微冒着热气的茶水，微笑着说：“先生，先喝杯茶，桌子上的杂志你可以翻阅翻阅。很快就可以轮到你的。”张先生一边道谢，一边接过服务人员手中的纸杯，然后一边喝水，一边翻阅杂志。没等多久就轮到了他，工作人员耐心地为他调整眼镜架的宽度，一次次试戴，直到他感觉舒适为止。他很为工作人员发自内心的真诚感动，甚至感觉自己真的做了一回“上帝”，于是提出付费，工作人员却微笑着说：“这些服务是免费的。”张先生仍然过意不去，再三提出付费的请求，但是工作人员坚持拒绝收取服务费用。

2014年1月上旬，张先生的镜架又出现不适的感觉：一边高，一边低。想起宿舍附近也有一家宝岛眼镜，便打算第二天去修一修，但是考虑到服务免费的问题，又有一些说不出的难为情。不过，想到镜架价值较高，最终还是决定去宝岛眼镜维修镜架。第二天天气很冷，走进宝岛眼镜，迎来的同样是一张张笑脸，询问可以提供什么样的帮助后，带领他到相关柜台，并搬来椅子让他坐下。不到一分钟，一位先生端来一杯热茶。张先生端在手中，明显地感觉到温度高于2013年3月那杯，联想到当天的室外温度，张先生顿时明白了这杯茶的温度所蕴含的真诚：细微之处替顾客着想。一想到此，另一种感觉油然而生：下一次配镜一定选择宝岛眼镜。这是他发自内心的感动和决定，就像宝岛眼镜的真诚服务来自心灵深处一样。

所以说，战略和战术、宏观和微观是相对的，战略一定要从细节中来，再回到细节中去；宏观一定要从微观中来，再回到微观中去。

做人不计小，做事不贪大

改革开放以来，我国市场经济出现了蒸蒸日上、欣欣向荣的局面。这种形势为个人才能的施展搭建了舞台，使不少人走向辉煌，同时又激发了不少人对成功的憧憬，为此去开拓、去拼搏。然而，任何事物都具有两重性，这也让一些人一心只想做“大事”，幻想一夜成功、名扬四海。浮躁的心态，已成了一种常见的社会现象。

有一年，汪中求先生应河南安阳市工商联的邀请，去安阳为企业作营销培训。当地的一位知名企业的厂长在与他交谈时说：“我们厂子花了60多万美元进口了两台世界上最先进的设备，可是我们操作机器的人水平达不到，两台设备发挥不出应有的效益。”汪先生问他：“你们厂里操作这两台设备的人是什么水平？”他回答：“是大专毕业生，而据出口这台设备的美国公司说，操作这两台设备的最低要求应该是研究生水平，而且应具有良好的英语水平和良好的责任心。”汪先生说：“那你为什么不引进一些研究生和本科生呢？”他有些难为情地说：“安阳是个小地方，别说研究生，就是本科生都不愿意来。”

安阳实际上不能算是个小地方，应该说是地区中心城市。我们的大学毕业生们一心盯着京、津、沪等直辖市，次一点也要去省会城市，而中国众多的中小城市却找不到合格的人才，这是不是与当代的大学生心态有关系呢？

说到底，不在于大地方、小地方，大企业、小企业，是你愿不愿意真正从基层做起，是你知不知道自己的身价几何。

客观地讲，从事业发展的角度来看，不发达的地域反而给自己的机会多些。这些地区的经济及各项事业有待于起飞，急需人才，所以那些有志气、有专长、能吃苦的人，如果能下决心到这样的地区开拓事业，同样可以找到机会，同样能够大有作为。

有一位法律专业的毕业生，家在一个小县城里。毕业时，很多同学利用关系千方百计想留到大城市里，他没有任何关系，只好回县城。当时还很沮丧，后来他才意识到，回到偏僻地方也许是一次难得的机遇。因为当一个好律师，必须有很多实践机会，他发现律所里受过正规训练的人不多，领导十分器重他，把很多案子交给他来办。由于他潜心学习，很爱动脑子，办了好多大案子甚至是棘手案子，取得成就的他很快崭露头角，成了顶梁柱。相反，与他同期毕业留在大城市的同学，由于大城市人才济济，实习的机会少，几年之后有的还没有单独办过案子，还是见习律师，有的还在当文书、做助手。见面的时候，同学们反而用羡慕的目光看他，说他是幸运儿、机遇好。其实，应该说这是落后艰苦地域给了他磨炼提高的好机会，使他很快成才。正是从这个意义上来说，艰苦的地域可以给有志青年提供有助于成长的机遇。

可见，能够做成大事之人都是从简单的、具体的、琐碎的、单调的小事中一步一步走过来的。把小事做好、把好事做大，是他们成就大事的基础和秘诀。

对此，老子早就说过："天下难事，必作于易；天下大事，必作于细。"对于企业而言，如果不重视细节的运营，用心浮躁、急功近利的话，那么很难有很大的发展。

由于浮躁，有的企业前期势头不错，刚发展到了几千万资产，就要搞多元化经营；刚搞到了几个亿，就要搞国际化，扬言几年之内进军世界500强云云。于是就头脑发热，盲目扩张；耳根发硬，听不进别人的意见；两眼发晕，看不到企业经营中的风险……

新加坡著名华人企业家、“橡胶大王”兼“黄梨大王”李光前有自己独特的经营方法。1928年他创建南益树胶公司时，鉴于许多胶商因把资金用来购买胶园与烟房而使企业资金周转不灵甚至倒闭的教训，采取了与众不同的方式，没有把资金用来购买胶园与胶厂、烟房。他的烟房除了在马来西亚麻坡县武吉巴西的旧烟房外，都是租用别人胶厂的；树胶则向小园主收购。这种经营方式虽然利润较低，但流动资金充裕，可以随时调动。

李光前采取现金交易的原则，这也是与众不同的。小园主把胶液与胶丝卖给南益公司，除可一手拿钱一手交货外，在急需现款时还可以向公司预借。因此小园主都乐于与他交易，使公司不致缺货或断货，弥补了没有树胶园的短处。1929年，世界性经济危机爆发并波及新加坡，胶价暴跌，拥有大量胶园与胶厂的树胶商损失惨重，中小胶商更是纷纷破产。而李光前的南益公司即使在胶价最低时，也现金充裕，损失最为轻微。

此后，李光前在经营方式上更为谨慎，凡是购买胶园或增建胶厂的资金，绝不向银行借贷，银行给予的贷款只用作流动资金。由于他信用良好，1958年，南益集团曾向新加坡汇丰银行取得4500万元的抵押贷款，成为当时获得贷款最多的华人公司。因此，李光前曾经这样说过："凡是在工商业上最成功的人，就是最会利用银行信用的人。"后来，李光前进行多元化投资，其南益集团成为新加坡最大的企业集团之一。

求快、求发展是我们每个人的心愿，但如何做？这要求大家不论是做人、做事、做管理，都应当踏踏实实。从实际出发，从大处着手，从小事做起，拒绝浮躁。因此，要时刻牢记这样的一个口号："做事不贪大，做人不计小。"

要成大事，**先做小事**

俗语说"一滴水，可以折射整个太阳"，许多"大事"都是由微不足道的"小事"组成的。日常工作中同样如此，看似琐碎、不足挂齿的事情比比皆是，如果你对工作中的这些小事轻视怠慢、敷衍了事，到最后就会因"一着不慎"而失掉整个胜局。所以，每个员工在处理小事时，都应当引起重视。

工作中无小事，要想把每一件事情做到无懈可击，就必须从小事做起，付出你的热情和努力。士兵每天做的工作就是队列训练、战术操练、巡逻排查、擦拭枪械等小事；饭店服务员每天的工作就是对顾客微笑、回答顾客的提问、整理清扫房间、细心服务等小事；公司中你每天所做的事可能就是接听电话、整理文件、绘制图表之类的小事。但是，我们如果能很好地完成这些小事，没准儿将来你就可能是军队中的将领、饭店的总经理、公司的老总。反之，你如果对此感到乏味、厌倦不已，始终提不起精神，或者因此敷衍应付差事，勉强应对工作，将一切都推到“英雄无用武之地”的借口上，那么你现在的位置也会岌岌可危，在小事上都不能胜任，何谈在大事上大显身手呢。没有做好小事的态度和能力，做好大事只会成为无本之木、无源之水，根本成不了气候。可以这样说，平时的每一件小事其实就是一个房子的地基，如果没有这些材料，想象中美丽的房子只会是空中楼阁，根本无法变为实物。在职场中每一件小事的积累，就是今后事业稳步上升的基础。

美国第32任总统罗斯福曾说过：成功的平凡人并非天才，他资质平平，却能把平平的资质发展成为超乎平常的事业。

有一位老教授说起过他的经历：“在我多年来的教学实践中，发觉有许多在校时资质平平的学生，他们的成绩大多在中等或中等偏下，没有特殊的天分，有的只是安分守己的诚实性格。这些孩子走上社会参加工作，不爱出风头，默默地奉献。

他们平凡无奇，毕业分手后，老师和同学都不太记得他们的名字和长相。但毕业后几年或十几年中，他们却带着成功的事业回来看老师。而那些原本看来有美好前程的孩子，却一事无成。这是怎么回事？

“我常与同事一起琢磨，认为成功与在校成绩并没有什么必然的联系，但和踏实的性格密切相关。平凡的人比较务实，比较能自律，所以许多机会落在这种人身上。平凡的人如果加上勤能补拙的特质，成功之门必定会向他敞开。”

人们都想做大事，而不愿意或者不屑于做小事，想做大事的人太多，而愿意把小事做好的人太少。事实上，随着经济的发展，专业化程度越来越高，社会分工越来越细，真正所谓的大事实在太少。因此，多数人所做的工作还只是一些具体的事、琐碎的事、单调的事，它们也许过于平淡，也许是鸡毛蒜皮，但这就是工作，是生活，是成就大事不可缺少的基础。所以无论做人、做事，都要注重细节，从小事做起。一个不愿做小事的人，是不可能成功的。要想比别人更优秀，就要在每一件小事上下功夫。不会做小事的人，也做不出大事来。

看不到细节，或者不把细节当回事的人，对工作缺乏认真的态度，对事情只能是敷衍了事。这种人无法把工作当作一种乐趣，而只是当作一种不得不接受的苦役，因而在工作中缺乏追求极致的热情。而考虑到细节、注重细节的人，不仅认真地对待工作，将小事做细，并且注重在做事的细节中找到机会，从而使自己走上成功之路。

我们普通人，平常的工作或生活中很显然都在做一些小事，怕只怕小事也做不好，小事也做不到位。身边有很多人，不屑于做具体的事，总盲目地相信“天将降大任于斯人也”，殊不知能把自己所在岗位的每一件事做成功、做到位就很不简单了。“有其职斯有其责，有其责斯有其忧。”如果力不及所负，才不及所任，必然祸及己身，导致混乱。所以，重要的是做好眼前的每一件小事。所谓成功，就是在平凡中做到不平凡的坚持。

周恩来位居总理之职，官位不可谓不大，而他强调的却是“关照小事，成就大事”。他一贯要求身边的工作人员尽可能地考虑到事情的每个细节，最反感“大概”“可能”“也许”的做法和言语。一次在北京饭店举办涉外宴会，他问：“今晚的点心是什么馅儿？”一位工作人员答道：“大概是三鲜馅儿吧。”周恩来马上追问：“什么叫大概？究竟是，还是不是？客人中如果有人对海鲜过敏，出了问题谁负责？”

周恩来总理正是以他这种一丝不苟的精神，不仅赢得了中国人民的爱戴，同样受到了国际友人的尊敬。尼克松说：“对于周恩来来说，任何大事都是从注意小事入手这一格言，是有一定道理的。他虽然亲自照料每棵树，但也能够看到森林。”

尼克松回忆道：“我们在北京的第三天晚上应邀去看乒乓球表演，当时天已下雪，而我们预定第二天要去参观长城。周恩来离开了一会儿，通知有关部门清扫通往长城的路上的积雪。”

“海不择细流，故能成其大；山不拒细壤，方能就其高。”

周恩来总理重视细节的作风，希望能够对我们改变观念起到一定的作用。有的朋友以为做了大官才能做大事，或者只想做大事，最终肯定是不但成不了大事，反而连小事也做不好。

任何一位成功者都是磨炼出来的。人的生命具有无限的韧性和耐力，只要你始终如一地脚踏实地做下去，无论在怎样的

处境，无论大事或小事，都不放松自我、不自暴自弃，你便可以创造出令自己和他人都震惊的成就。

“不积跬步，无以至千里；不积小流，无以成江海。”凡成就一份功业，都需要付出坚强的心力和耐性。你想坐收渔利，那只能是白日做梦；你想凭侥幸、靠运气夺取丰硕的果实，运气永远不会光顾你。

也许你勤奋地工作，到头来却家徒四壁、一事无成，但是你如果不去勤奋工作，你就肯定不会有香车豪宅，不会有成就。所以，如果你想成功，你就要去做，马上做，即使是小事。

大的利益源于**小的付出**

对艾伦一生影响深远的一次职务提升是由一件小事情引起的。一个星期六的下午，一位律师（其办公室与艾伦的同在一

层楼）走进来问他，哪儿能找到一位速记员来帮忙——手头有些工作必须当天完成。

艾伦告诉他，公司所有速记员都去观看球赛了，如果晚来5分钟，自己也会走。但艾伦同时表示自己愿意留下来帮助他，因为“球赛随时都可以看，但是工作必须在当天完成”。

做完工作后，律师问艾伦应该付他多少钱。艾伦开玩笑地回答：“哦，既然是你的工作，大约1000美元吧。如果是别人的工作，我是不会收取任何费用的。”律师笑了笑，向艾伦表示谢意。

艾伦的回答不过是一个玩笑，并没有真正想得到1000美元。但出乎艾伦意料，那位律师竟然真的这样做了。6个月之后，在艾伦已将此事忘到了九霄云外时，律师却找到了艾伦，交给他1000美元，并且邀请艾伦到自己公司工作，薪水比现在高出1000多美元。

一个周六的下午，艾伦放弃了自己喜欢的球赛，多做了一点事情，最初的动机是出于乐于助人的愿望，而不是金钱上的考虑。艾伦并没有放弃自己的休息日去帮助他人的义务，但那是他的一种特权，一种有益的特权，它不仅为自己增加了1000美元的现金收入，而且为自己带来一项比以前更重要、收入更高的工作。

因此，我们不应该抱有“我必须为老板做什么”的想法，而应该多想想“我能为老板做些什么”。一般人认为，忠实可靠、尽职尽责完成分配的任务就可以了，但这还远远不够，尤其是对于那些刚刚踏入社会的年轻人来说更是如此。要想取得成功，必须做得更多更好。一开始我们也许从事基层的、助理性质的事务性工作，难道我们要在这样的职位上做一辈子吗？

成功者除了做好本职工作以外，还需要做一些不同寻常的事情来培养自己的能力，引起人们的关注。

如果你是一名货运管理员，也许可以在发货清单上发现一个与自己的职责无关的未被发现的错误；如果你是一个过磅员，也许可以质疑并纠正磅秤的刻度错误，以免公司遭受损失；如果你是一名邮差，除了保证信件能及时准确到达，也许可以做一些超出职责范围的事情……这些工作也许是专业技术人员的职责，但是如果你做了，就等于播下了成功的种子。

付出多少，就能得到多少，这是一个众所周知的因果法则。也许你的投入无法立刻得到相应的回报，也不要气馁，应该一如既往地多付出一点。回报可能会在不经意间，以出人意料的方式出现。最常见的回报是晋升和加薪。除了老板以外，回报也可能来自他人，以一种间接的方式来实现。

伟大始于平凡，一个人手头的小工作其实是大事业的开始，能否意识到这一点意味着你能否做成一项大事业，能否取得成功。

从前在美国标准石油公司里，有一位小职员叫阿基勃特。他在远行住旅馆的时候，总是在自己签名的下方写上“每桶4美元的标准石油”字样，在书信及收据上也不例外，签了名，就一定写上那几个字。他因此被同事叫作“每桶4美元”，而他的真名反倒没有人叫了。

公司董事长洛克菲勒知道这件事后说：“竟有职员如此

努力宣扬公司的声誉，我要见见他。”于是邀请阿基勃特共进晚餐。

后来，洛克菲勒卸任，阿基勃特成了第二任董事长。

这是一件谁都可以做到的事，可是只有阿基勃特一个人做了，而且坚定不移，乐此不疲。嘲笑他的人中，肯定有不少人才华、能力在他之上，可是最后，只有他成了董事长。

一个人的成功，有时纯属偶然，可是谁又敢说，那不是一种必然呢？

恰科是法国银行大王，每当他向年轻人回忆过去时，他的经历常会令闻者沉思起敬，人们在羡慕他的机遇的同时，也感受到了一个银行家身上散发出来的特有精神。

还在读书期间，恰科就有志于在银行界谋职。一开始，他就去一家最好的银行求职。一个毛头小伙子的到来，对这家银行来说太不起眼了，恰科接二连三地碰壁。后来，他又去了其他银行，结果也是令人沮丧。但恰科要在银行里谋职的决心一点儿也没受到影响，他一如既往地向银行求职。有一天，恰科再一次来到那家最好的银行，“胆大妄为”地直接找到了董事长，希望董事长能雇用他。然而，他与董事长一见面，就被拒绝了。对恰科来说，这已是第52次遭到拒绝了。当恰科失魂落魄地走出银行时，看见银行大门前的地面有一根大头针，他弯腰把大头针拾了起来，以免伤人。

回到家里，恰科仰卧在床上，望着天花板直发愣，心想命运对他为何如此不公平，连让他试一试的机会也没给。在伤心中，他睡着了。第二天，恰科又准备出门求职，在关门的一瞬间，他看见信箱里有一封信，拆开一看，恰科欣喜若狂，甚至有些怀疑这是否在做梦——他手里的那张纸是录用通知。

原来，昨天恰科蹲下身子去拾大头针的细节，被董事长看见了。董事长认为如此精细小心的人，很适合当银行职员，所以改变主意决定雇用他。恰科是一个对一根针也不会粗心大意的人，因此他才得以在法国银行界平步青云，终于有了功成名就的一天。

人生的美德再没有比爱心来得更宝贵的了，它是一切美好事物的源头。“如果把爱拿走，地球就变成一座坟墓了。”而当你献出心中的爱时，得到的爱会成倍地增加，甚至一个小小的爱心之举就会改变你的命运，让你一举成名。

韩国韩进企业集团的董事长赵重熏，原来只是在仁川干货运生意的一名司机，由于在当时的韩国，司机被认为是很低贱的工作，所以他创办的韩进商社发展得一直很慢。他真正发达起来的转折点，就是他做了一件富有爱心的事。

一天，赵重熏由汉城开车前往仁川，经过富平时，看到路旁有辆抛锚的轿车，是位美国女士的。他马上下车热心地帮这位美国女士修好车。令人意想不到的是这位女士竟然是驻韩美军高级将领的夫人，她在感激之余把赵重熏介绍给自己的丈夫。从此，这位企业家开始真正地起飞了。当时朝鲜战争结束不久，韩国国内物资极度匮乏，全靠美军援助。在这位驻韩美军高级将领的帮助下，赵重熏接下了美援物资运输这笔大生意，他开始日进斗金，快速发展起来。后来，在越南战争期间，他又利用和驻韩美军的亲密关系，获得了在越南从事军运的许可，从此赚到了1.3亿美元。

如今，韩进企业集团包括大韩航空在内，一年总营业额为12000亿元韩币。这一切成就的根源，就是赵重熏的爱心。

爱心的力量不可估量，它是一个人走向成功的内在动力。

它不仅可以让你的心灵得到满足，重要的是，在你献出爱心的同时，他人会记住你的爱心，在你需要帮助的时候，他们也就会真心实意地支持你。爱心是互补的，只要你充满了爱心，你就会被别人的爱心所包围，这样的人自然更容易取得成功。

但是要培养出良好的“爱”的艺术并非轻而易举的事，它需要你通过自身的努力实践来获得。在生活中，你要处理好与同事、邻里和上司的关系，一旦他们有什么困难需要帮助时，你就要挺身而出，帮他们做一些力所能及的事。

总之，你要加强自我修养，多向一些修养好、品德高尚、富有爱心的人学习。毕竟，人生因为有爱才有意义、有激情、有奔头。而能使你走向成功的动力之一，也正是它——爱心。

PART 02

千里之堤，溃于蚁穴——忽视细节的代价

迟到几分钟，丢掉大生意

诚实守信是一种美好的品德，更是做人的基本原则。近年来，诚实守信在社会上的被重视程度逐渐提高。

很多人能够认识到诚实守信的重要性，也希望自己能够成为一个有诚信的人。但不少人认为诚信的原则只是在大事中才能体现，而事实上要做到诚实守信，必须从小事做起。在商业谈判中，有许多人因为不重视“守时”这个做人的原则，结果毁掉了大好的合作机会。

一位朋友向周总推荐一位印刷公司老板。这位老板知道周总的公司在印刷方面花了不少钱，想争取周总的生意。他带来了精美了样本、合理的价格建议和热情的许诺。周总有礼貌地坐着，尽管会议还没开始，他就决定不把生意交给他，因为他迟了20分钟才来。“准时”在取得周总公司的印刷品的印刷权上是十分关键的。周总公司的产品的印刷资料星期三送到，星期四装订，星期五发送到周总下星期出席的座谈会地点，迟一

天就跟迟一年那么糟糕。周总的公司可能要十多位工人在既定的一天来将销售信、小册子和订货单叠好塞进信封，如果印刷品没运到，啥事都干不成。所以，当那位印刷公司老板在第一次会议时就不能准时出席，周总就推断出不能指望这个印刷公司老板能把他的工作干好。

许多你想打交道的精明、成功和有影响力的人士，并没什么“系统”去判断别人和决定买谁的东西，与谁做生意，帮助或信任谁。如果你不是守时者，别人就会对你作负面评价。可以说，遵守时间是一个有助于打动别人的简单方法。

守时代表了彬彬有礼、温文尔雅的大家风范。有些人总是手忙脚乱地完成工作，他们总是给人急匆匆的印象，就好像他们总是在赶一辆马上就要启动的火车。他们没有掌握适当的做事方法，所以很难会有什么大的成就。学校生活最大的优点之一就是有铃声催你起床，告诉你什么时间该去晨读或者上课，

教你养成恪守时间、从不误时的习惯。每个年轻人都应该有一块表，可以随时看时间。事事习惯“差不多”是个坏毛病，从长远来看更是得不偿失。在著名商人阿蒙斯·劳伦斯从事商业生涯的最初7年里，他从不允许任何一张单据到星期天还没有处理。商业界的人士都明白，商业活动中某些重大时刻会决定以后几年的业务发展状况。如果你到银行晚了几个小时，票据就可能被拒收，而你借贷的信用就会荡然无存。

“哦，我多么喜欢任何事情都按时完成的年轻人！”布朗先生说，“你很快就会发现，自己可以信赖他，并且很快就会让他来处理越来越重要的事情。”

守时是使人信任的前提，会给人带来好名声。它清楚地表明，我们的生活和工作是按部就班、有条不紊的，使别人可以相信我们能出色地完成手中的事情。守时的人一般都不会失言或违约，都是可靠和值得信赖的。办事一贯准时、守时的好名声，往往是积累成功资本的第一步。有了第一步，成功自然水到渠成。

忽视细节让他屡屡败走大公司

人生一世，无论做人、做事，都要注重细节，从小事做起。由此，我们需要改变心浮气躁、浅尝辄止的毛病，提倡注重细节，把小事做细、做实。

可是，生活中偏偏有不少人总是忽略这些轻微的细节，结果往往栽在这些不起眼的小事上，张先生因为忽视细节致使屡屡败走大公司的事例可以充分说明这一点。

每年金秋10月，都是跳槽的高峰期之一，而500强外资大公司都乘机把目光锁定在各路精英的身上，同时各路精英也在搜索着自己钟情的大公司。但是，并非每位精英都能如愿以偿。

连续向500强外资大公司发起了多次“冲击”的张先生感叹道：“从6月到国庆前夕，我先后参加了30家企业的面试，其中仅500强大公司就有TNT、东芝、三星、UPS等，结果却无一过关。唉！我为何屡屡败走大公司？”

张先生毕业于某交通大学交通运输专业，一开始，他到东北某大型国有企业找到一份工作。两年后，来到上海，不久就进了一家合资物流公司，在仓储部门任仓储调度。2004年5月合同到期，已升迁到仓储主管的张先生离开了公司，踌躇满志的他把目光瞄准了500强外资大公司。理想是美好的，可现实是无情的，屡屡碰壁后，他的自信心开始动摇了……

张先生第一次面试的大公司是世界500强、全球四大快递公司之一的荷兰TNT的子公司——一家专做汽车配件的汽车物流公司。5月上旬某日下午1点，他去参加面试。他先填写的是中文报名表，在填报具体职位时，他有点犹豫，便在空格中写了两个职位：运输主管和仓储主管。

面试官是两位中国人——一位人力资源部经理和一位物流部经理。自我介绍结束后，物流部经理首先问道：“你为什么填两个职位，你到底应聘哪个职位呢？”张先生说：“我学的是交通运输，在东北做过运输管理工作，来上海后又做了一年仓储管理工作，两个岗位都可以做。”

物流部经理用不太信任的口气说：“我们要求有5年相关工作经验，你只工作了3年，经验不足！你以前做的是快速消费品，我们做的是汽车配件，你的专业经历不行！”尽管他竭力辩解，两位面试官还是不为所动。这次面试就这样失败了。

后来张先生分析其原因，觉得面试失败的主要原因虽是专业经历欠缺，但填两个应聘职位这一细节失误也有一定的负面影响。

8月下旬，张先生意外接到了东芝一家分公司的通知面试的电话，让他第二天上午10点过去面试。也是巧事，韩国三星公司也通知他在这天下午2点30分参加面试。一天应聘两家500强企业，他真是忙得有点晕头转向。此外，他还有点担心，万一他们用日语、韩语面试怎么办？他可从来没学过这些。

在等待面试时，张先生发现公司员工都说上海话，此时他的心稍轻松了一些，毕竟上海话他能听懂一些。但是一踏进小会议室时，张先生马上意识到了对面经理的眼神里有一丝失望——他的穿着太随意，只穿了一件旧的休闲T恤，头上的汗还没有擦干净。

自我介绍完后，她问：“你的数据库编程水平怎么样？”他很奇怪：我是做物流或做仓储工作的，会操作就可以了，干吗要会数据库编程呢？于是他如实回答：“数据库编程我不太懂行。”面试中，她问了很多令人不愉快的问题，话里语间处处流露着不信任，似乎在审问一个囚犯。这使得张先生很气愤，于是没等她说完，张先生就主动退出了面试。

面试自然又失败了。张先生反省道：“其原因可能就是第一印象不太好。虽然责任在自己，但我心里还是有气：你们主动找上我的，还那么苛刻，还专门问一些令人难堪的问题！”

怀着几分气愤，下午他提前10分钟赶到了韩国三星的分公司，前台小姐很客气地将他领进一间会议室。他想这次应该有戏了吧。会议室里坐着3个人：人力资源部经理、运作部经理和一位会说汉语但带着明显的口音的韩国人。三人看起来都很友好和善。

他向他们微笑了一下，便用流利的英语作自我介绍。他的表述很快得到了他们的首肯。接着，韩国人用汉语问了一些问题，“来上海几年了”“工作情况怎么样啊”，他都认真地做了回答。

可能是因为这段时间他不断地投简历，不断地参加面试，对这一次面试的事前的准备有点松懈了。接到三星的面试通知后，他竟然想不起应聘的是哪个职位。他当然不能直接问面试官，便婉转地问：“我应聘的职位有什么具体要求？”谁知，这些老江湖很快明白了张先生的心思。运作部经理当即问：“你难道连这个职位的要求都不知道吗？”张先生慌忙辩解说：“不是的，我是想了解清楚以后，便于将来迅速开展工作。”运作部经理很快微微地笑了一下：“那是，那是！”接着他又问了有关海关报关方面的问题，因为张先生的专业经历不大对口，他的回答不太理想。他居然边回答边做手势，可能是动作大了点，说着说着，面试官们突然大笑起来。张先生尴尬地看着他们。这次面试就在他们的欢笑和张先生的尴尬中收场了。

心情低落的张先生回到家里没精打采地打开电脑查信息。不查不知道，一查吓一跳：原来他应聘的三星公司的职位是物流专员！此时，他不觉感到有点羞愧了。原来这次面试失败的原因在于仓促上阵，对自己应聘的职位不了解，一些专业问题事先没准备。

仔细地分析张先生屡屡失败的原因，不难看出他忽略了面试中许多细微的小事：比如说在面试很多不同职位的情况下，将其一概而论，没有对某一特定的职位做针对性的准备；衣着打扮也不太合体，没有充分重视第一印象的作用；面试中没有注意言行举止，手舞足蹈，给人一种不严肃的感觉……

小不忍则乱大谋

小谭费了九牛二虎之力进了一家大公司。有一段时间，小谭他们11楼的热水器坏了，喝开水要到15楼去打。这样，每天提热水壶上15楼打开水自然成了小谭的分内事，谁让他在办公室资历最浅。这天上午，小谭先到外面办事，11点才回到办公室，回来时大汗淋漓，他揭开热水壶盖一看，里面空空如也。小谭很生气，大声说从明天起轮流打开水，他不能一个人承包。没人响应，于是，第二天早晨上班后他也不打开水了，结果可想而知，当天中午他就被领导叫去训了一通，让他勤快一点儿……

这太不公平了！小谭心里想，觉得自己再也不能这么夹着尾巴做人了，于是他开始琢磨跳槽的事了。

应该说，这事对小谭的确不公平，但在现代职场上，永远也不会有绝对公平出现！道理很简单，无论社会进步到什么程度，企业管理如何扁平化，企业内部永远是个金字塔结构。既然是个金字塔，就必然会有上下之分，既然有上下之分，就必然会有不平等的现象存在。企业作为一台利润压榨机，与追求公平相比，它更喜欢效率。在一个公司内部，如果没有适当的层级制度和淘汰制度，它就会因为自己的“仁义”而失去竞争力，就会在竞争中遭到淘汰。因此，在现实生活之中，永远不会出现你想象中的那种公平。

这就需要你学会控制自己，学会忍耐，学会去适应身处的这个真实的环境和社会，这是许多成功人士能够超越他人成就大事的一个重要方面。

一个人的发展往往会受到很多因素的影响，这些因素有很多是自己无法把握的，工作不被认同、才能不被重用、职业发展受挫、上司待人不公平、别人戴着有色眼镜看自己……这时，能够拯救自己出泥潭的只有忍耐。比尔·盖茨曾告诫初入社会的年轻人：社会是不公平的，这种不公平遍布于个人发展的每一个阶段。在这一现实面前任何急躁、抱怨都没有益处，只有坦然地接受这一现实并忍受眼前的痛苦，才能扭转这种不公平，使自己的事业有进一步发展的可能。

莎莉·拉斐尔很早就立志于播音事业。但由于当时美国各家无线电台都约定俗成地只聘用男性，所以当她在各家电台应聘时，都因被认为不能胜任这类工作而屡遭拒绝。

后来，她在纽约的一家电台找到一份工作，但不久却以

“赶不上时代”为由遭到辞退，结果又失业了。

一天，她向一家广播公司的负责人谈起她的节目构想。

“我相信公司会有兴趣。”那人说。但此后不久那人便离开了公司，她的美梦破灭了。后来，她又找到公司另外两名职员，却被要求主持她最不擅长的政治节目。

但是，她并没有退缩，而是抓住了这次机会，通过自己的勤奋，使她主持的节目一时间成为最受欢迎的节目。

“我遭人辞退18次，本来大有可能被这些遭遇所吓退，做不成我想做的事。结果相反，这鞭策我勇往直前。”拉斐尔自豪地说。

莎莉·拉斐尔后来成为著名的自办电视节目主持人。在美国、加拿大和英国，每天都有数百万观众收看她的节目。

莎莉靠着坚忍的毅力承受了一次又一次的挫折，她不但没有丧失信心，反而勇敢地面对一切，用积极的心态赢得了最终的成功。

有很多人遇到挫折后，不是去寻求合适的方法克服困难，而是把一切原因都归结到别人的身上，喜欢迁怒于别人。挫折心理都是由刺激即挫折源引起的。自然逆境引起的挫折没有人为性，而社会逆境和个体自身因素引起的挫折都具有人为性的特点，这样就必然面临遇到挫折后要如何对待他人的问题。

社会逆境引起的挫折，挫折源都是人为的。对于有意为自己设置障碍的人，受挫折者该如何对待呢？是耿耿于怀，视为永远的敌人，还是宽容大度，化干戈为玉帛呢？应该是后者。因为，迁怒于别人只能给自己的人际交往带来障碍，对排除困难没有好处。

小疏忽带来大损失

屋檐下有一块石头，它非常坚硬，也非常自信。它常常认为自己坚不可摧，非常看不起周围的朋友。

一天，一滴水从屋檐上掉下来，正好落在石头身上。石头觉得软软的，一点儿感觉也没有。它非常轻蔑地问："小鬼，你这么柔弱，还敢向我挑战？"

水滴说："我虽然柔弱，但我有决心向你挑战！因为我有打败你的法宝！"

石头哈哈大笑起来："小小水滴，口气倒不小。快告诉我你有什么法宝能打败我？"

水滴说："我靠自己打败你。"

"哈哈哈——荒唐，你有我壮吗？你有我强吗？你有我硬吗？你有我大吗？不管哪一点，你都是我的手下败将。”

水滴说：“就凭我自己，我就能战胜你！”

“你做梦吧！”

水滴说：“只要我重视你、你忽略我的话，我就能战胜你！”

“我偏不信！想用这种办法来哄着我重视你。”

“那走着瞧吧！你必败！”

石头哼哈着，根本没把水滴说的当回事。

水滴不停地滴在石头背上，月复一月，年复一年。石头照样唯我独尊，根本不在乎水滴。

好多年以后，石头背上出现了一个大洞。石头终于醒悟过来了。它望着自己带有伤痕的身子，后悔地说：“没想到我一个小小的疏忽，竟导致我如此悲惨的命运！”

是呀，后悔归后悔，但只要“前事不忘，后事之师”，买个经验教训也还是有它的意义的。可是悲剧却还在重演，有时甚至有愈演愈烈之势。

许多企业就像石头那样，两只眼睛只盯着那些表面的利益，蒙骗顾客，却不去考虑其可能带来的损失。

只有那种经营时不让顾客有丝毫的遗憾、不满，不再经营时让顾客遗憾万分的公司，才是真正经营成功的公司，才是名利双收的公司。

办企业一定要诚实，对所有顾客负责，靠欺骗顾客混日子是长久不了的。

如果发现公司有不合理的现象，要立刻设法铲除，不可姑息。对产品同样如此，不要因为是自己做的产品，出了问题就秘而不宣，等到被消费者发觉时，受损害的就不止你本人，很可能连整个公司的名誉、信用也受到拖累。

有着百年辉煌历史的爱立信与诺基亚、摩托罗拉并世称雄于世界的移动通信业。但自1998年开始的3年里，当世界移动电话业务高速增长时，爱立信的移动电话市场份额却从18%迅速降至5%，即使在中国市场，其份额也从1/3左右迅速地下滑到了2%！爱立信在中国从手机销售头把交椅跌落，不但退出了销售三甲，而且还排在了当时的新军三星、飞利浦之后。在中国这样一个快速成长的市场上，国际上很多濒于破产的企业都能在这个市场找到新的机会，但爱立信却在这块风水宝地上失去了它往日的辉煌。

2001年，在中国手机市场上，大家去买手机时，都在说爱立信如何如何不好。当时，它一款型号为T28的手机存在质量问题。这本来就是一个错误，但更大的错误是爱立信漠视这一错误。“我的爱立信手机的送话器坏了，送到爱立信的维修部门，很长时间都没有解决问题；最后，他们告诉我是主板坏了，要花700块钱换主板。而我在个体维修部那里，只花25元就解决了问题。”这位消费者确切地说出了爱立信存在的问题。那时，几乎所有媒体都注意到了T28的问题，似乎只有爱立信没有注意到。爱立信一再地辩解自己的手机没有问题，而是一些别有用心的人在背后捣鬼。然而，市场不会去探究事情的真相，也不给爱立信以“申冤”的机会，最终无情地疏远了它。

其实，中国消费者已经给了爱立信一次机会，只不过，爱立信没能好好把握那次机会。

1998年，《广州青年报》从8月21日起连续3次报道了爱立信手机在中国市场上的质量和服务问题，引发了消费者以及知名人士对爱立信的大规模批评。而且，爱立信的768C、788C以及当时大做广告的SH888，居然没有取得入网证就开始在中国大量销售。当时，轻易不表态的电信管理部门的声明证实了此事。至此，爱立信手机存在的问题浮出了水面。但爱立信一如既往地采取掩耳盗铃的方式来解决问题。据当时参与报道的一位记者透露，爱立信试图拿出几万元广告费来封媒体的嘴；爱立信某办事处主任还心虚嘴硬地狡辩："我们的手机没有问题！"既然选择拒不认错，爱立信自然不会去解决问题，更不会切实去做服务工作。

质量和服务中的缺陷，使爱立信输掉了它从未想放弃的中

国市场。

无独有偶，美国强生公司也有类似的事件发生。但他们因事后采取的措施及时、正确，使得公司效益迅速回升，转危为安。

美国强生公司生产的泰乐诺胶囊是一种止痛药，1981年的销售额达到13.5亿美元，占强生公司总销售额的7％、利润的17％。1982年9月，一位患者服药后当天死亡。消息传出后，强生公司在止痛药的市场份额迅速由35.3％下降到7％，公司面临着巨大危机。公司迅速作出反应，严谨调查、妥善处理相关事宜。

结果，经过一番努力，在8个月后，公司重新赢得了35％的市场份额，使公司起死回生。

同样是面临危机事件，爱立信输掉中国市场，而强生公司却转危为安。这其中的奥妙有多少人研究过呢？

其实并不是企业才有可能“千里之堤，溃于蚁穴”，就个人而言，有时也会因一个细节而栽跟头。

诸立昌的第一次求职经历，令他一生都难以忘怀。诸立昌应聘的是一家全国知名的国有大型企业。人事部对他的资料相当满意，对他的英语水平和写作能力也很欣赏。也许是出于惜才之故，人事部主管对诸立昌极为客气，当即电话通知财务经理对他进行面试。10分钟不到，财务经理就来了。

财务经理是一位十分瘦削的老先生，衣着朴素。几句寒暄

之后，便转入正题，他说他想考几个会计科目方面的问题。如此简单的问题，让诸立昌不禁窃喜。“你说吧，你说吧。”诸立昌说，一点儿也不紧张。

考核极为顺利，对财务经理提出的问题，诸立昌几乎是不假思索，对答如流，同时还旁征博引，援引财政部最新颁布的有关会计法规加以论证。诸立昌想用自己的学识来赢得这位经理赏识。一个小时后，他被宣布录用了。成功如此容易，骄傲的情绪自然也就滋长起来了。

上班的第一天，财务经理交给诸立昌的第一份工作就是依据凭证录入原材料明细账。这个过程极为简单，就是一个数字转抄的事儿。一千多张凭证诸立昌两天就录完了。他不免有些看轻这份工作，言语之间有所流露。财务经理却依然是一副水波不兴的样子。到第七天开始与总账核对。诸立昌惊奇地发现自己竟对不上账。据其所录明细金额，十次二十次地加总，与总账总是对不上。诸立昌慌了手脚，几千笔金额要查出错误可不是一件易事，反复核查几次后仍与总账对不上。诸立昌开始怀疑是总账有误。他再一次自信地找到财务经理，用极其肯定的语气告诉经理没有错，应该是总账错了。财务经理并没有直接回答诸立昌的话，只是笑了笑说：“小伙子，世上好像任何事都是相对的，没有太绝对的吧。”诸立昌不以为然。财务经理将其录入的明细账拿去复核，结果不到10分钟就查出了一笔错误，322579误写成了22579，二者之间相差巨大！

诸立昌羞愧满面，无言以对。财务经理当即让诸立昌去人事部办理离职手续，他恳请经理能原谅自己的这次过错。而财务经理言出必行，毫无挽回的余地。临行时，财务经理意外地抽出时间和诸立昌谈心："小伙子，你很聪明，但人不能聪明得过了头。一开始你就很傲气，记不记得我问你问题时，你一连说了两个：你说吧。我看你有才，姑且原谅你。这几天我交给你一个简单会计工作，旨在考查你，结果你完成得怎么样？照抄你都会抄错，你的能力何在？因为你这一错，公司有可能损失20多万元，这个责任是你负还是我负呢？本来我可以原谅你，但我今天不得不辞退你。我的年龄与你的父亲相当，正因为如此，我想如果今天不给你一个沉重的打击，你就不能吸取这个教训。请体会我的良苦用心。你不能怪我，要怪只能怪你自己没有迈好你的第一步。"

一份年薪可观的工作就这样与他失之交臂了。从公司到学校是一段极长的路，平常都是公司的班车接送诸立昌上下班。

而这天，诸立昌第一次要从公司走回去了。他为这错误的一步付出了高昂的代价。

可见，无论是企业还是个人，都不要忽略一些细小的错误，否则就有可能付出惨重的代价。

一顿奢侈的晚餐吓走了外商

不拘小节常被人看作是大度潇洒的表现：大礼不拘小让，做大事的人哪顾得了那些鸡毛蒜皮的小事？

错了。知道吗？大事全部是由不起眼的小事组成的，唯有把每件小事做好，才有可能做成大事业。更何况，许多日常社交上的所谓小事也许不会给你带来明显的财富收入，但却是一个人修养素质的全部体现，是一个人潜在的形象及人际资源方面的投资。但是，生活中有许多人并不重视这些诸如吃饭一样的小节，结果毁掉了大好的合作机会。

某国有企业与一家美国大公司商谈合作问题，这家企业花了大量功夫做前期准备工作。在一切准备就绪之后，公司邀请美国公司派代表来企业考察。前来考察的美国公司的代表在这家企业领导的陪同下，参观了企业的生产车间、技术中心等一些场所，对中方的设备、技术水平以及工人操作等，都表示了相当程度的认可。中方工厂非常高兴，设宴招待美方代表。宴会选在一家十分豪华的大酒楼，有20多位企业中层领导前来作陪。美方代表以为中方还有其他客人及活动，当知道只为招待他一人之后，感到不可理解。美国代表在回国之后，发来一份传真，拒绝与这家中国企业合作。中方认为企业的各种条件都能满足美方的要求，对代表的招待也热情周到，却莫名其妙地遭到美方拒绝，对此也相当不理解，便发邮件询问。美方代表回复说："你们吃一顿饭都如此浪费，要是把大笔的资金投入进去，我们如何能放心呢？"

对于这家企业来说，能得到一笔巨额投资对于其未来发展具有重要作用，所以这次合作是一件大事，但这件大事却因为一顿饭的"小节"而毁于一旦。

如果说吃饭是一种"小节"，那么也有人因为重视这种"小节"而赢得了商业上合作的机会，可见细节的威力是无穷的。

一个青年来到城市打工，不久就因为工作勤奋，老板将一个小公司交给他打点。他将这个小公司管理得井井有条，业绩直线上升。有一个外商听说之后，想同他洽谈一个合作项目。当谈判结束后，他邀这位也是黑眼睛黄皮肤的外商共进晚餐。晚餐很简单，几个盘子都吃得干干净净，只剩下两个小笼包子。他对服务小姐说，请把这两个包子装进食品袋里，我带走。外商当即站起来表示明天就同他签合同。

因将吃剩下的两个小笼包带走这样极其平凡的小事感动了外商，使外商顺利地与他签订了合同，由此我们可以看出吃饭这等小事带给人的影响。

上面的例子充分说明了“小节”的重要性，可见小节非小，事事关大。但是生活中，总是有太多的人忽略这些所谓的小节，给自己的事业和人生带来巨大的障碍和麻烦。

不妨再举一件发生在我们周围的真人真事。

国内有家工厂，为了能从美国引进一条生产无菌输液软管的先进流水线，曾做了长期的艰苦努力，终于说服了对方。可是，也就是在签字的那一天，在步入签字现场那一刹那，中方厂长突然咳嗽了一声，一口痰涌了上来，他看看四周，一时没能找到可供吐痰的痰盂，便随口将痰吐在了墙角，并小心翼翼地用鞋底蹭了蹭，那位精细的美国人见此情景不由得皱了皱眉。

显然，这个随地吐痰的小小细节引起了他深深的忧虑：输液软管是专供病人输液用的，必须绝对无菌才能符合标准，可西装革履的中方厂长居然会随地吐痰，想必该厂工人素质不会太高，如此生产出的输液软管，怎么可能绝对无菌！于是美国人当即改弦更张，断然拒绝在合同上签字——中方将近一年的努力也便在转眼间前功尽弃！

随地吐了一口痰结果砸了一笔大生意，这难道不值得三思？

每天我们都置身于不同的场合，作为社交一分子，我们要做的就是让自己的行为与场合和身份相称。但是，偶尔一疏忽就会露出马脚，这个时候你不妨检查一下自己有什么细小的地方做得不妥当。

曾经有一位朋友说他不会与一家公司的另一位同学合作。于是有人惊讶地问他：大家都是同学，生意上又可互惠互利，为什么呀？他说："这么多年了还是一点儿长进都没有，我听着他嚼口香糖的声音就想吐。还有我拉他去跟人家谈判，出来后我为有这样的同学而丢人，他的形体语言太夸张了，时而摇头晃脑，时而拍手大笑，让对方觉着我们跟人家不在一个层面上，怎么做生意啊！"

据人所知，那位同学人不错，也有不少其他优点，但修养、礼仪上的这些小问题竟然给他带来如此大的负面影响真是出乎人的意料。

现在就让我们来看看你的行为，你是否在当众打呵欠？在大庭广众之下，你能忍住不打呵欠吗？打呵欠在社交场合中给人的印象是，表现出你不耐烦了，而不是你疲倦。

有些耳痒的人，只要他看见什么可以用，就会随手取一支来掏耳朵，尤其是在餐室，大家正在饮茶、吃东西的当儿，掏耳朵的小动作，往往令旁观者感到恶心，这个小动作实在不雅，而且失礼。有些头皮屑多的人，在社交的场合也忍耐不住皮屑刺激的搔痒而搔起头皮来。搔头皮必然使头皮屑随风纷飞，这不仅难看，而且令旁人大感不快。

宴会席上，谁也免不了会有剔牙的小动作，既然这小动作不能避免，就得注意剔牙的时候不要露出牙齿，更不要把碎屑乱吐一番，这是失礼的事情。假如你需要剔牙，最好用左手掩住嘴，头略向侧偏，吐出碎屑时用纸巾接住。

因此，由于自己不拘小节的习惯，而破坏了自己的形象，这实在不好，针对此必须注意：

手——最易出毛病的地方是手。以手掩住鼻子、不停地抚弄头发、使手关节发出声音、玩弄接过手的名片。无论如何，两只手总是忙个不停，很不安稳的样子。本来想使对方称心如意，谁知道却因为这样而惹人厌烦。

脚——神经质地不住摇动，往前伸起脚，紧张时后脚跟踮起等动作，不仅制造紧张气氛，而且也相当不礼貌。如果在讨论重要提案时伸起脚，准会被人责骂。

在参加会议时更不要当众双腿抖动。这种小动作多发生在坐着的时候，站立时较为少见。这种小动作，虽然无伤大雅，但由于双腿颤动不停，令对方视线觉得不舒服，而且也给人以情绪不安定的感觉，这是失礼的。同样，让跷起的腿钟摆似的荡秋千也是相当难看的姿态。

背——老年人驼背是正常的事，如果二三十岁的年轻人都驼背的话，可就不太好了。我们主张挺直腰杆和人交谈。

眼睛——目光惊慌，在该正视时，却把眼光移开，这些人都是缺乏自信，抑或隐藏着不可告人的秘密，这种人容易使人反感。然而直盯着对方的话，又难免会让人产生压迫感，使别人不满。因此只要能安详地注视对方的眼睛就可以了。

表情——毫无表情，或者死板的、不悦的、冷漠的、无生气的表情，会给对方留下坏的印象。应该赶快改正，不要让自己脸上有这种表情。为使说话生动，吸引对方，最好能有生动活泼的表情。

动作——手足无措、动作慌张，表示缺乏自信。动作迟钝、不知所措，会使人觉得没劲儿。昂首阔步、动作敏捷、有生气的交谈等会使气氛变得畅快。所以，千万别忘了人是依态度而被评价、依态度而改变气氛的。

不要以为这些小节不重要，它会严重影响到你的社交形象，以至于影响到你在他人眼中的印象，因此，为了不至于因小节伤大雅，因小节损伤自己形象，请从此刻起：密切关注生活中这些细微的小节，树立良好的形象，多方位地完善自我，最终使自己登上大雅之堂。

PART 03 魔鬼在细节中——认清细节的实质

细节是一种创造

有位医学院的教授，在上课的第一天对他的学生说：“当医生，最要紧的就是胆大心细！”说完，便将一根手指伸进桌子上一只盛满尿液的杯子里，接着再把手指放进自己的嘴中，随后教授将那只杯子递给学生，让这些学生学着他的样子做。看着每个学生都把手指探入杯中，然后再塞进嘴里，忍着呕吐的狼狈样子，他微微笑了笑说：“不错，不错，你们每个人都够胆大的。”紧接着教授又难过起来：“只可惜你们看得不够心细，没有注意到我探入尿杯的是食指，放进嘴里的却是中指啊！”

教授这样做的本意，是教育学生在科研与工作中都要注意细节。相信尝过尿液的学生应该能够终生记住这次“教训”。

其实我们经营企业更需要养成注意细节的习惯，所谓“千里之堤，溃于蚁穴”。但是细节更为宝贵的价值在于，它是创造性的、独一无二的。因为在每一个看似细小的环节当中，都凝结着经营者点点滴滴的心血和智慧。台湾著名企业家王永庆就是一个善于在经营中创新之人。

王永庆早年家里非常穷，根本读不起书，只好去别人的米行里做伙计。做伙计期间，他一边留心观察来来往往的各种人，特别是老板怎么谈生意，一边积累资金。

16岁那年，王永庆在老家嘉义开了一家米店。当时，小小的嘉义已有30家米店，竞争相当激烈。当时仅有200元资金的王永庆，只能在一条偏僻的巷子里租一个很小的铺面。他的米店地段偏僻，开得晚，规模小，没有任何优势。刚开张的时候，生意冷冷清清，门可罗雀。

王永庆就背着米袋，一家一家地上门推销，但效果就是不行。王永庆感觉到，要想立足米市场，自己就必须有别人没做到或做不到的优势。仔细思量以后，王永庆决定在米的质量和服务上下功夫。

20世纪30年代的台湾，大米加工技术还非常落后，出售的大米中掺杂着秕糠、沙石等杂物，做饭的时候都要多次淘米，很不方便。但长期积累的习惯，买卖双方都见怪不怪。

王永庆经过长期的观察，在这里找到了突破口。他带领弟弟一起动手，不辞辛苦，不怕麻烦，一点点儿地将米里的秕糠、沙石之类的杂物挑出来，再出售。

这样，王永庆店里米的质量就比别人的高一个档次，深受顾客的喜爱，生意也就一天天好起来了。同时，王永庆在服务质量上也更进了一步。当时，客户都是自己来买米，自己扛回去。这对年轻人来说，也许并没什么，但对老年人来说，就有些不方便了。王永庆注意到了这一点，便主动送货上门。这就大大方便了顾客，尤其是一些行动不便的老年人。这些都为米店树立了非常好的声望。

王永庆送货上门并不是简单地一放了事。他送货时，还要将米倒到米缸里。如果缸里有米，他就将旧米倒出来，擦干净米缸，然后将新米倒进去，把旧米放在上层，这样能使米不至于因存放时间过长而变质。这一精细的服务，赢得了许多顾客的心，使回头客一天天变多了。

不光如此，王永庆每次送货上门后，还要用本子记下这家的米缸有多大、有多少人吃饭、多少大人、多少小孩、每人的饭量如何等等。他根据记载的情况估计顾客会什么时候需要米，等时候一到，不用顾客上门，他就将相应数量的米送上门来了。

在送米的过程中，王永庆发现，当地的许多居民大多数都靠打工为生，经济条件不富裕，许多家庭还未到发薪的时候就已经没钱花了。由于王永庆是主动送货上门的，货到要收款，有的顾客手头紧张，一时拿不出钱来，会弄得大家都很尴尬。于是，王永庆采取“按时送米、定时收钱”的办法，先送米上门，等他们发工资后，再约定时间上门收钱。这样极大地方便了一些经济条件较差的顾客，同时在社会上树立了好口碑。

经过一年多的资金积累和客户积累，王永庆便自己办了一个碾米厂，并把它设在最繁华的地段。

事业发展壮大后，王永庆在管理企业时同样注重每一个细节。他的部属深深为王永庆精通每一个细节所折服。当然也有不少人批评他“只见树木，不见森林”，劝他学一学美国的管理，抛开细节只管大政策。针对这一批评，王永庆回答说：“我不仅做大的政策，而且更注意点点滴滴的管理。如果我们对这些细枝末节进行研究，就会细分各操作动作，研究是否合理，是否能够将两个人操作的工作量减为一个人，生产力会因此提高一倍，甚至一个人兼顾两部机器，这样生产力就提高了4倍。”

一个企业要创新，必须加强对细节的关注。一向以创新意识著称的海尔集团总裁张瑞敏曾经说过：“创新存在于企业的每一个细节之中。”

细节是一种能力

人们常说：“世事洞明皆学问，人情练达即文章。”要想在生活中练就一双发现细节的眼睛，需要你经历一个长期积累、细致观察的过程。唯有如此，你才能拥有鹰一样敏锐的目光，发现别人所关注不到的东西。

宋代的米芾是个大画家，专爱收集古画，甚至到了不择手段的程度。他在汴梁城闲逛时，只要发现有人在卖古画，总会立即上前细细观赏，有时还会要求卖画者把画让他带回去看看。卖画者认得他是当朝名臣，也就放心地把画交给了他，他便连夜复制一幅假画，第二天将假画还去而将真画留下。由于他极善临摹，那假画的确足以乱真，故此得到了不少名人真迹。

又一日，当他又用此法将自己临摹的一幅足以以假乱真的假画还去时，画主人却说了一句："大人且莫玩笑，请将真画还我！"米芾大惊，问道："此言何意？"那人回答："我的画上有个小牧童，那小牧童的眼里有个牛的影子，你的画上没有。"米芾听罢，这才叫苦不迭。

上述这个极易被人忽略的"小牧童眼里牛的影子"，就是细节，而一向"稳操胜券"的米芾也正是"栽"在"眼中的牛"这个小小的细节上！而画主人之所以能够发现这一细节，肯定是对画作有着非凡的鉴赏力和卓越的观察力，这绝非一天的工夫。

类似的情节还常常见于文学作品，《聊斋志异》中就有记载。

有个老人一向为人豪爽，常常主动借钱接济四方。有个好赌的无赖听说此事，就找到老人也想借钱，老人答应了他。可也就在这时，老人却发现了这位借钱者的一个极其熟练的动作——这位借钱者见案头放着几枚铜钱，便伸出手来，将那几枚铜钱“高下叠放，如此再三”。老人立即由这个细节看出，此乃赌徒的习惯动作，故此不再借钱给他。

汪中求先生也曾在书中说过：“素养来自于日常生活中一点一滴的细节积累，这种积累是一种功夫。”为此他还特意举了一个例子：

某著名大公司招聘职业经理人，应者云集，其中不乏高学历、多证书、有相关工作经验的人。经过初试、笔试等四轮淘汰后，只剩下6个应聘者，但公司最终只选择一人作为经理，所以第五轮将由老板亲自面试。看来，接下来的角逐将会更加激烈。

可是当面试开始时，主考官却发现考场上多出了一个人，出现7个考生，于是就问道：“有不是来参加面试的人吗？”这时，坐在最后面的一个男子站起身说：“先生，我第一轮就被淘汰了，但我想参加一下面试。”

人们听到他这么讲，都笑了，就连站在门口为人们倒水的那个老头子也忍俊不禁。主考官也不以为然地问：“你连考试第一关都过不了，又有什么必要来参加这次面试呢？”这位男子说：“因为我掌握了别人没有的财富，我本人即是一大财富。”大家又一次哈哈大笑了，都认为这个人不是头脑有毛病，就是狂妄自大。

这个男子说：“我虽然只是本科毕业，只有中级职称，可是我却有着10年的工作经验，曾在12家公司任过职……”这时主考官马上插话说：“虽然你的学历和职称都不高，但是工作

10年倒是很不错，不过你先后跳槽12家公司，这可不是一种令人欣赏的行为。”

男子说：“先生，我并没有跳槽，而是那12家公司先后倒闭了。”在场的人第三次笑了。一个考生说：“你真是一个地地道道的失败者！”男子也笑了：“不，这不是我的失败，而是那些公司的失败。这些失败积累成我自己的财富。”

这时，站在门口的老头子走上前，给主考官倒茶。男子继续说：“我很了解那12家公司，我曾与同事努力挽救它们，虽然不成功，但我知道错误与失败的每一个细节，并从中学到了许多东西，这是其他人所学不到的。很多人只是追求成功，而我，更有经验避免错误与失败！”

男子停顿了一会儿，接着说："我深知，成功的经验大抵相似，容易模仿；而失败的原因各有不同。用10年学习成功经验，不如用同样的时间经历错误与失败，所学的东西更多、更深刻；别人的成功经历很难成为我们的财富，但别人的失败过程却是！"

男子离开座位，做出转身出门的样子，又忽然回过头："这10年经历的12家公司，培养、锻炼了我对人、对事的敏锐洞察力，举个小例子吧——真正的考官，不是你，而是这位倒茶的老人……"

在场所有人都感到惊愕，目光转而注视着倒茶的老头。那老头诧异之际，很快恢复了镇静，随后笑了："很好！你被录取了，因为我想知道——你是如何知道这一切的？"

老头的言语表明他确实是这家大公司的老板。这次轮到这位考生一个人笑了。

其实，这个考生从一进门就开始留意到这个倒茶水的老人的眼神、气度、举止等，看出他是这个企业的老板，说明他是一个观察力很强的人。这种洞察入微的功夫不是一朝一夕能够练就的，而需要长期地积累，在注重对每一个细节的观察中不断地训练和提高。这一点，对于一个人和一个企业来说都是相当重要的。

注意细节其实是一种功夫，这种功夫是靠日积月累培养出来的。谈到日积月累，就不能不涉及习惯，因为人的行为的95%都是受习惯影响的，在习惯中积累功夫、培养素质。勉强成习惯，习惯成自然。爱因斯坦曾说过这样一句有意思的话：

“如果人们已经忘记了他们在学校里所学的一切，那么所留下的就是教育。”也就是说，“忘不掉的是真正的素质”。而习惯正是忘不掉的最重要的素质之一，否则，人们怎么会说“好运气不如好习惯”呢？

细节隐藏机会

在一些正式场合，人们对一个陌生人的了解，注意的往往就是他的小节。在互不熟悉的情况下，人们在不知不觉中就会先入为主地认为：一个小节常常反映出大问题。所以，我们的小节便是我们的名片，是我们身份的象征。

鲁尔先生要雇一名勤杂工到他的办公室打杂，他最后挑了一个年轻人。

“我想知道，”他的一位朋友问，“你为什么挑他？他既没有带介绍信，也没有人推荐。”

“你错了，”鲁尔先生说，“他带了很多介绍信。他在门口时擦去了鞋上的泥，进门时随手关门，这说明他小心谨慎。进了办公室，他先脱去帽子，回答我的问题干脆果断，证明他懂礼貌而且有教养。其他所有的人直接坐到椅子上准备回答我的问题，而他却把我故意扔在椅子边的纸团拾起来，放到废纸篓中。他衣着整洁，头发整齐，指甲干净。难道这些小节不是极好的介绍信吗？”

可见，小节不小，能体现大素质。无独有偶，某公司高薪招聘一位员工，不少能人前来应聘，但只有一人顺利过关，为

什么？因为细心的经理注意到了一个细节，这就是当女服务员为这些应聘者递送茶水时，只有他一个人礼貌地站起来并用双手接过，还说了声“谢谢”。

这两则事例充分说明了，在交际场合尤其是事关重大的交际场合，请千万注意细节，因为这些细节之中隐藏着很多改变你人生的机遇，所以，不要放过你身边的任何一件细小之事，哪怕是为一位陌生的老人送去一把椅子。

一个阴云密布的午后，由于瞬间的倾盆大雨，行人们纷纷进入就近的店铺躲雨，一位老妇也蹒跚地走进费城百货商店避雨。面对她略显狼狈的姿容和简朴的装束，所有的售货员都对她视而不见。

这时，一个年轻人诚恳地走过来对她说：“夫人，我能为你做点什么吗？”老妇人莞尔一笑：“不用了，我在这儿躲会儿雨，马上就走。”但老妇人随即又心神不定了，不买人家的东西，却借用人家的店堂躲雨，似乎不近情理，于是她开始在百货店里转起来，哪怕买个头发上的小饰物，也算给自己的躲雨找个心安理得的理由。

正当她犹豫徘徊时，那个小伙子又走过来说："夫人，你不必为难，我给你搬了一把椅子，放在门口，你坐着休息就是了。"两个小时后，雨过天晴，老妇人向那个年轻人道谢，并向他要了张名片，就颤巍巍地走出了商店。

几个月后，费城百货公司的总经理詹姆斯收到一封信，信中要求将这位年轻人派往苏格兰收取一份装潢整个城堡的订单，并让他承包写信人家族所属的几个大公司下一季度办公用品的采购订单。詹姆斯惊喜不已，匆匆一算，这一封信所带来的利益相当于他们公司两年的利润总和！

他在迅速与写信人取得联系后，方才知道，这封信出自一位老妇人之手，而这位老妇人正是美国亿万富翁"钢铁大王"卡内基的母亲。

詹姆斯马上把这位叫菲利的年轻人推荐到公司董事会上。毫无疑问，当菲利打起行装飞往苏格兰时，他已经成为这家百货公司的合伙人了。那年，菲利22岁。

随后的几年中，菲利以他一贯的忠实和诚恳，成为"钢铁大王"卡内基的左膀右臂，事业扶摇直上、飞黄腾达，成为美国钢铁行业仅次于卡内基的富可敌国的重量级人物。

菲利只用了一把椅子，就轻易地与"钢铁大王"卡内基攀亲附缘、齐肩并举，从此走上了让人梦寐以求的成功之路。这真是"莫以善小而不为"。

虽然一个人的成功有时纯属偶然，可是谁又敢说，那不是一种必然呢？在芸芸众生之中，有几人能像菲利一样不去拒绝那些平凡而又高尚的小事，又有多少人能长时间地坚持做好这些小事呢？这就可看出在很多看似偶然成功的背后，必有必然的因素在起作用。那种必然支配着这些偶然，很可能就是他们高出众人的整体素质。很多时候，这种素质就表现在坚持将小事做好。

细节产生效率和效益

每一条跑道上都挤满了参赛选手，每一个行业都挤满了竞争对手。如果你某个细节做得不好，都有可能把顾客推到竞争对手的怀抱中。可是，任何对细节的忽视都会影响企业的效益。

很多企业都在对细节的管理上下足了功夫。戴尔电脑公司的CMM（软件能力成熟度模型），软件开发分为18个过程域、52个目标和300多个关键实践，详细描述第一步做什么，第二步做什么。麦当劳对原料的标准要求极高，面包不圆和切口不平都不用，奶浆接货温度要在4℃以下，高1℃就退货。一片小小的牛肉饼要经过40多项质量控制检查。任何原料都有保存期，生菜从冷藏库拿到配料台上只有2小时的保鲜期，过期就扔掉。生产过程采用电脑操作和标准操作。制作好的成品和时间牌一起放到成品保温槽中，炸薯条超过7分钟、汉堡包超过19分钟就要毫不吝惜地扔掉。麦当劳的作业手册有560页，其中对如何烤一个牛肉饼就写了20多页，一个牛肉饼烤出20分钟内没有卖出就扔掉。

1979年夏天，一位从东北来京出差的顾客，上衣的一个纽扣脱落了，到“天桥”来买一个一分钱的纽扣。正值傍晚时分，百货柜台前顾客云集，业务繁忙。可售货员照样热情地接待这位只买一分钱东西的顾客，先是精心替他挑了一个一分钱的纽扣，然后又拿出针线，替他把纽扣缝好，说了声“欢迎你下次再来”，这才去接待别的顾客。

第二天，这位顾客又来了，还带来了3个伙伴，他们一起来到商场党支部，向书记、经理表达了他们的谢意。然后又在“天桥”买了两块手表、两套服装，还有一些其他商品，

一共花了550元。买纽扣的那位顾客，还特意把手中的笔记本递到那位售货员的跟前，指着其中的备忘录说："这两块手表是别人托我买的，你看看，本上写着，让我上'亨得利'去买，可我要在你们'天桥'买。你们的服务态度好，叫人信得过！"

一个商场经营成败与否，不仅仅在于商品的质量好坏、样式多寡和管理是否有效，售货员的服务也是至关重要的，他们服务的好与坏对一个百货商场的经营起到生命线的作用。顾客都喜欢去售货员服务热情的商场购物，就是由于这种热情服务，给商场赢得了多少固定客户和回头客呀。

这就是细节的魅力，只要你能够以细心的态度和真诚的服务去关注和满足客户需要的每个细节，即使是一个微笑、一束鲜花，也会为你带来非常的惊喜、非常的效益。

在今天，凡是做营销的人没有不知道乔·吉拉德的，他被认为是"世界上最伟大的推销员"。他是如何成功的呢？

乔·吉拉德认为，卖汽车，人品重于商品。一个成功的汽车销售商，肯定有一颗尊重普通人的爱心。他的爱心体现在他的每一个细小的行为中。

有一天，一位中年妇女从对面的福特汽车销售商行，走进了吉拉德的汽车展销室。她说自己很想买一辆白色的福特车，就像她表姐开的那辆，但是福特车行的经销商让她过一个小时之后再去，所以先过这儿来瞧一瞧。

"夫人，欢迎你来看我的车。"吉拉德微笑着说。妇女兴奋地告诉他："今天是我55岁的生日，想买一辆白色的福特车送给自己作为生日的礼物。”“夫人，祝你生日快乐！”吉拉德热情地祝贺道。随后，他轻声地向身边的助手交代了几句。

吉拉德领着夫人从一辆辆新车面前慢慢走过，边看边介绍。在来到一辆雪佛兰车前时，他说：“夫人，你对白色情有独钟，瞧这辆双门式轿车，也是白色的。”就在这时，助手走了进来，把一束玫瑰花交给了吉拉德。他把这束漂亮的鲜花送给夫人，再次对她的生日表示祝贺。

那位夫人感动得热泪盈眶，非常激动地说：“先生，太感谢你了，已经很久没有人给我送过礼物。刚才那位福特车的推销商看到我开着一辆旧车，一定以为我买不起新车，所以在我提出要看一看车时，他就推辞说需要出去收一笔钱，我只好上你这儿来等他，现在想一想，也不一定非要买福特车不可。”就这样，这位妇女就在吉拉德这儿买了一辆白色的雪佛兰轿车。

正是这种细小行为，为吉拉德创造了空前的效益，使他的营销取得了辉煌的成功。他被《吉尼斯世界纪录大全》誉为“全世界最伟大的销售商”，创造了12年推销13000多辆汽车的最高纪录。

你对你的客户服务愈周到，他们就愈会和你保持良好的关系；你提供的服务越细致、越全面，顾客对你的印象就越深刻。

细节贵在执行

一个计划的成败不仅仅取决于设计，更在于执行。如果执行得不好，那么再好的设计，也只能是纸上蓝图。唯有执行得好，才能完美地体现设计的精妙，而执行过程中最重要的在于细节。有时，看似一个微小细节的执行会给一个企业带来起死回生的神奇威力。

一位年轻人大学毕业后到一家大型企业工作。参加工作的前三年，公司的效益非常好，每个月他总会有一笔不菲的工资和奖金。在外人眼里，他能拥有这一切已经很不错了，他也很知足。和他一起共事的大都是大学毕业的年轻人，随着时间的推移，按部就班的工作节奏使他们变得懒散，总觉得工作生活中缺少激情。他们厌倦了目前的工作和生活，想跳槽换个环境。

市场的竞争是残酷的，经济的风云变幻是很难预料的。就在他们决定跳槽的时候，公司由于在一个重大项目上决策失误，损失惨重，多年来公司创造的辉煌一夜之间化为乌有，面临破产的困境。平时公司的经理带领他们工作，对这些年轻人也格外照顾。在公司处于困境的时候选择跳槽，他们很是过意不去，但是长期在公司待下去不会有太大的发展前途。权衡再三，他们决定离开，另谋高就。就这样他们联合了几个年轻人写好了辞职报告。

盛夏时节酷暑难耐，为了节约用电，公司老总把自己办公室空调的温度从23℃提高到24℃。为此，经理特意在门口贴了一张小纸条："关键时刻，让我们从点滴做起。尽管公司处于困境，但困难只是暂时的，如同乌云遮不住太阳。为了节省1℃的电量，你们进入我的办公室时，可以随便减去一件衣服。"

在这个以严格的等级制度管人的公司，没有人可以在进入经理的办公室之前随随便便脱去西装。尽管经理贴出了小纸条，可是没有人在进入他的办公室之前减衣服。时间长了，经理发现了这一点，立即从自己做起，自己先减去一件衣服，穿着随便些，让来汇报工作的员工放松心情，自然一些。

那天他们走到经理办公室，看到小纸条，没敢脱衣服，但心微微地被震动了一下。走进办公室，他们发现经理穿着很随便，而且他们观察到经理室的空调温度比往常高了1℃。经理让他们脱去外套，有什么想法慢慢汇报。先前想好的理由顷刻间烟消云散，最后他们红着脸退了出去。此后，他们的心长久地被那1℃温暖着，尽管那1℃对一个员工上千的企业算不了什么，但是他们从那微不足道的1℃中看出了一种温暖、一种精神。几个月过去了，始终没有人提辞职的事情。后来那家公司走出了困境，企业的发展蒸蒸日上。有人说企业的成功与1℃有关，也有人说与1℃无关。但是，可以肯定大家都从企业的高出的1℃的温度中感受到了企业发展的内在潜力，留住了员工的心，也赢得了企业发展的机遇。

现代企业处在一个迅猛发展的时代，很多决策者制定的方针路线都是正确的。但是，往往出现这样一种情况，就是落实时，再好的计划都会走样变形，甚至完全失败。

反观这些企业所走的每一步路，就会发现，很多事之所以没有做好是因为细节没有做透，这就是执行力的问题。如果细节做到位了，执行力就不存在问题。这个问题是企业中的每一个人、每一个机构、每一个团队都有必要注意的。

有分析家认为，海尔企业精确管理的经验之一，就是把任何一个总目标科学准确地细化分解。

海尔细化、分解组织目标是按“集团—本部—事业部—各职能部门—责任部门—个人”的方式层层展开的。在细分的过程中，每个分目标的具体指标和详细的执行措施也随之逐层细分，纵向到底，直至落实到员工个人。科学的细化、分解举措保证了企业的各项工作的目的性和有效性，减少了资源浪费，为企业目标的实现提供了强有力的实施保障。

在对总目标进行细节分解时，首先要对员工进行认真的分析，把每个员工的长处和短处分析清楚，制订出最佳的细化方案，把任务安排给最合适的人去完成。做到了这一点，管理者手下就没有不可用之人，所有的人都会成为好的工作者。本着这样的精神去安排每一个人的工作，做到在自己所在范围内“人人有事做，事事有人管”，连办公室的玻璃由谁擦、电灯由谁关这样的细节都落实到人了，就会充分调动每个人的责任感和积极性。

而国内许多企业在投入与产出之间往往形成一个巨大的空档。只对投入产出做了理想的规划，对如何落实则没有扎实的手段。一些企业的领导者表面上气势很大，敢于拍板，实际上缺乏周密考虑，对战略实施的困难估计不足。这些企业都实行“大概级”的管理，其水平低下正是目前影响企业效益的根本原因之一。

以飞龙为例。飞龙集团总裁姜伟是“中国改革风云人物”之一，1990年10月创立企业时，注册资金只有75万元，第2年就实现利润400万元，1992年实现利润6000万元，1993年、1994年连续两年利润超过两个亿。这个靠“飞燕减肥茶”起家、“延生护宝液”发财的民营企业，资本积累速度决不亚于海尔，其“地毯式”广告轰炸产生的品牌效应一时间也不亚于海尔，可为什么1995年一遇上保健品市场下滑就一蹶不振？

此中原因非常复杂，姜伟本人对此进行过深刻反省。在其《总裁的20大失误》里，姜伟对飞龙跌落的原因从决策、管理、市场、人才等诸个方面进行了剖析。其中第11大失误是：

“管理规章不实不细。飞龙集团发展6年中制定了无数条规章和纪律，规章制度已经比较完整。但这些规章大部分没有严密的具体细则，没有落实到具体责任人，导致有规难依的局面。纠正这一错误要从现在开始，总部各部门、市场各公司重新把现有的法规完善后，要增加两方面内容，即法规实施细则和实施检查细则。”

其实，像飞龙公司等企业，其规章制度不可谓无，也不可谓不严、不实、不细。但这些规章制度往往说在口头上、写在纸上、钉在墙上，就是落实不到行动上。

“天下大事，必作于细”，我们可以延伸为“天下企业，必做于细”，关键在于一个“做”字，没有实际行动，领导者的宏伟目标只是空想而已。

下篇

细节怎样决定成败

PART 01

用心才看得见——细节隐藏机遇

事事留心皆机遇

人生漫漫，机遇常有，但决定我们命运的不是我们的机遇，而是我们对机遇的看法。机遇悄然而降，稍纵即逝。因此，你若稍不留心，她就将翩然而去，不管你怎样扼腕叹息，她却从此杳无音讯，一去不复返。因此，有些人认为，一些人之所以不能成功，并不是因为没有机遇，并不是幸运之神从不照顾他们，而是因为他们太大意了，他们的大意使他们的眼睛浑浊而呆板，因而机遇一次次地从他们眼前溜走而自己却浑然不觉。因此，对于这些人来说，他们要想取得成功，要想捕捉到成功的机遇，就必须擦亮自己的双眼，使自己的双眼不要蒙上任何的灰尘。这样，他们才能够在机遇到来的时候伸出自己的双手，从而捕捉到成功的机遇。而那些之所以能够取得成功的人并不是幸运之神偏爱他们，他们之所以能每每抓住成功的机遇，完全是由于他们在生活中处处都很留心，他们具有一双捕捉机遇的慧眼，当机遇来临的时候，他们就能迅速作出反应，从而把机遇牢牢地抓在自己的手中。

捕捉机遇一定要处处留心，独具慧眼。其实只要你仔细留心身边的每一件小事，这每一件小事当中都可能蕴藏着相当的机会。成功的人绝不会放过每一件小事，他们对什么事情都极其敏感，能够从许多平凡的生活事件中发现很多成功的机遇。

有一次，日本索尼公司创办人之一井深大到理发店去理发，他一边理发一边看电视，但由于他躺在理发椅上，所以他看到的电视图像只能是反的。就在这时，他突然灵机一动，心想："如果能制造出反画面的电视机，那么即使躺着也能从镜子里看到正常画面的电视节目。"有了这些想法，他回到索尼公司之后就组织力量研制和生产了反画面的电视机，并把自己研制出来的电视机投放到市场上去销售。果然，这种电视机在当时受到了理发店、医院等许多特殊用户的欢迎，因而取得了

成功。这则事例给我们的启示就是功夫不负有心人，只要你能够处处留心，那么就有很多的机会在向你招手。

珀杜饲养集团的弗兰克·珀杜讲述了他成功的经历和童年的一段故事：

珀杜10岁时，父亲给了他50只自己挑选剩下的劣质仔鸡，要他喂养并自负盈亏。在小珀杜的精心照料下，这些蹩脚的鸡日见改观、茁壮成长。不久，产蛋量竟超过了父亲的优质鸡种，每日卖蛋纯收入可得15美元左右，这在当时可是一笔大钱。开始时，父亲不相信，当他亲眼看见小珀杜把鸡蛋拿出去时才开始相信他。后来珀杜开始帮助父亲管理部分鸡场，事实再一次证明他的管理和销售能力，他管理的几个鸡场的效益超过了父亲。1984年，父亲终于将他的整个家禽饲养场全部交给珀杜管理。

珀杜之所以能比父亲经营管理得好，是因为他能注意到一些很细小的环节。因为他对事物的仔细观察，使他发现了隐藏在细小事物中的机遇，从而见微知著。

10岁的时候，珀杜对鸡的生活习性一点也不了解。但是他认真观察后发现，当一只鸡笼里的小鸡少了时，小鸡吃得就多，成长得就快，但是太少了又会浪费鸡笼和饲料。于是他就慢慢地寻找最佳结合点，最后总结出每只笼子里养40只小鸡是最合理的。注意事物的每一个细节，从中可以发现使人成功的机遇，从而对总体的把握更加准确。抓住了微妙之处，也就把握了荦荦大端。

处处留心皆机遇，要做生活当中的有心人是因为机会往往来得都很突然或者很偶然。因此，只有留心、用心的人，才有可能在机会来临的一瞬间捕捉到它。

不放弃万分之一的机会

绝不放弃万分之一的可能，终归会有收获；轻易放弃一分希望，得到的将是失败。

这是一个崇尚开拓创新的时代，人人都渴望能证明自我。正因为如此，我们更应该勇敢地面对失败。失败并不可怕，由于恐惧失败而畏缩不前才是真正的可怕。

要战胜失败，就不要放弃尝试各种的可能性。以精益求精的态度，不放弃尝试种种的可能，终会有成果的。

有个年轻人去微软公司应聘，而该公司并没有刊登过招聘广告。见总经理疑惑不解，年轻人用不太娴熟的英语解释说自己是碰巧路过这里，就贸然进来了。

总经理感觉很新鲜，破例让他一试。面试的结果出人意料，年轻人表现糟糕。他对总经理的解释是事先没有准备，总经理以为他不过是找个托词下台阶，就随口应道："等你准备好了再来试吧。"

一周后，年轻人再次走进微软公司的大门，这次他依然没有成功。

但比起第一次，他的表现要好得多。而总经理给他的回答仍然同上次一样："等你准备好了再来试。"就这样，这个青年先后5次踏进微软公司的大门，最终被公司录用，成为公司的重点培养对象。

也许，我们的人生旅途上沼泽遍布、荆棘丛生；也许，我们追求的风景总是山重水复，不见柳暗花明；也许，我们前行的步履总是沉重、蹒跚；也许，我们需要在黑暗中摸索很长时间，才能找寻到光明；也许，我们虔诚的信念会被世俗的尘雾缠绕，而不能自由翱翔；也许，我们高贵的灵魂暂时在现实中找不到寄放的净土……那么，我们为什么不可以以勇敢者的气魄，坚定而自信地对自己说一声“再试一次”，永不放弃万分之一的可能性呢？

1832年，有一个年轻人失业了。而他却下决心要当政治家、当州议员，糟糕的是他竞选失败了。在一年里遭受两次打击，这对他来说无疑是痛苦的。他又着手开办自己的店铺，可一年不到，这家店铺就倒闭了。在以后的几年里，他不得不为偿还债务而到处奔波、历尽磨难。

此间，他再一次决定竞选州议员，这次他终于成功了。他认为自己的生活可能有了转机，可就在离结婚还差几个月的时候，未婚妻不幸去世。他心力交瘁，卧床不起，患上了严重的神经衰弱症。

试想一下，如果是你处在这种情况下会不会放弃努力呢？一次次地尝试，一次次地失败，竞选败北，店铺倒闭，爱人去世，要是你碰到这一切，你会不会放弃你的梦想？他没有放弃，也始终没有说过“要是失败会怎样”。

在以后的日子里，他仍在失败中奋起，一次又一次地努力，最后，1860年，他当选为美国总统。他就是亚伯拉罕·林肯。

很多时候，所谓的困难只是一只纸老虎，它横在路上阻碍你前行，如果你被吓住了，那么你永远也遇不到它后面的成功。人们经常在做了90%的努力后，放弃了最后可以让他们成功的10%的努力。这不仅使他们输掉了全部的投资，更丧失了最后发现宝藏的喜悦。

独具慧眼识商机

现代社会里，把握先机变得越来越重要，经商也是这样。人们常常说，时间就是金钱，经营实践也证明，先机的确是金钱。谁先抓住先机并迅速采取行动，谁就可能成为赢家。

现在的各厂商都极为重视先机，千方百计地收集商业情报，以做到领先别人，知己知彼，百战不殆。有很多原来一文不名的小人物，由于有着鹰一般的眼光，洞察先机而富甲一方的也并不鲜见。

日本就曾有一位著名的企业家古川久好，从报纸中一条普通的小信息敏锐地捕捉到了商机，从而走上发家之路的。

年轻时代的古川久好只是一家公司地位不高的小职员，平时的工作是为上司干一些文书工作，跑跑腿，整理整理报刊材料。工作很是辛苦，薪水也不高，他总琢磨着想个办法赚大钱。

有一天，他在经手整理的报纸上发现这样一条介绍美国商店情况的专题报道，其中有一段提到了自动售货机。

上面写道：“现在美国各地都大量采用自动售货机来销售商品，这种售货机不需要人看守，一天24小时可随时供应商品，而且在任何地方都可以营业。它给人们带来了方便。可以预料，随着时代的进步，这种新的售货方法会越来越普及，必将被广大的商业企业所采用，消费者也会很快地接受这种购物方式，前途一片光明。”

古川久好开始在这上面动脑筋，他想：日本将来也必然会迈入一个自动售货的时代，但现在还没有一家公司经营这个项目。这项生意对于没有什么本钱的人最合适。我何不趁此机会走到别人前面，经营这项新项目。至于售货机销售的商品，应该是一些新奇的东西。

于是，他就向朋友和亲戚借钱购买自动售货机。他筹到了30万日元，当时这笔钱对于一个小职员来说不是一个小数目。他一共购买了20台售货机，分别将它们设置在酒吧、剧院、车站等一些公共场所，把一些日用百货、饮料、酒类、报纸杂志等放入自动售货机中，开始了他的事业。

古川久好的这一举措，果然给他带来了大量的财富。人们头一次见到公共场所的自动售货机，感到很新鲜，只需往里投入硬币，售货机就会自动打开，送出你需要的东西。

古川久好的自动售货机第一个月就为他赚到了100万日元。他再把每个月赚的钱投资于售货机上，扩大经营的规模。5个月后，古川久好不仅还清了所有借款，还净赚了2000万日元。

古川久好在公共场所设置自动售货机，为顾客提供了方便，受到了欢迎。一些人看这一行很赚钱，也都跃跃欲试。古川久好看在眼里，敏锐地意识到必须马上制造自动售货机。他自己投资成立工厂，研究制造“迷你型自动售货机”。这项产品外观特别娇小可爱，为美化市容平添了不少光彩。

古川久好的自动售货机上市后，市场反应极佳，立即以惊人之势开始畅销。古川久好又因制造自动售货机而大发了一笔。

无数的事实告诉我们，经商者要有鹰一般的敏锐的眼光、睿智的头脑，注重市场或大或小的信息的搜集、处理和利用，先于对手作出正确的销售、经营决策，才会使你在复杂激烈的市场竞争中找到立身之地。这应该是每一位成功的企业家必备的素质。

全球知名企业亚马逊的创始人贝索斯30岁时已是某金融公司的副总裁。然而当贝索斯偶然看到“网络用户一年中猛增23倍”这样一条信息后，就出人意料地告别了华尔街，而转去创办电子商务网站。

在网络上先卖什么东西好？贝索斯列出了20多种商品，然后逐项淘汰，精简为书籍和音乐制品，最后他选定了先卖书籍。为什么作出如此唯一的选择？因为贝索斯在分析过程中发现传统出版业有一个根本矛盾：出版商和发行零售商的业务目标相互冲突。出版商需要预先确定某部图书的印数，但图书上市之前，谁也无法准确预知该书的市场需求量。为了鼓励零售商多订货，出版商一般允许零售商卖不完就退回，零售商既然囤积居奇毫无风险，也往往超量订购。贝索斯一针见血地说：“出版商承担了所有的风险，却由零售商来预测市场需求量！”

贝索斯所看到的，其实就是经济活动中无法彻底根除的一种弊病：市场需求与生产之间的脱节。他自信，运用互联网，省略掉商品流通等一系列中间环节，顾客直接向生产者下订单，就可以真正做到以销定产。

4年之后，贝索斯创办的亚马逊的市值已经超过400亿美元，拥有450万长期顾客，每月的营业额达数亿美元。杰夫·贝索斯也成为超级大富豪。

贝索斯之所以成功，是他独具慧眼，敏锐地认识到网络里有无限商机，跟着又发现和利用了别人没有解决的供销方面的矛盾——这是一座大有开发价值的宝山；经过精心筛选，他找到了一个切入点——网上卖书；再经过锲而不舍的努力，他终于走向辉煌。

其实，在社会中闯荡的每一位成功者，他们之所以能够超越常人，捕获商机，就在于他们利用自己丰富的阅历、非凡的智慧、敏锐的眼光，发现和察觉了平凡中的不平凡、寻常中的不寻常。

麦当劳有今天的地位，主要不是由于麦氏兄弟，而是因为一个叫克罗克的推销员。他第一次接触麦当劳时已经52岁了。

从世界超大型公司的创始里程来看，他也许是最老的。

克罗克曾回忆说：“踏进餐厅的那一刻，我震惊了。我感到，准备多年，我终于找到我潜意识里要寻找的东西。”克罗克凭什么来寻找呢？经验和直觉。在此之前，他已做了25年的推销员。

那是1954年，在一个中午，克罗克走进了麦当劳餐厅，去推销他的奶昔机。小小的停车场，差不多挤着150个人，而麦当劳的服务是快速作业，15秒钟就交出客人的食物。

克罗克激动了，来不及思考，经验告诉他，自己要面对一个全新的世界了——在成千上万的地方开麦当劳餐厅。

不过，当与麦当劳兄弟谈判时，克罗克还念念不忘他的奶昔机。但他很快抓住了关键细节，奶昔机消失了。

与麦当劳一样，可口可乐也不是阿萨·坎德勒发明的，但正是在他手上，可口可乐才成为风靡世界的王牌饮料。这仅仅是因为，发明可口可乐的彭伯顿只完成了科技创新，却不懂得市场价值，而阿萨·坎德勒懂。

阿萨·坎德勒于1851年出生在佐治亚州的医生家庭，南北战争打破了他的学习生涯，19岁的他在一家小药店打工，干了两年半。考虑到前途，他离开小地方，去到亚特兰大。大城市是孕育大成功的土壤。

在给别人打工7年之后，阿萨·坎德勒开了一家药材公司，这对可口可乐的发展是极其重要的，因为他由此获得了丰富的商业经验。在后面的叙述中，我们会感受到，这几年独立经营的经验（而不再是打工），对高度专业化的商业能力的形成是多么的重要。通过这几年的经营，阿萨·坎德勒发现，药房的利润主要不是来自配方，而是出售药材。

阿萨·坎德勒开始着力建设自己的商品体系。在这样的商业背景下，可口可乐出现在他的面前。

1862年，11岁的阿萨·坎德勒从一辆装满东西的货车上掉下来，车轮从头上碾过去，造成头部骨折。可怜的小阿萨·坎德勒虽免一死，却留下了后遗症——偏头痛。1886年，彭伯顿发明可口可乐，把它作为药物来推广。1888年，阿萨·坎德勒的一个朋友建议他试试可口可乐。阿萨·坎德勒照办了，头痛果然减轻。后来，他不断饮用可口可乐，偏头痛竟逐渐好转。

这使得身为药剂师的阿萨·坎德勒对可口可乐大感兴趣。经过调查，他发现彭伯顿并不善于经营，于是他决定入股，把这种优良的“药品”推广开来，并且相信有利可图。

关键的一步是，阿萨发现，把可口可乐作为饮料来卖，市场会大得多。就是这个微妙而伟大的灵感，才有了今天的“可口可乐”。但就阿萨本人来说，他终生都相信可口可乐的医疗价值。阿萨入股可口可乐之后，觉得彭伯顿和参与生产、销售可口可乐原浆的人都没有做好工作。他不想部分地接管一项管理不善的事业，要么不干，要么完全控制！阿萨经营的药剂事业在南方最为兴旺发达，从他的有利地位出发，他认为可口可乐可以大展宏图。果然，在阿萨的精心经营策划之下，“可口可乐”今天已经成为全球流行的饮料品牌。

看准时机，敢于冒险

面对机遇，如果少几分瞻前顾后的犹豫，多几分义无反顾的勇气，说不定会柳暗花明。

19世纪中叶，美国人在加利福尼亚州发现了金矿，这个消息就像长上了翅膀，很快吸引了很多的美国人。在通往加利福尼亚州的每一条路上，每天都挤满了去淘金的人。他们风餐露宿，日夜兼程，恨不得马上就赶到那个令人魂牵梦萦的地方。

在这些做着美梦的人流中，有一个叫菲利普·亚默尔的年轻人，他当年才17岁，是一个毫不起眼的穷人。

就是这个亚默尔，后来却干出了使人感到很惊奇的事情。到了加利福尼亚州之后，他的“黄金梦”很快就破灭了：各地涌来的人太多了。茫茫大荒原上挤满了采金的人，吃饭喝水都成了大问题。

刚开始的时候，亚默尔也跟其他人一样，整天在烈日下拼命地埋头苦干，每天都是口干舌燥，一般人无法忍受这种折磨。

亚默尔很快就意识到，在这里，水和黄金一样贵重。他曾经不止一次地听到有人说："谁给我一碗凉水，我就给他一块金币！"可是很多人都被金灿灿的黄金迷住了，没有人想到去找水。

亚默尔想到了，他很快就下了决心，不再淘金了，弄水来卖给这些淘金的人，赚淘金者的钱。

卖水其实很简单，挖一条水沟，把河里的水引到水池里，然后用细沙过滤，就可以得到清凉可口的水了。他把这些水分装在瓶里，运到工地上去卖给那些口干舌燥的人。那些人一看到水，就像苍蝇发现血迹，一下子就拥了过来，纷纷慷慨解囊，拿出自己的辛苦钱来买亚默尔的水解渴。

看到亚默尔的举动，很多淘金者都感到很可笑：这傻小子，千里迢迢跑到这里来，不去挖金子，而干这种事，没出息！

这本身就是一种大胆的决策，亚默尔自然不会被这些话吓回去，依然我行我素，天天坚持不懈，一直在工地上卖水。经过一段时间，很多淘金者的热情减退了，本钱用完了，血本无归，两手空空地离开了加利福尼亚。亚默尔的顾客越来越少，"点水成金"已经成为明日黄花，他也应该走人了。

这时，他已经净赚了6000美元，在那个年代，已经是一个小富翁了。

追求成功的人不害怕犯错，更不会因一时的错误就谴责自己，不原谅自己。因为他们知道，害怕犯错实际上是一个最大的错误，因为它制造了恐惧、疑惑和自卑，这些使他们不能够放开心志，瞄准时机，大胆地去冒险和尝试。

有一次，丹维尔地区经济萧条，不少工厂和商店纷纷倒闭，被迫贱价抛售自己堆积如山的存货，价钱低到1美元可以买到100双袜子。

那时，约翰·甘布士还是一家织制厂的小技师。他马上把自己积蓄的钱用于收购低价货物，人们见到他这股傻劲儿，都公然嘲笑他是个蠢材！

约翰·甘布士对别人的嘲笑漠然置之，依旧收购各工厂和商店抛售的货物，并租了很大的货仓来贮货。

他妻子劝他说，不要把这些别人廉价抛售的东西购入，因为他们历年积蓄下来的钱数量有限，而且是准备用作子女教养费的。如果此举血本无归，那么后果便不堪设想。

对于妻子忧心忡忡的劝告，甘布士笑过后又安慰她道："3个月以后，我们就可以靠这些廉价货物发大财了。"

甘布士的话似乎兑现不了。

过了10多天后，那些工厂即使贱价抛售也找不到买主了，便把所有存货用车运走烧掉，以此稳定市场上的物价。

他太太看到别人已经在焚烧货物，不由得焦急万分，抱怨起甘布士。对于妻子的抱怨，甘布士一言不发。

终于，美国政府采取了紧急行动，稳定了丹维尔地区的物价，并且大力支持那里的厂商复业。

这时，丹维尔地区因焚烧的货物过多，存货欠缺，物价一天天飞涨。约翰·甘布士马上把自己库存的大量货物抛售出去，一来赚了一大笔钱，二来使市场物价得以稳定，不致暴涨不断。

在他决定抛售货物时，他妻子又劝告他暂时不忙把货物出售，因为物价还在一天一天飞涨。

他平静地说："是抛售的时候了，再拖延一段时间，就会后悔莫及。"

果然，甘布士的存货刚刚售完，物价便跌了下来。妻子对他的远见钦佩不已。

后来，甘布士用这笔赚来的钱开设了5家百货商店，业务也十分发达。

后来，甘布士成为全美举足轻重的商业巨子。

在这里应当说，冒险精神不是探险行动，但探险家的行

动必须拥有足够的冒险精神。所以，郑和下西洋、张骞出使西域、哥伦布发现新大陆、麦哲伦环球航行，都具备人类最伟大的冒险精神。没有这一点，成功便与他们无缘。

把握时机，秀出自己

机遇不会平白无故降临到自己头上，要想获得机遇，就要善于表现自己，这样机遇才会注意到你，从而来到你身边。

在我们身边有这样的人，他在工作时非常卖力，他勤奋、忠诚、守时、可靠并且多才多艺，他为自己的事情付出许多心血，按理说他应该前途光明。

但事实并非如此，他什么也没有得到。即使是比他差得多的人，都不断获得升迁、获得机遇、获得成功。原因就在于他不懂得表现自己，别人从来没有注意到他，机遇也没有注意到他。

你是否也是这样？若是如此，你就必须学会表现自己，

这样成功就会容易多了。适当地表现自己和以不正当的手段吸引别人的注意，是完全不同的。真正的自我推销必须是有创意的，需要良好的技巧。

美国主要建设公司的路易斯·休特把创造机会诠释为“替自己的才华安装聚光灯”。

他认为，人应该在让大家看得到的地方工作，并尽力让自己的才华在众人之中凸显出来。

路易斯指出：“现在这个时代，能人辈出，但许多人空有才华而无人赏识，就这样浮浮沉沉地过了一生，令人为之惋惜！”

他则不同，他绝不甘心被人忽视。于是，一开始他便将自己安排在容易创造机会的地方。

休特为了能达成自己的人生计划，首先在学校里主修法律，一方面他认为以此为业既安全又可靠，另一方面他认为作为一名法学家还可以有许多机会在众人面前展露自己的才华。

因此，在这种观念的支撑之下，他以十分优异的成绩毕业于佛罗里达州立大学。

他的就学并没有白费，毕业之后，他马上进入塔拉哈西市一家法律事务所工作。

关于实务方面，他把积极参与社会活动作为自己的行动方针。没有多长时间，他便得到青年商会、军人组织等团体的认同。

如此热情地参与社会活动的结果，使他获得了第一次发展机会。

他在事务所工作不到一年的时间，即被塔拉哈西市的人们公认为是最有才华的年轻有为的法学家，因此他在24岁时就被任命为该市的法院推事。

这个职位使他在当地的声望愈来愈高，州府对他也颇为器重。

3年后，当他被任命为佛罗里达州某局局长时，他的第二次发展机会也翩然降临。

此时的他又成为全州人们所瞩目的对象，但他并不满足于此。他知道自己仍然有发展的机会，并深信在周围的人群当中会有人带领他走向事业的另一座高峰。

果然不出所料，在关注他的人群里，美国成功的年轻高管路易斯·沃弗逊也在其中。

两个人志同道合，经介绍认识之后，很快就变成了好朋友。

3个月后，休特非常自信地告诉沃弗逊说："你恐怕不知道，有一天，我将成为你们那伙人中的一分子。"

沃弗逊更想象不到的是"那一天竟然这么快就来临"。

3年后，在休特30岁那年，他被沃弗逊任命为美国主要建设公司的总经理助理。

这个旁人求之不得的天大机会，就是休特6年来不断显示自己才华的结果。

在沃弗逊的世界里，休特的事业快速成长。

一年以后，他成为该公司的副总经理；未隔多久，他又成为经营着世界排名数一数二的庞大企业的总经理。

路易斯·休特的成功，证明了善于推销自己、努力展示自己才华的重要性。善于推销自己的人才能赢得更多的机会。

有个承包工程的老板，亲自督导一幢摩天大楼的兴建工作。一名衣衫褴褛的小孩儿，走到这位衣服光鲜的大老板身旁，问道：“我长大之后，怎样做才能像你那么有钱？”

这位老板上了年纪，是由小工苦干出身的。他看了看那个小孩儿，然后粗声粗气地说：“买件红色衬衫，然后拼命工作。”

那小孩儿给对方的语气吓了一跳，他显然不明白那个老板的话。于是，老板用手指指那些往来于大楼各层脚手架的工人，然后对小孩儿说：“你看看那边的工人，他们全都是我的员工。我不记得他们的名字，而且，他们之中，有些人我从未见过。但你看看那个穿红衣服的。他很特别，因为人家都穿蓝色，只有他一个人穿红色的。而根据我近日的观察，他比其他工人都认真，每天早到晚退，工作时手脚又勤快。我之所以注意到他，是因为他穿着与众不同的衣服。我打算上那儿去，问他愿不愿做工地的监工。他肯干的话，日后也一定会升职，搞不好会当上我的副经理。”

“其实，我以前也是这样干起来的。我要求自己工作比别人勤快，比别人好。我跟大家一起穿工人裤，但我的上衣是一件与众不同的条纹衬衫，这样，老板才会注意到我。我拼命地工作，最后真的受到老板的注意和赏识。升迁后，我存了一笔钱，自己开公司当老板。我就是这样创出今天的局面的。”

现在是一个讲究张扬自己个性的时代，尤其是身处职场上的人们，在关键时刻恰当地张扬，也就是“秀”（show）一下，不失为一个引起领导注意的好办法。

要在上级面前表现自己，这是大家都知道的，让有权控制升迁的人知道你有优良表现；此外，在同事面前，一样要保持最佳状态，要让同事也觉得你办事能力强，因为同事对你的评价也是上级考虑是否提拔你的因素。当然，要让同事觉得你升职是合理的，不作第二人之想，赢取他们的敬服。

不要理会别人的闲言碎语。人人都希望获得上级赏识，得到上级的提拔，为此明争暗斗，谁跑在最前头，谁就成为众矢之的。中伤、谣言、闲言碎语、冷言冷语，最易令人困扰，挫伤工作热情和斗志。因此，集中精神工作，只要闲言冷语无损你的形象和前途，就不要理会。你为闲言碎语而烦恼，别人会暗里高兴。争取工作表现，利用优良的工作成绩来“回答”闲言闲语。

在某种特殊的场合下，沉默谦逊确实是一种“此时无声胜有声”的制胜利器，但无论如何你也不要处处把它当作金科玉律来信奉。在人才竞争中，你要将沉默踏实、肯干谦逊的美德和善于表现自己结合起来，才能更好地让别人赏识你。

曾有一个很优秀的女孩子，在学校时是一个有名的才女，她不但琴棋书画无所不通，论口才也是无人可与之比肩的，大学毕业后，在学校的极力推荐下去了一家小有名气的杂志社工作。谁知就是这样一个让学校都引以为自豪的人物，在杂志社工作不到半年就被炒了鱿鱼。

原来，在这个人才济济的杂志社内，每周都要召开一次例会，讨论下一期杂志的选题与内容。每次开会很多人都争先恐后地表达自己的观点和想法，只有她总是悄无声息地坐在那里一言不发。她原本有很多好的想法和创意，但是她有些顾虑，一是怕自己刚刚到这里便“妄开言论”，被人认为是张扬，是锋芒毕露，二是怕自己的思路不合主编的口味，被人看作是幼稚的观点。就这样，在沉默中她度过了一次又一次激烈的争辩会。有一天，她突然发现，这里的人们都在力陈自己的观点，似乎已经把她遗忘在那里了。于是她开始考虑扭转这种局面，但为时已晚，没有人再愿意听她的声音了，在所有人的心中，她已经根深蒂固地成了一个没有实力的花瓶人物。最后，她终于因自己的过分沉默而失去了这份工作。因此，要告诫大家，沉默是金，同时也是埋没天才的沙土，只是看你怎样去利用。

请记住：把自己的美展示给人，从而赢得机遇的青睐，并不是件羞耻的事。

PART 02

再往细处想一步——财富之门就这样打开

细节是开启金库的钥匙

改革开放的深入，揭起了全民经商的热潮。但是，经商的结果却大不一样，有的发财成为大老板，有的却血本无归。什么原因呢？

在现代社会，市场竞争日趋激烈，利益空间逐步缩小，整个经济进入了微利时代，因此要想立于不败之地，必须善于从细节处发现问题。

1957年，美国在芝加哥举办了一场全国博览会，汉斯食品公司的汉斯却忧心忡忡，原来他的展位被分配在全场最僻静的一个角楼上。尽管汉斯多次与筹委会交涉，但筹委会坚持这项安排是集体做出的决定，任何人都没权力改变。

汉斯没办法，只好转向全公司职员征求意见，以求改变公司不利的状态。这时，会议室里静悄悄的，连一根针掉在地上都能听得见。突然，一个小小的响声打破了宁静——不知哪位员工口袋里的硬币掉到地上了。大家都不约而同地把目光投到了地板上。这时，汉斯的大脑里闪出了一个念头——做一种类似刚才落地的硬币这样的东西招徕参观者。

这时，他没有怪罪那位失态的员工，而是微笑着说："谢谢你掉了这枚硬币！我想到了一个力扭乾坤的办法！"

大家都惊愕地看着汉斯。汉斯接着说："刚才，我看到了大家低头观看硬币的眼神，里面都有一种好奇。我们也可以利用一下观光者的这种心理。"

大家听了汉斯的话后纷纷称妙。于是，你一言我一语地讨论开了。最后，大家一致决定在会展中投一种小铜牌。

几天以后，展览会隆重地开幕了。络绎不绝的参观者可以不时发现一种精致的小铜牌，小铜牌上有一行字："请你凭这块小铜牌到展览会阁楼上的汉斯食品公司陈列处换一件可心的纪念品。"

原来僻静的小阁楼顿时人来人往，欢声笑语不绝。在小阁楼内，汉斯食品公司集中了最好的罐头食品。这些罐头食品经过了最精心的包装，还有最漂亮的姑娘担任销售员。

在本届博览会上，汉斯出尽了风头。到博览会结束，汉斯获纯利55万美元。

一个细节，一个个小小的铜牌，为汉斯立下

汗马功劳。

其实，在商业大潮中，某些细节就会带来很大的经济利益。

现在餐巾纸已经成为中国人日常生活中不可缺少的生活必需品了，但几十年前，在人们的生活水平普遍还不高时，即使在日本，使用过即扔的餐巾纸无疑是一种奢侈的消费品。当然，社会是在进步的，一旦人们的生活达到一定水平，那么使用餐巾纸就不仅不是奢侈，反而是一种必需。社会的进步和企业的发展往往是相连的，日本有一家小企业就是因为恰到好处地把握住了这种社会变化的脉搏，而为企业迎来了发展的春天。

这个小企业是只有几十名工人的田中造纸厂，这个厂的经理田中治助是一个非常注意市场变化的经营者。厂初创之时，他就在当时造纸行业竞争异常激烈的情况下，针对印刷业发展的需要，开发生产了“美浓型纸”，赢得了用户的赞许和大批订单。

20世纪60年代后期，日本社会开始进入了经济起飞时期，一切都处于剧变之中——包括人们的生活方式。在每个人都为日新月异的变化而惊喜时，田中治助想到的却是这种变化会给自己的企业带来什么。他是个造纸的商人，切入点当然还是在自己的老行当上。他想，经济发展了，人们的生活水平提高了，那么过去仅供少数高收入者使用的餐巾纸必然成为一种大众化的用品，可是当时市场上的餐巾纸却很少。

既然认准了社会发展会带来餐巾纸的普及，田中治助就迅速地行动起来。他果断地用4000万日元从德国引进了两台最新式的生产餐巾纸的机器，开始抓紧时间生产这种还未流行的生活用品。

就在他开足马力、生产出大量餐巾纸的时候，日本大阪于1968年到1969年承办了万国博览会，各大饭店、餐厅都大量需要餐巾纸。再加上日本人民的生活水平已经提高了，他们受这股风潮的影响，也都开始把餐巾纸作为生活的一部分。一时间，日本的餐巾纸供不应求。

此时，田中治助及时推出了自己的“艺术餐巾纸”，由于先人一步，他的产品很快就占领了大部分的市场，畅销日本全国。不要小这一不起眼的餐巾纸，现在田中造纸厂已发展成为田中造纸工业股份有限公司，主营印刷用品和高级餐巾纸。

田中造纸厂能成为日本的“餐巾纸大王”，不是因为别的，正是因为它有一个善于掌握社会生活变化并能从中发现赚钱机遇的当家人。

“机遇偏爱有准备的头脑”这句朴素的格言，包含了深刻的真理。有时候，面对同一个机会，有的人抓住了，有的人却只能眼睁睁地看它溜走。这是因为，抓住机会只是一瞬，但是准备的时间却十分长久，而这并不是每一个人都能做到的。

注重小细节，带来大效益

西村金助是一个制造沙漏的小厂商。沙漏在时钟未发明前是用来测算时间的，时钟问世后，沙漏已完成它的历史使命，而西村金助却把它作为一种古董来生产销售。

沙漏作为玩具，趣味性不多，孩子们自然不大喜欢它，因此销量很小。但西村金助找不到其他比较适合的工作，只

能继续干他的老本行。沙漏的需求越来越少，西村金助最后只得停产。

一天，西村翻看一本讲赛马的书，书上说："马匹在现代社会里失去了它运输的功能，但是又以高娱乐价值的面目出现。"在这不引人注目的两行字里，西村好像找到了希望，高兴地跳了起来。他想："赛马骑手用的马匹比运货的马匹值钱。是啊！我应该找出沙漏的新用途！"

就这样，从书中偶得的灵感，使西村金助重新振奋起来，把心思又全都放到他的沙漏上。经过苦苦的思索，一个构思浮现在西村的脑海：做个限时3分钟的沙漏，在3分钟内，沙漏上的沙就会完全落到下面来，把它装在电话机旁，这样打长途电话时就不会超过3分钟，就可以有效地控制电话费了。

于是西村金助就开始动手制作。这个东西在设计上非常简单，把沙漏的两端嵌上一个精致的小木板，再接上一条铜链，然后用螺丝钉钉在电话机旁就行了。不打电话时还可以作装饰品，看它点点滴滴落下来，虽是微不足道的小玩意儿，也能调剂一下现代人紧张的生活。

当时，担心电话费支出的人很多，西村金助的新沙漏可以有效地控制通话时间，售价又非常便宜，因此一上市，销路就很不错，平均每个月能售出3万个。这项创新使沙漏转瞬间成为生活有益的用品，销量成千倍地增加，濒临倒闭的小作坊很快变成一个大企业。西村金助也从一个小企业主摇身一变，成了腰缠万贯的富豪。

西村金助成功了，而且是轻轻松松，没费多大力气。可是如果他不是一个关注细节的有心人，即便看了那本赛马的书，也逃不脱破产的厄运，还很可能成为身无分文的穷光蛋。这就给人们一个启示：成功会格外偏爱那些有心人。

之前，某地铁环线的车站里，矗立起了一座座精制的“百万庄园”美食亭。它的问世，不仅吸引了南来北往的乘客，而且还成为上班族经常光顾的“定点餐馆”。虽说地铁的客流量很大，但未必人人都到这里消费。于是，经营者别出心裁地打出了“借伞”的告示，意思是：凡因下雨被困在车站的乘客，“庄园”可免费借其一把伞，只要第二天路过时还上即可。由于此种促销方式颇有人情味儿，既打出商亭的知名度，又解决了乘客的燃眉之急，使原来不在这里消费，却又受到了“庄园”恩惠的人，变成了这里的常客。

生意场上就是选择，要想吸引顾客，取得成功，就得在服务的细节上下功夫，并能不断转变观念，改变经营方式，才能找到与市场的最佳结合点。其实，有不少的企业家都是善于在小细节上抓效益的高手。

一个小细节的创新，就可以让企业在激烈的竞争中胜出，这一点对于任何企业都是适用的。

谁要认识不到细节的重要性，不把细节个性化当作品牌的核心，就很难创造出真正与众不同的品牌，获得更大的成功。这是因为，细节创造了一种现实，它能做到与众不同，从大众产品中推出一些独特的、珍贵的和令人渴望的东西。

留心细节，化腐朽为神奇

将无用变有用，是给埋没者一片翱翔的天空，还是让星星在夜里亮得更晶莹？对于成功的人们来说，他们总有一双慧眼，总会用自己的聪慧和勤奋为自己赚取金钱，获得成功。

在20世纪80年代初，农村经济体制的改革极大地调动了农民的生产积极性，也提高了农民对生产的兴趣。在一段时间里，一般农户对镰刀、锄头等最基本生产工具的需求大增，导致生产这类农具的原料——毛铁和钢板供不应求，在一些地方甚至完全脱销。而与此同时，在国营大厂的围墙里堆着大量边角料和废铁板，如何处置这些“废物”成了厂长们的一块心病。

在这种情况下，一位“钢铁大王”应运而生了。

所谓“钢铁大王”，也并没有什么特殊之处，只不过是一个稍微有点文化的人，然而他的头脑十分灵活，这是最重要的。

有一天，他到在供销社供职的同学那里喝茶聊天，偶尔说起毛铁脱销以及城里一些工厂的边角料怎么比毛铁还好的事，他就想起了自己的一位姑父在H城一家船厂里工作，心中突然一亮。第二天一大早，他兜里装着80块钱的全部资本直奔H城，

找到了在造船厂当保卫科长的姑父，又通过姑父找到了厂长。富有人情味儿的厂长一听说需要他们厂的废钢铁，便把大板一拍，二话没说，便吩咐派辆卡车送去。这一趟他是无本万利，净赚了1000多元。看到了那沉甸甸的票子，吓得他愣是没敢往家里拿。

几天后，他就二上H城，还拉着那位同学，算是供销社领导，一起登门致谢，并同厂方订立了长期协议：所有废弃的边角料都被他们以极低的价格包销，一包就是3年。

以后，“钢铁大王”更是如鱼得水，尝到了更大的甜头。货源有的是：造船厂的拉光了，被介绍到机械厂、机床厂；H城的拉光了，又被介绍到N城、S城……市场更是不成问题：本地市场饱和了，便销到外地、外省……开始是用汽车运，后来就鸟枪换大炮，改用火车车皮装。

他的生意越做越大，人缘越混越好，财路也越来越宽。等到别人也明白过来，一哄而上时，他已经另谋别的财路去了。

留意细节，废物也就变成了宝。只要你具有积极的心态，再黯淡的人生也会想出办法摆脱困境，赢得另一片天地。

一天夜里，一场雷电引发的山火烧毁了美丽的“万木庄园”，这座庄园的主人迈克一筹莫展。面对如此大的打击，他痛苦万分，闭门不出，茶饭不思。

转眼间，一个多月过去了，年已古稀的外祖母见他还陷在悲痛之中不能自拔，就意味深长地对他说：“孩子，庄园变成了废墟并不可怕，可怕的是，你的眼睛失去了光泽，一天一天地老去。一双老去的眼睛，怎么能看得见希望呢？”

在外祖母的劝说下，迈克决定出去转转。他一个人走出庄园，漫无目的地闲逛。在一条街道的拐弯处，他看到一家店铺门前人头攒动，原来是一些家庭主妇正在排队购买木炭。那一块块躺在纸箱里的木炭让迈克的眼睛一亮，他看到了一线希望，急忙兴冲冲地向家中走去。

在接下来的两个星期里，迈克雇了几名烧炭工，将庄园里烧焦的树木加工成优质的木炭，然后送到集市上的木炭经销店里。

很快，木炭就被抢购一空，他因此得到了一笔不菲的收入。他用这笔收入购买了一大批新树苗，一个新的庄园初具规模了。

几年以后，“万木庄园”再度绿意盎然。

“山重水复疑无路，柳暗花明又一村。”世间没有死胡同，就看你如何去寻找出路。不让心智老去，才不会让心灵荒芜，才不会无路可走。

无独有偶，有一位年轻的江西人，喜欢做些小生意。呼啦圈作为一种健身运动产品，曾在我国各大城市引起轰动，但它像一阵风似的，一下子就衰落了，结果造成大批积压，连白送人也不要。这让年轻人感到很郁闷，但是他并没有绝望。有一天，他去批发农用薄膜，当他看到有个塑料厂有许多积压的呼啦圈时，忽然从中悟出商机，因为他想到了农村竹用顶棚支架。于是，他花钱大量购进十分便宜的呼啦圈，把它一分为二，劈成两半，作为农用薄膜顶棚支架。由于这种聚乙烯树脂在土壤中有经久耐用、不腐烂的特点，且又价格低廉，所以很快就取代了过去惯用的竹用棚架。而这一项小小的发明使过时的呼啦圈重新获得了价值，自己也从中获取了丰厚的利润。

其实，机遇对每个人来说都是平等的，但是它只钟情于事事留心、处处在意的人；只青睐那些即使在困境之中也不丧失信心的人；只爱戴那些用自己的聪慧和奋斗来赚取金钱、赢得人生的人。对他们而言，即使是废物也会变成宝，这也就可以理解他们为什么总能比别人发现更多的金子。

小智慧带来大财富

只有少许资本或完全没有资本的人要想致富，只能依靠自己的智慧。

很久以前，一个人寿保险公司年轻的销售员，由于无法说服某一家客户投保，心情烦躁。但不久他从烦恼中获得灵感，那就是向企业经营者建议，不直接以个人为投保对象，转而以企业为对象。如果以企业为投保对象，必可因为经营方式的改变，赚取比保险费高几倍的利润。

他决定把这个想法付诸行动，立即着手以不同的方式推销。他所选择的第一个客户，是市内最有代表性的餐厅。他对餐厅老板说："贵餐厅的料理非常符合标准，客人也吃得放心。我建议你不妨大力宣传，强调在这家餐厅吃饭有益于身体健康。"

老板听了以后说："确实是这样，今后我还准备多推出几道健康料理。"

"太好了。"推销员说，然后就说明了他的想法。初步讨论下来，他们拟定了一种特殊风格的保险菜单，对经常光顾这家餐厅的人以每人保1000美元的寿险作为服务。餐厅老板兴趣浓厚，两人又着手商量有关细节。

保险菜单推出后不久，餐厅的生意果然越来越兴隆，那个做寿险的年轻人自然也有了不少的收益。后来他把这主意又推广到加油站和超市。

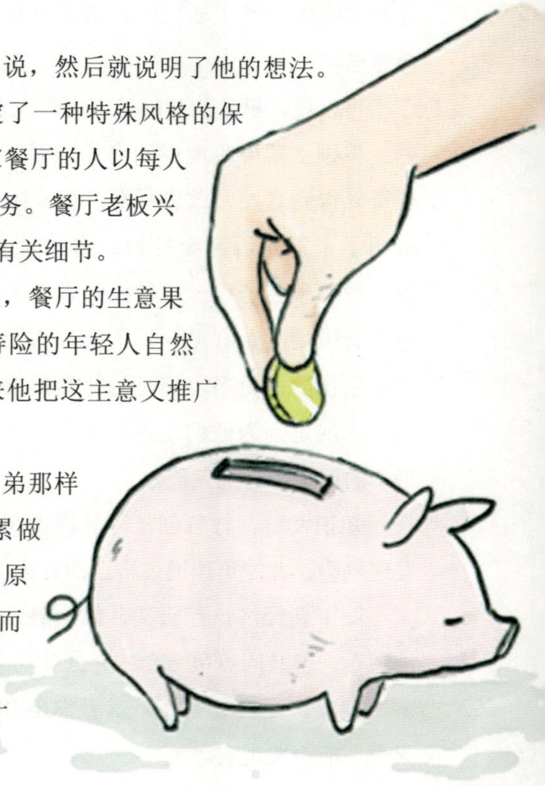

普通人没有像富家子弟那样的条件，也没有原始积累做创业的脚垫，其实资本的原始积累本身就是一段漫长而充满血和泪的过程。但是，普通人从来都不缺充满才智的头脑和敏锐的嗅觉。

才能是什么？它就是一个人的实力。一个人真正有了雄厚的实力与才能，总是可以抓住机遇的，即使错过今天的机遇，还有明天的机遇。这就叫“肚里有货，心中不慌”。

中国的一个成语“毛遂自荐”，大家应该耳熟能详。毛遂做了很久的一般食客，终于抓住出使的机遇一举成功，还是在于自己本来有才能。换个才能不足的人，即使让他出使，他能当机立断做出威逼他国之君的事吗？这种判断力，这种胆力，才是毛遂成功的主要原因，机遇只是给他提供了一个表演的舞台而已。

可以说，机遇的基础是实力，没有实力等于是没有机遇。

牛顿从苹果落地得到启发，创出万有引力学说；瓦特从水壶冒气得到启发，改良了蒸汽机；阿基米德从洗澡得到启发，辨明了王冠是否纯金打造；鲁班从茅草的锯齿割破手得到启发，发明了锯子……这种佐证古今中外要多少有多少。他们为什么会成功呢？看见苹果落地、水壶冒气的人不少，洗澡、手被草划伤的人更多。可是为什么偏偏是他们抓住了成功的机遇呢？这就是因为他们本身的实力与才能出众，才能在别人习以为常的现象中得到突破。

知识发财，智慧创富，其根本在于聪明的头脑，在于善于发现机会，并能迅速通过自己的行为将其转化为财富。

眼下新经济风起云涌，靠头脑创富也是“八仙过海，各显神通”，但共同点是一个：充分开动大脑机器，靠智慧谋财。

其实，商机处处在，就看你是否具有睿智的头脑和敏锐的眼光，能否发现它。

PART 03

星星之火，可以燎原——细节点燃创造的火花

新的视角，新的发现

敏锐地发现人们没有注意到或未予以重视的某个领域中的空白、冷门或薄弱环节，以小事为突破口，转换思维，你将会赢得一个全新的境界。

过去有句话叫“一巧拨千斤”。

一千斤的重物，任我们是个彪形大汉，也是不能将它搬起移走的，但用“巧”就不一样了，比如在它的下面放上轮子、用杠杆、用滑轮等都是用“巧”。

对于现实中出现的问题，我们也应该如此用“巧”—用一种全新的视角去研究和分析它，最后事半功倍地圆满解决它。

美国著名科学家沃森，当时年仅20多岁，对生物化学和量子化学都很有兴趣，并做过一些研究，并系统地听过关于核酸和蛋白质的专题讲座。

英国的克里是一位学识和经验都极丰富的物理学家，同时他也对生物学研究兴趣颇浓。相同的爱好使他们走到了一起。

广阔的科学视野和知识背景，是他们创造的良好基础，使之能够用一种全新的角度去审视和探索生物的奥秘。

他们从一开始建立DNA大分子的模型时，就和其他的科学家截然不同：其他科学家只在自己专业范围内从单一的途径去进行研究，或者只局限于DNA的化学结构本身来研究DNA；他们却始终把功能和各种综合信息结合在一起去探索DNA的结构。

他们这种用全新的角度—通过DNA大分子的模型结构及其活动特点，来研究和描述生物“自我复制”的遗传行为的做法，本身就是一种空前的大胆的创造。

他们找到了迅速获得成功的捷径，在短短的18个月里，便成功地创造了DNA大分子的双螺旋模型。

对于一个事物或问题，如果能用全新的角度去观察它、思考它，对它有一个更深刻、更全面的认识，将会为最终解决问题创造出更多更好的环境和条件。

A公司和B公司都是生产鞋的。为了寻找更多的市场，两个公司都往世界各地派了很多销售人员。这些销售人员不辞辛苦，千方百计地搜集人们对鞋的各种需求信息，并不断地把这些信息反馈回公司。

有一天，A公司听说在赤道附近有一个岛，岛上住着许多居民。A公司想在那里开拓市场，于是派销售人员到岛上了解情况。很快，B公司也听说了这件事情，他们唯恐A公司独占市场，赶紧也把销售人员派到了岛上。

两位销售人员几乎同时登上海岛。他们发现海岛相当封闭，岛上的人与大陆没有来往，他们祖祖辈辈靠打鱼为生。他们还发现岛上的人衣着简朴，几乎全是赤脚，只有那些在礁石上采拾海蛎子的人为了避免礁石硌脚，才在脚上绑上海草。

两位销售人员一到海岛，立即引起了当地人的注意。他们注视着陌生的客人，议论纷纷。最让当地人感到惊奇的就是客人脚上穿的鞋子，岛上人不知道鞋子为何物，便把它叫作“脚套”。他们感到纳闷：把一个“脚套”套在脚上，不难受吗？

A公司的销售人员看到这种状况，心里凉了半截，他想：这里的人没有穿鞋的习惯，怎么可能建立鞋的市场？向不穿鞋的人销售鞋，不等于向盲人销售画册、向聋子销售收音机吗？他二话没说，立即乘船离开了海岛，返回了公司。

他在写给公司的报告上说：“那里没有人穿鞋，根本不可能建立起鞋的市场。”

与之相反，B公司的销售人员看到这种状况时心花怒放，他觉得这里是极好的市场。因为没有人穿鞋，所以鞋的销售潜力一定很大。他留在岛上，与当地人交上了朋友。

他在岛上住了很多天，挨家挨户做宣传，告诉当地人穿鞋的好处，并亲自示范，努力改变当地人赤脚的习惯。同时，他还把带去的样品送给了部分居民。这些居民穿上鞋后感到松软舒适，走在路上他们再也不用担心扎脚了。这些首次穿上鞋的人也向同伴们宣传穿鞋的好处。

这位有心的销售人员还了解到，岛上居民由于长年不穿鞋的缘故，他们的脚型与普通人的脚型有一些区别。他还了解了他们生产和生活的特点，然后向公司写了一份详细的报告。公司根据这些报告，制作了一大批适合当地人穿的鞋，这些鞋很快便销售一空。不久，公司又制作了第二批、第三批……B公司终于在岛上建立了皮鞋市场，狠狠赚了一笔。

同样面对赤脚的岛民，有人认为没有市场，有人认为有大市场，两种不同的观点表明了两人在思维方式上的差异。简单地看问题，的确会得出第一种结论；但我们赞赏后一位销售人员，他有发展的眼光，他能从“不穿鞋”的现实中看到潜在市场，并懂得“不穿鞋”可以转化为“爱穿鞋”，为此通过他的努力，获得了成功。

这就如同切苹果一样，一般的人切苹果习惯于以果蒂和果柄为点竖着落刀，一分为二，但如果尝试着把它横放在桌上，然后拦腰切开，就会发现苹果里有一个清晰的五角星的图案。

这让人不免感叹：吃了多年的苹果，我们却从来没有发现过苹果里面竟然会有五角星图案，而仅仅换一种切法，就发现了鲜为人知的秘密。

美国一位富商，原来并不富有，同妻子靠卖蛋维持生计，但身高体壮的他卖蛋远不及瘦小的妻子。后来他终于弄明白了原委。原来他用手掌托着蛋叫卖时，由于手掌太大，蛋显得很小。人们眼睛的视觉误差害苦了他，他立即改变了卖蛋的方式—把蛋放在一个浅而小的托盘里，出售情况果然好转。他并不因此满足。眼睛的视觉误差既然能影响销售，那经营的学问就更大了，从而激发了他对心理学、经营学、管理学等的研究和探讨，终于创建了自己的公司。

细心才有灵感

心细方有灵感，灵感来自于心细，大大咧咧只会与灵感擦肩而过，眼睁睁地看着它逝去。

17世纪法国著名数学家、哲学家笛卡尔，在很长一段时间内，都在思考这样一个有趣的问题：几何图形是形象的，代数方程是抽象的，能不能将这两门数学统一起来，用几何图形来表示代数方程，用代数方程来解决几何问题呢？

若果真如此，既可以避免几何学过分注重证明的方法、技巧，利于提高想象力，也可以避免代数学过分受法则和公式的束缚，影响思维的灵活性。二者的有机结合，将使几何图形的“点、线、面”同代数方程的“数”联系起来。

为了能够尽快地解决这一问题，他日思夜想，“为伊消得人憔悴”。

有一天早晨，笛卡尔睁开眼发现一只苍蝇正在天花板上爬动，他躺在床上耐心地看着，忽然头脑中冒出这样一个念头：这只来回爬动的苍蝇不正是一个移动的“点”吗？这墙和天花板不就是“面”，墙和天花板的连接的角不就是“线”吗？苍蝇这个

“点”与“线”和“面”的距离显然是可以计算出来的。

笛卡尔想到这里，情不自禁一跃而起，找来笔纸，迅速画出3条相互垂直的线，用来表示两堵墙与天花板相连接的角，又画了一个点表示来回移动的苍蝇，然后用X和Y分别代表苍蝇到两堵墙之间的距离，用Z来代表苍蝇到天花板的距离。

后来笛卡尔对自己设计的这张形象直观的“图”进行反复思考研究，终于形成这样的认识：只要在图上找到任何一点，都可以用一组数据来表示它与3条数轴的数量关系。同时，只要有了任何一组像以上这样的3个数据，也都可以在空间上找到一个点。这样，数和形之间便稳定地建立了一一对应关系。

于是，数学领域中的一个重要分支——解析几何学，在此基础上创立了。笛卡尔的这套数学理论体系，引发了数学史上的一场深刻革命，有效地解决了生产和科学技术上的许多难题，并为微积分的创立奠定了坚实的基础。

天花板上爬动的苍蝇这种常见现象，竟触动笛卡尔产生了创建解析几何的灵感，为整个人类作出了杰出的贡献。

人人都有走向成功的机会，但是大多数人都没有能够抓住机会，因为机会出现的时候，都是一些非常细小的苗头，不容易被发现。而那些成功者就是能够细心地抓住那些小小的苗头，发展出宏大的事业。

美国著名的家具经销商尼·科尔斯，一次家中突然失火，几乎烧光了他家里的一切，只有些粗壮的松木，外面烧焦，而内芯得以残存。要在一般人，可能在极度的痛苦中将这些废料扔掉完事，但尼·科尔斯却从这些焦木中发现了商机：因为那焦木的旧纹理和特殊的质感使他产生了灵感，他决定要制造以突出表现木纹为特点的仿古家具。

他用碎玻璃片刮去废木上的沉灰，再用细砂纸打磨光滑，再涂上一层清漆，便使废木显出了古朴、典雅、庄重的光泽和清晰的木纹。就这样，他制造的仿古典木质家具独领潮流，从此生意兴隆。

有人赞叹尼·科尔斯因祸得福，其实不然，只是他能对简单的事物观察和发现，奇迹才会出现。如果换一位不善于思考的人去看那堆燃而未尽的废木头，眼睛看直了也不会有所发现。

其实世界上很多事情就是这样，如果肯动脑子，任何一件看似平常的事都有其可开发之处，而且很多的智慧和发现都来自一些平常的小事，只是你没有发现罢了。那么怎样培养一种能从平常事物中有不平常发现的心态呢？那就是要有一种善于思考的态度，只要勤于思考、仔细观察，就不会让很容易得到的机遇溜走。

美国玩具开发商布·希耐一次到郊外去散步，偶然看到几个孩子在玩一种又丑又脏的昆虫，且玩得津津有味，爱不释手。他立即联想到儿童玩具市场上所销售和设计的全都是造型优美、色彩鲜艳的玩具，那么，为什么不给孩子们设计一些丑陋的玩具来满足孩子们的好奇心呢？想到这里，他立即安排研制生产，推向市场后，果然反响强烈，供不应求，收益颇丰。

从此，丑陋玩具在市场上的销售经久不衰。

那么，这些人为何会如此聪明，只是灵机一动就能生意兴

隆、财源滚滚？因为在对刺激产生反应的过程当中，他们的潜在意识十分积极和敏锐，这就证明了人在自信和主动的状态下才会变得聪明能干。也是在这种时候，他们才最具能动性和创造力，而且此时他们也能最好地发掘自己的潜能和发挥自己的最佳状态。

改变细节，与众不同

在当今激烈竞争的市场中，怎样才能使企业始终立于不败之地呢？可以说答案就是：细节决定企业竞争的成败。这主要也是由两个原因造成：其一，对于战略面、大方向，角逐者们大都已经非常清楚，很难在这些因素上赢得明显优势；其二，现在很多商业领域已经进入微利时代，大量财力、人力的投入往往只为了赢取几个百分点的利润，而某一个独特的细节却足以让商家赚取很多的利润。

细节制胜的例子可谓是举不胜举。

著名的瑞士斯沃琪手表的目标就是在手表的每一个细微处展现自己的精致、时尚、艺术、人性。此外，随着季节变化，斯沃琪不断地变换着主题，针盘、时针、分针、表带、扣环……无一不是斯沃琪的创意源泉。它力图在手表这样一个狭小的空间里，使每一个意念都得到最完美的阐释。斯沃琪尤其受到年轻人的拥护，其每一款图像、色彩，在每一个细微处，都暗含年轻与个性的密码，或许这就是它风靡的原因。

同样，当年摩托罗拉的经典手机V70的设计也是在细节上取胜的典范。用它的创造者意大利摩托罗拉高级手机设计师的话来说，V70就是“不断创造”的成果，是“想不到的设计”。设计细节一是与众不同的随心360度旋转的接听开盖方式；接听开盖的设计灵感来自于东方的折扇。设计细节二是特大液晶屏幕以深海蓝的背景配合白色输入显示，多色可置换屏幕外环；灵感指向是蓝色暗光背景键盘，似深海夜钻。

创新是企业界里一个非常时髦的词，但无数实践证明，创新往往存在于细节之中。

一些人误以为，创新始于宏伟目标，终于备受瞩目的结果。这就使人们很容易忽视细节，成了制约创新的瓶颈。然而，细节是创新之源，要想获得创新，就必须明白“不择细流方以成大海，不拒土方以成高山”之理。

目前，许多企业在寻求创新时，不管在技术创新还是在管理创新方面，总习惯于贪大求全，却很少有“于细微处见精神”的细心和耐心。相反，海尔集团首席执行官张瑞敏在谈到创新时却说：“创新不等于高新，创新存在于企业的每一个细节之中。”

事实上，海尔集团在细节上创新的案例可谓数不胜数，仅公司内单以员工命名的小发明和小创造每年就有几十项之多，如“云燕镜子”“晓玲扳手”“启明焊枪”“秀凤冲头”等，并且这些创新已在企业的生产、技术等方面发挥出越来越明显的作用。

虽然每一个细节看上去都很小，但是这儿一个小变化，那儿一个小改进，就可以创造出完全不同的产品、工序或服务。如果说创新是一种质变，那么这种质变经过了量变的积累，就自然会达成大的变革和创新。很多事情看似简单却很复杂，看似复杂却很简单。企业的经营，只有重视细节，从细节入手，才能取得有效的创新。

日本许多中小企业成功的经验，就在于厂家能够始终密切关注消费者在日常生活中产生的需求，生产相关产品。有些厂家不惜重金，以有奖竞赛的形式购买消费者的小发明。比如在我们生活中经常用到的“三通”电源开关，就是有“经营之神”称号的松下幸之助，受了家庭主妇们偶尔一次议论的启发而发明的。

随着带凹板的地板在日本家庭的流行，出现了普通的刷子难以将落入凹格里的尘土刷干净的问题。日本静冈县的一家工厂推出了专门解决这一问题的新型刷子，一经推出，马上供不应求。原来他们是采用了一位普通家庭妇女的发明，这位妇女看到猫、狗的舌头可以舔尽碟盘中的食物，受到启发，想起可以在刷毛下面垫上一层海绵，这样刷子就可以像狗舌头一样，把凹格里的灰尘“舔净”。

静冈县的这家工厂在获悉了这位妇女的发明后，经过试验，发现效果非常好，就马上买下了这项发明，投入市场后立即热销。而那位发明这种刷子的主妇，每月也可从工厂领取15万日元的发明奖。

创意来自生活的细节。一些看似无用的细节，往往能激发你的灵感，为你带来不凡的创意。只要我们怀着善于发现的眼光，有用的细节就会无处不在。只要用心把握好细节，我们定能找到解决困难的方法。

PART 04 伟大源于细节的积累——从小事做起

从小事中做出大学问

西点军校在培训方面很重视细节，总是强调必须熟知每一个细节点，比如从M16枪支的使用和构造到扣环的清洁等。他们通过细节的学习让学员了解到，追求完美其实并不是遥不可及的事情，而是像擦扣环一样容易：你能把扣环擦亮，在做重大的事情时，就一样有信心去做成功，而不受别的因素影响。西点军校要求学员像呼吸一样完成任务，形成一种近乎本能的追求完美的习惯。

面对这种严格的要求，在有些事情上，新学员可能会做得不够完美，所以学员必须学会在所有事情中去判断哪个重要、哪个次之，找出平衡点，有条理地、努力地去完成所有的任务，尽量做得成功和完美。通过这种训练，使学员在以后的生活中，遇到再多压力也能应付自如。

如果学员身上很痒，但要忍得住，不能去挠。试想，如果一支部队的士兵都在左摇右摆地挠痒，他们能有战斗力吗？所以，学员应该明白这就是自律。

新学员在第一年要学会服从，通过在服从中体验这些困难，以增强他们的自尊、自信、自律，从而达到追求完美的目的。

注重细节是一种日积月累的习惯，而人的行为有95%会受习惯影响，在习惯中积累会逐渐形成素质。爱因斯坦曾说过：“当人们忘记了在学校里所学的一切之后，剩下的就是素质，教育的真正目的也在于此。”而习惯就是忘不掉的最重要的素质之一。

人与人之间的差别，往往就在一些习惯上，并且正是因为这些关注细小的事情所养成的习惯，决定了不同的人具有不同的命运。

两个同龄的年轻人同时受雇于一家店铺，并且拿同样的薪水。

可是一段时间后，叫阿诺德的那个小伙子青云直上，而那个叫布鲁诺的小伙子却仍在原地踏步。布鲁诺很不满意老板的不公正待遇，终于有一天他到老板那儿发牢骚了。老板一边耐心地听着他的抱怨，一边在心里盘算着怎样向他解释清楚他和阿诺德之间的差别。

“布鲁诺先生，”老板开口说话了，“你现在到集市上去一下，看看今天早上有什么卖的。”

布鲁诺从集市上回来向老板汇报说，今早集市上只有一个农民拉了一车土豆在卖。“有多少？”老板问。

布鲁诺赶快戴上帽子又跑到集市上，然后回来告诉老板一共40袋土豆。“价格是多少？”布鲁诺又第三次跑到集市上问来了价格。“好吧，”老板对他说，“现在请你坐到这把椅子上，一句话也不要说，看看别人怎么做。”

老板将阿诺德找来，并让他看看集市上有什么卖的。

阿诺德很快就从集市上回来了，向老板汇报说到现在为止只有一个农民在卖土豆，一共40口袋，价格是多少多少；土豆质量很不错，他带回来一个让老板看看。这个农民一个钟头以后还会弄来几箱西红柿，据他看价格非常公道。昨天他们铺子的西红柿卖得很快，库存已经不多了。他想这么便宜的西红柿老板肯定会要进一些的，所以他不仅带回了一个西红柿做样品，而且把那个农民也带来了，他现在正在外面等回话呢。

此时老板转向了布鲁诺，说：“现在你肯定知道为什么阿诺德的薪水比你高了吧！”

同样的小事情，有心人做出大学问，不动脑子的人只会来回跑腿而已。别人对待你的态度，就是对你做事情结果的反应，像一面镜子一样准确无误，你如何做的，它就如何反射回来。

因此，对于那些刚进职场的年轻人，很少马上就被委以重任，往往是做些琐碎的工作。但是不要小看它们，更不要敷衍了事，因为人们是通过你的工作来评价你的。如果连小事都做得潦草，别人还怎么敢把大事交给你呢？

从最小的**具体行动开始**

不屑于平凡小事的人，即使他的理想再壮丽，也只能是一个五彩斑斓的肥皂泡。想要实现凌云壮志，必须脚踏实地，专注于小事。

1962年7月，在美国西北部一个叫本顿维尔的小镇上，一家名为沃尔玛的普通商店开业了，店主是44岁的退伍男子沃尔顿。30多年后，沃尔玛已成为全球最大的商业连锁集团。在2004年和2005年《财富》500强排名中，沃尔玛的营业额名列第一。沃尔玛创下了一个商业奇迹。

如果你第一次走入沃尔玛连锁店时，会先是被它巨大的面积所震惊，继而为它的便宜价格所打动。同样一件商品，沃尔玛的售价至少会比其他店便宜5%，但是给人印象最深的还是每一个售货员的微笑，那样亲切自然，让人每次去沃尔玛店购物都能享受一个消费者内心的满足。

其实沃尔玛经营宗旨之一便是“天天平价”。老板沃尔顿常常告诫员工：“我们珍视每一美元的价值，我们的存在是为顾客提供价值，这意味着除了提供优质服务外，我们还必须为他们省钱。每当我们为顾客节约了一美元时，那就使自己在竞争中先占了一步。”

为了不愚蠢地浪费一美元，沃尔顿率先垂范。他从不讲排场，外出巡视时总是驾驶着最老式的客货两用车。需要在外面住旅馆时，他总是与其他经理人员住的一样，从不要求住豪华套间。

为了赢得这“一美元的价值”，沃尔玛实行了全球采购战略，“低价买入，大量进货，廉价卖出”。沃尔玛中国采购总监每到一地，都要察看各家商店，认真比较价格，选择合适商品。

价格与服务是沃尔玛赢得竞争的两个轮子。在中国工作了多年的芮约翰说："你知道我们有一个微笑培训吗？必须露出8颗牙齿才算合格。你试一试，只有把嘴张到露出8颗牙齿的程度，一个人的微笑才能表现得最完美。"这让人不禁想起初识沃尔玛时的印象，原来售货员的微笑都有着如此严格的规定。

做生意自然要追求利润的最大化，而实现最大化的目标则要从最小化的具体行动开始。经营节约一美元与微笑露出8颗牙，抓好每一件这样的小事，企业方能砌就通向成功的阶梯。其实，很多很多的成功并不神奇，只不过有的人不以其小

而坚持做了下去，因为他们从来不会总想着大问题而忽略了小事情。

哈维·麦凯是一家信封公司的老板，有一次，他去拜访一个顾客。那个经理一看他就说："麦凯先生，你不要来了，我们公司绝对不可能和你下信封的订单。因为我们公司的老板

和另一个信封公司老板有25年的深交，而且你也不用再来拜访我，因为有43家信封公司的老板曾拜访过我3年，所以我建议你不要浪费你的时间。”

麦凯先生并没有因此而放弃努力，他开始关注在这家公司里发生的每件事，哪怕是那些微不足道的小事。有一次他发现这家公司采购经理的儿子很喜欢打冰上曲棍球，他又知道他儿子崇拜的偶像是洛杉矶一个退休的球星，后来发现这个经理的儿子出车祸住在医院。这时麦凯觉得机会来了，他去买了一根曲棍球杆，让球星签名送给这个人的儿子。

他来到医院，这个人的儿子问他是谁，他说：“我是麦凯，我给你送礼物。”“你为什么给我送礼物？”“因为我知道你喜欢曲棍球，你也崇拜这个球星，这是一根他亲自签名的曲棍球杆。”这个小孩兴奋得脚也不疼了，要下床来。

结果他的父亲来医院发现他的儿子好兴奋，整个人都变了，不像原来那样垂头丧气、面无表情。他问他儿子怎么回事，他说刚才有一个叫麦凯的人送了我一根曲棍球杆，还有球星签名。

结果可想而知，这个采购经理和麦凯签了数万美金的订单。

信封是便宜的东西，他竟下了这么大的订单。显然，成功有不同的方法，有不同的思维模式。只要你留意身边的小事，一定会找到解决问题的突破口。世界上没有卖不掉的产品，只有因不注意细节而推销失败的人。仔细一些，多为别人着想一点，成功就离你近一点儿。

谢尔贝在推销业中的巨大成就，在于他细致入微的服务，更在于他有一套提供最佳服务的正确理念和方法。他曾引用丘吉尔的话说：“如果没有风推动船，那么我们就划船吧。”

在海军陆战队服役3年后，谢尔贝一直都从事销售这一行。最初，作为一名新手，他工作积极，饱含热情。谢尔贝回忆说：“开始在IBM卖打字机时，我在我的汽车风挡玻璃上贴了一个标签，上面写道：‘找到客户，征求订货便是我的一切。’当时我通常每天要开车行驶40多英里才到达我负责的推销区。你必须对自己严格要求，你需要去找到更多的客户征求订货。如果这样一贯坚持下去，我想一个好的推销员达到10%的成功率是没问题的。”

谢尔贝认为真正重要的是必须了解这样一个事实，那就是：人类是非常敏感的，也都有相同的本质，都有受尊重的欲望。物欲的自我膨胀，却并不与关爱他人相背离。你要让你的客户觉得你关心他们胜于关心自己，热爱他们胜于热爱自己。试着融入别人的生活，站在他人立场去看问题，这就足够了。就像谢尔贝所说的：“我对于推销这行深感自豪，我喜欢走出去面对我的客户并了解他们的所需所想，我在全国范围内同客户们保持联系，这一切都是我热爱的，只要我继续负责销售，我将始终如一。”

谢尔贝很强调“细节”这一字眼，正是那种自豪感使他在他的工作中去努力追求完美。提到追求完美，这要与谢尔贝的客户联系起来。谢尔贝最承受不起的就是客户的不满，因为他推销的不仅仅是硬件的东西，而更重要的是细致入微的服务。

谢尔贝年轻时，推销的是电子打字机，但他推销的并不仅仅是机器本身；相反，他向客户推销的是该机器的用途。谢尔贝认为，不管推销员推销的是什么产品，如果他在推销产品时将该产品的优点以及它能为客户带来什么样的好处结合起来，那他其实就是在为客户提供真正的细致入微的服务。正如谢尔贝所言：

“正是重视服务才使我们公司获得真正的优势，我想这对任何公司而言都是很重要的。只有生产合适的产品和为客户提供最佳的服务才是公司取得成功的保障。”

不管你现在是正在从事推销工作或是想要从事它，相信很多人都很羡慕那些成功的推销员，因为他们有了一个机会无穷、璀璨夺目的有利地位。可是，成功的推销员和获得金牌的运动选手一样，即便再具资质，若不经过正确的训练，没有“为客户提供细致入微的服务”的宗旨，任何人都无法成为杰出的推销员。

一生磨一镜，精益求精

在荷兰，有一个刚初中毕业的青年农民来到一个小镇，找到了一份替镇政府看门的工作。他在这个门卫的岗位上一直工作了60多年，他一生没有离开过这个小镇，也没有再换过工作。

也许是工作太清闲，他又太年轻，他得打发时间。他选择了费时又费工的打磨镜片当自己的业余爱好。就这样，他磨呀磨，一磨就是60年。他是那样的专注和细致，锲而不舍，他

的技术已经超过专业技师了，他磨出的复合镜片的放大倍数比他们的都要高。凭借他研磨的镜片，他终于发现了当时科技尚未知晓的另一个广阔的世界——微生物世界。从此，他声名大振，只有初中文化的他被授予了在他看来是高深莫测的巴黎科学院院士的头衔，就连英国女王都到小镇拜会过他。

创造这个奇迹的小人物，就是科学史上鼎鼎有名的、活了90岁的荷兰科学家安东尼·列文虎克，他老老实实地把手头上的每一个玻璃片磨好，用尽毕生的心血，致力于每一个平淡无奇的细节的完善，终于他在他的细节里看到了他的成就，科学也在他的细节里看到了更广阔的前景。

一花一世界，一沙一天堂。如果你能执着地把手上的小事情做到完美的境界，你同样也会成为一个了不起的人物。

18世纪的讽刺文学作家伏尔泰创作的悲剧《查伊尔》公演

后，受到观众很高的评价，许多行家都认为这是一部不可多得的成功之作。

但当时，伏尔泰本人对这一剧作并不十分满意，认为剧中对人物性格的刻画和故事情节的描写还有许多不足之处。因此，他拿起笔来一次又一次地反复修改，直到自己满意了才肯罢休。为此，伏尔泰还惹下了一段不大不小的风波。

经伏尔泰这样精心修改后，剧本确实一次比一次好，但是演员们却非常厌烦，因为他每修改一次，演员们总要重新按修改本排练一次，这要让他们花费许多精力和时间。

为此，出演该剧的主要演员杜孚林气得拒绝和伏尔泰见面，不愿意接受伏尔泰重新修改后的剧本。这可让伏尔泰难为坏了，他不得不亲自上门把稿子塞进杜孚林住所的信箱里。然而，杜孚林还是不愿看他的修改稿。

有一天，伏尔泰得到一个消息，杜孚林要举行盛大宴会招待友人。于是，他买了一个大馅饼和12只山鹑，请人送到杜孚林的宴席上。

杜孚林高兴地收下了。在朋友们的热烈掌声中，他叫人把礼物端到餐桌上用刀切开。当在场的人把礼物切开时，所有的客人都大吃一惊，原来每一只山鹑的嘴里都塞满了纸。他们将纸展开一看，原来是伏尔泰修改的稿子。

杜孚林感到哭笑不得，后来他怒气冲冲地责备伏尔泰："你为什么要这样做？"

伏尔泰答："老兄，没有办法呀，不做到最好，我的饭碗就要砸了！"

伏尔泰之所以成为伏尔泰，最大的原因就是缘于他能“做到最好”，而并不是因为他有多聪明！假如你没有伏尔泰的聪明或名气，你是不是更有理由像他那样对待自己的“饭碗”呢？

许多人之所以失败，往往是因为他们马虎大意、鲁莽轻率。泥瓦工和木匠可能靠半生不熟的技术建造房屋，砖块和木料拼凑成的建筑有些在尚未售出之前，就已经在暴风雨中坍塌了。医科学生因为没有花时间和精力好好为未来做准备，做起手术来捉襟见肘，把病人的生命当儿戏。一些律师只顾死记法律条文，不注意在实践中培养自己的能力，真正处理起案件来也难以应付自如，白白花费当事人的金钱……

事情不分大小，都应使出全部精力，做得完美无缺，否则还不如不做。一个人如能从小养成这样的好习惯，他的生活将过得满足愉快，无牵无绊。

每天进步一点点，成功从细节开始

伟大的成就通常是一些平凡的人们经过自己的不断努力而取得的，他们注重细节，每天懂得进步一点点，日积月累就前进一大步。对那些勇于开拓的人而言，生活总会给他提供足够的机会和不断进步的空间。人类的幸福就在于沿着已有的道路不断开拓进取，永不停息。那些能持之以恒、忘我工作的人，往往就是最成功的人。

人们总是责怪命运的盲目性，然而命运本身的盲目性就是以人的活动为主体的。天道酬勤，命运总是掌握在那些勤勤恳恳地工作、每天注意细节的人手中，就正如优秀的航海家总能驾驭大风大浪一样。对人类历史的研究表明，在成就一番伟业的过程中，一些最普通的品格，如公共意识、注意力、专心致志、持之以恒等，往往起很大的作用。即使是盖世天才，也不能小视这些品质的巨大作用。

牛顿无疑是世界一流的科学家。当有人问他到底是通过什么方法得到那些伟大的发现时，他诚实地回答道："总是思考着它们。"还有一次，牛顿这样表述他的研究方法："我总是把研究的课题置于心头，反复思考，慢慢地，起初的点点星光终于一点一点地变成了阳光一片。"正如其他有成就的人一样，牛顿也是靠勤奋、专心致志和持之以恒来取得成功的，他的盛名也是这样得来的。

可见，一点点进步都是来之不易的，任何伟大的成功都不可能唾手可得。千里之行，始于足下。不积跬步，无以至千里；不积小流，无以成江海。约瑟夫·迈斯特说过："耐心和毅力就是成功的秘密。"没有播种就没有收获；光播种，而不善于耐心地、满怀希望地耕耘，也不会有好的收获，最甜的果子往往在最后成熟。西方有一句格言："时间和耐心能把桑叶变成云霞般的彩锦。"

卡尔·华尔德曾经是爱尔斯金（美国近代诗人、小说家和出色的钢琴家）的钢琴教师。有一天，他给爱尔斯金教课的时候，忽然问他："你每天要练习多长时间钢琴？"

爱尔斯金说："大约每天三四小时。"

"你每次练习，时间都很长吗？是不是有个把钟头的时间？”

“我想这样才好。”

“不，不要这样！”卡尔说，“你将来长大以后，每天不会有长时间的空闲的。你可以养成习惯，一有空闲就几分钟几分钟地练习。比如在你上学以前，或在午饭以后，或在工作的休息余闲，几分钟几分钟地去练习。把零碎的练习时间分散在一天里面，如此弹钢琴就成了你日常生活中的一部分。”

14岁的爱尔斯金对卡尔的忠告未加注意，但后来回想起来真是至理名言，并且他从中得到了不可限量的益处。

当爱尔斯金在哥伦比亚大学教书的时候，他想兼职从事创作。可是上课、看卷子、开会等事情把他白天和晚上的时间完全占满了。差不多有两个年头，他一字不曾动笔，他的借口是“没有时间”。后来，他突然想起了卡尔·华尔德先生告诉他的话。到了下一个星期，他就把卡尔的话实践起来，只要有5分钟左右的空闲时间，他就坐下来写作100字或短短的几行。

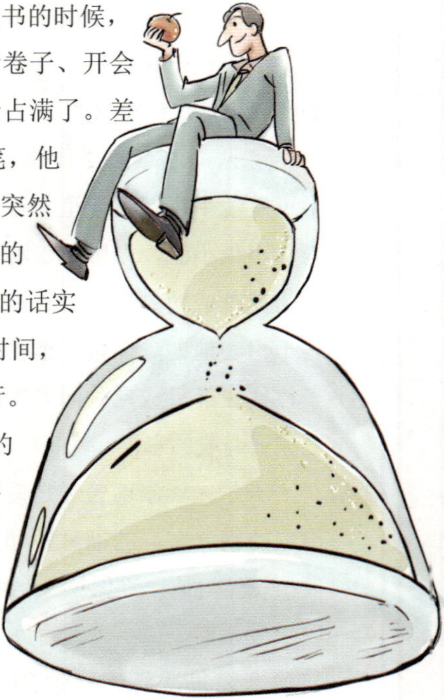

出乎意料的是，在那个星期的终了，爱尔斯金竟写出了相当多的稿子。后来，他用同样积少成多的方法，创作长篇小说。爱尔斯金的授课工作虽一天比一天繁重，但是每天仍有许多可以利用的短短余闲。他同时还练习钢琴。他发现每天小小的间歇时间，足够他从事创作与弹琴两项工作。

农夫在地里同时种了两棵一样大小的果树苗。第一棵树拼命地从地下吸收养料，储备起来，滋润每一个枝干，积蓄力量，默默地盘算着怎样完善自身、向上生长；另一棵树也拼命地从地下吸收养料，凝聚起来，开始盘算着开花结果。

第二年春，第一棵树便吐出了嫩芽，憋着劲向上长；另一棵树刚吐出嫩叶，便迫不及待地挤出花蕾。

第一棵树目标明确，忍耐力强，很快就长得身材茁壮。另一棵树每年都要开花结果，刚开始，着实让农夫吃了一惊，非常欣赏它。但由于这棵树还未成熟，便承担开花结果的责任，累得弯了腰，结的果实也酸涩难吃，还时常招来一群孩子石头的袭击。甚至，孩子会攀上它那羸弱的身体，在掠夺果子的同时，损伤着它的自尊心和肢体。

时光飞转，终于有一天，那棵久不开花的壮树轻松地吐出花蕾，由于养分充足、身材强壮，结出了又大又甜的果实。

而此时那棵急于开花结果的树却成了枯木。农夫诧异地叹了口气，将那根瘦小的枯木砍下，烧火用了。

两棵树的不同命运揭示出“成大事者需积累”的真谛，因此，对于那些刚进企业的员工来说，一定要养成坚持学习、每日充电的好习惯。但求知学习好比是修剪移栽，修剪是一个长期的、不间断的过程，花草如果长时间不修剪，就会变得杂枝横陈；一个榜样员工如果长时间不学习，大脑就会迟钝，原有的知识就会落伍，原本作为榜样的优势就会荡然无存！

做事踏实，一步一个脚印

如果给你一张报纸，然后重复这样的动作：对折，不停地对折。若能把这张报纸对折51次的时候，你猜所达到的厚度有多少？一个冰箱那么厚或者两层楼那么厚，这大概是你所能想到的最大值了吧？而通过计算机的模拟，这个厚度甚至超过地球到太阳之间的距离。

没错，就是这样简简单单的动作，是不是让你感觉好似一个奇迹？为什么看似毫无分别的重复，会有这样惊人的结果呢？换句话说，这种貌似“突然”的成功，根基何在？

秋千所荡到的高度与每一次加力是分不开的，任何一次偷懒都会降低你的高度，所以动作虽然简单却依然要一丝不苟地“踏实”。

其实，这样的动作和事情我们每个人都会做，但又不屑于做，它们贯穿于整个日常生活，甚至你完成了这样的一个动作，自己都不记得。比如你每天都会把垃圾袋带出去扔掉，你会记得你用怎样的动作扔掉的吗？这也正像全世界都谈论“变化”“创新”等时髦的概念时，却把“踏实”给忘记了。“踏实”是每个人都能够做到的，可是你真正做到了新含义的“踏实”了吗？没有，所以你不是优秀的员工。

做事情不能仰头向天，而应脚踏实地。一步一步地走在你的一生中，诚实和勤奋应该成为你永不背叛的益友。

报纸上曾经报道一位拥有100万美元的富翁，原来却是一位乞丐。我们心中难免怀疑：依靠人们施舍一分、一元的人，为何却拥有如此巨额的存款？事实上，这些存款当然并非凭空得来，而是由一点点小额存款累聚而成。从1分到10元、到1000元、到万元、到百万元，就这么数年积聚而成。若想靠乞讨很快存满100万美元，那几乎是不可能的。

聪明的人，为了要达成主目标常会设定次目标，这样会比较容易于完成主目标。许多人会因目标过于远大，或理想太过崇高而易于放弃，这是很可惜的。若设定次目标便可较快获得令人满意的成绩，能逐步完成次目标，心理上的压力也会随之减小，主目标总有一天也能完成。

曾经有一位63岁的老人从纽约市步行到了佛罗里达州的迈阿密市。经过长途跋涉，克服了重重困难，她到达了迈阿密市。在那儿，有位记者采访了她。记者想知道，这路途中的艰难是否曾经吓倒过她，她是如何鼓起勇气，徒步旅行的。

老人答道："走一步路是不需要勇气的，我所做的就是这样。我先走了一步，接着再走一步，然后再一步，我就到了这里。"

是的，做任何事，只要你迈出了第一步，然后再一步步地走下去，你就会逐渐靠近你的目的地。如果你知道你的具体目的地，而且向它迈出了第一步，你便走上了成功之路！

在一位著名企业家的报告会上，有一位年轻人向企业家提出这样一个问题：

"请问你过去走过弯路没有？能不能给我们年轻人指出一条成功直线，让我们少走弯路呢？"

没想到这位企业家干脆利落地回答：

“我不承认自己走过什么弯路，我只知道自己一直走在成功的路上。成功从来就没有什么捷径，它就像登山一样，哪里有什么直路可走呢？”

这说明，成功没有捷径，只有一步一个脚印地走下去，才能攀登到事业的顶峰。

1938年，本田先生还是一名学徒时，就变卖了所有家当，全心投入研究制造心目中认为理想的汽车活塞环。他夜以继日地工作，与油污为伍，累了倒头就睡在工厂里，一心一意期望早日把产品装造出来，以卖给丰田汽车公司。为了继续这项工作，他甚至变卖妻子的首饰。最后产品终于做出来了并送到丰田去，但是事与愿违，他的活塞环被认为品质不合格而打了回来。为了获取更多的知识，他重回学校苦修两年，其间经常为了自己的设计而被老师或同学嘲笑，被认为不切实际。

他无视这一切痛苦，仍然咬紧牙关朝目标前进，终于在两年之后取得了丰田公司的购买合约，完成了他长久以来的心愿。

当时，因为正值第二次世界大战，日本一切物资吃紧，政府禁卖水泥给他建造工厂。他没有就此停止前进，而是决定另谋他途，和工作伙伴研究出新的水泥制造方法，建好了他们的工厂。战争期间，这座工厂遭到美国空军两次轰炸，毁掉了大部分的制造设备。本田先生迅即召聚了一些工人，去捡拾美军飞机所丢弃的汽油桶，称其为“杜鲁门总统所送的礼物”。因为日本战时十分欠缺各种物资，而这些汽油桶则刚好提供了本田工厂制造用的材料。在此之后他们又碰上了地震，夷平了整个工厂，这时本田先生迫于无奈，不得不把制造活塞环的技术卖给丰田公司。

第二次世界大战结束后，日本遭逢严重的汽油短缺，本田先生根本无法开着车子出门，买家里所需的食物。在极度沮丧下，他不得不试着把马达装在脚踏车上，他认为如果成功，邻居们一定会央求他给他们装部摩托脚踏车。果不其然，他装了一部又一部，直到手中的马达都用光了。他想何不开一家工厂，专门生产他所发明的摩托车？可惜的是他欠缺资金。

一如既往地，他决定无论如何要想出个办法来，最后决定求助于日本全国1.8万家脚踏车店。他给每一家脚踏车店用心写了封言辞恳切的信，告诉他们如何借着他发明的产品，在振兴日本经济上扮演一个角色。结果说服了其中的5000家，凑够了所需的资金。

今天，本田汽车公司在日本及美国雇有员工总数超过10万人，是日本最大的汽车制造公司之一，在美国的销售量仅次于丰田。本田汽车之所以能够有今天的成就，可说全是本田宗一郎个人始终凭着决心和毅力，不畏艰难而成就的。

俗语说得好：“罗马不是一天建成的。”既然一天建不成辉煌的罗马，那就让我们专注于建造罗马的每一天。这样，把每一天连起来，终将会建成一个美丽辉煌的罗马。这就如同一个人，一旦拥有宏伟的大胆的梦想，然后每天做一点事情，也就是说，用小步而不是迈大步越过一个个障碍，你就会走向成功的巅峰。

PART 05

细节入手，赢得人脉

一点一滴累积交际经验

你知道一般人才与顶尖人才的真正区别在哪里吗？你可能会毫不犹豫地回答，是才能。那你就错了。哈佛大学商学院曾经做过一个调查发现，在事业有成的人士中，26％靠工作能力，5％靠关系，而人脉广占了69％。

可见，要想成为出类拔萃的顶尖人才，并不仅仅靠提升你的才能，更重要的是拓展你的人脉，提升你的人脉竞争力。也只有这样，你才会脱颖而出，取得事业的成功。

曾有这样一则寓言：

在动物王国里，熊猫是最受大家尊重的，就连爱挑剔的老狐狸也对它极为佩服，因为很难挑出它的什么毛病。

有一天，刺猬找到熊猫，向它请教道：“熊猫大哥，你为什么那么受人尊重？有什么秘密吗？”

“秘密？没有。”熊猫坦然地答道，“不过，我开设了一个感情账户，不停地往里面存储礼貌、宽容、感恩、信用、诚实……”

“这样的感情账户有什么用吗？”

“当然有用。你也看到了，我开设了这个账户后，就已经开始受益了。”

其实，做人也如此。要想成就一番事业，在世间安身立命的话，也要在生活中开设一个“感情账户”，储存你的人脉信息。

在21世纪的今天，无论是保险、传媒，还是金融、科技、证券等各个领域，人脉竞争力都是一个日渐重要的课题。专业知识固然重要，但人脉是一个人通往财富、荣誉、成功之路的门票，只有拥有了这张门票，你的专业知识才能发挥作用。

在台湾证券投资领域，杨耀宇可是知名人士，他将人脉竞争力发挥到了极致。他曾是统一集团的副总，退出后为朋友担任财务顾问，并兼任5家电子公司的董事。根据推算，他的身价应该有数亿元台币之高。为什么一个不起眼的乡下小孩儿到台北打拼能快速积累这么多财富？杨耀宇自己解释说：“有时候，一个电话抵得上10份研究报告。我的人脉网络遍及各个领域，上千万条，数也数不清。”

很显然，一个善于处理人际关系、拥有人脉的人，总能在人生和事业中像杨耀宇一样如鱼得水，这一点对于推销员的工作来说显得尤为重要。

据估计，有50％以上的行销之所以完成，是由于交情的关系，其实这就是交情行销。假如有50％的行销是以情面为基础，而你还没有和准客户（或客户）交朋友，你就等于把50％

早在20世纪80年代，泰瑞就认识了声名卓著的爵士大师迈尔斯·戴维斯。可是当时，他并没有想到这对他的生活将会产生怎样的影响。那时，泰瑞在纽约一家医院进行社会公益活动，而迈尔斯则刚刚在该医院做完手术。由于迈尔斯是一个大名鼎鼎的音乐家，所以泰瑞几乎每天都去看他。等到迈尔斯出院时，他们已成为非常不错的朋友。

一天，泰瑞收到了一份请柬，邀请他去参加迈尔斯的60岁寿宴。这次宴会迈尔斯只邀请了他最好的朋友，这对泰瑞而言真是不胜荣幸。

宴会上，泰瑞结识了埃迪·墨菲、肯尼斯·福瑞斯和埃迪的堂兄——雷·墨菲。当宴会结束时，肯尼斯说：“泰瑞，今晚埃迪在卡门迪俱乐部有表演，你愿意去吗？”

“我当然愿意！”泰瑞答应道。

埃迪的表演相当不错。节目过后，泰瑞与肯尼斯和雷一起参加酒会。对于这次令人难忘的酒会，泰瑞说：

“如果是别人，他可能只认为那是个不错的酒会，他同两位朋友在卡门迪俱乐部度过了非常有趣的一晚。但我并没有这么做，我仍然不断地与朋友保持联系。回去之后，我立刻给他们去信，对他们的热情款待表示感激。”

泰瑞常常订购近百种杂志和报纸，但他一般只看那些他感兴趣的事。当某位明星或者名人提到他感兴趣的东西时，泰瑞便将它记录下来，输入电脑。于是，只要读到认为可能引起那些人的兴趣的东西，泰瑞就将文章给他们寄过去。尽管他没有一个确切的目的，但他感觉到他所做的这些细小的事情迟早会有用的。

当然，一旦泰瑞读到认为可能引起埃迪和另外两个朋友兴趣的文章时，也会给他们寄过去——这些文章包括泰瑞看到的各种内容，如音乐、电影、电视——泰瑞觉得，这正是让他们记得他的一种方式。

两年以后，泰瑞同埃迪·墨菲和他的同事们越来越熟悉。

肯尼斯还经常邀请他去参加一些聚会，他也逐渐为埃迪·墨菲的圈内人士所接纳。

有一次泰瑞受邀参加了埃迪的第一次音乐片的拍摄。影片取得了巨大的成功，同时埃迪也成为世界最具票房价值的人物。不久，泰瑞又参加了一部由埃迪主演的影片的首映式。在这个首映式上，泰瑞听说埃迪正在寻找一个公关代理人，这时泰瑞感觉到机会来了。他说：

“听到这个消息，我就预感我将成为埃迪的代理人。但是，我不知道该怎样去实现这个目标。有人认为这是一个野心勃勃的目标，但我有世界最具票房价值的埃迪作为我的第一位客户，这就是对我最大的支持。”

泰瑞所做的第一件事就是给埃迪写信。在给埃迪的信中，他简单地介绍了一下自己的工作，然后列出了自己的工商界、政界和娱乐圈的朋友，也就是那些他认为会推荐他的人。泰瑞非常清楚地表示，希望能成为埃迪的公关代理人。

一个月过去了，埃迪并没有回信。于是泰瑞决定给她家打电话。

接电话的是雷·墨菲，像往常一样，他热情地打招呼：“你好，泰瑞！”

闲聊了一会儿，然后雷说：“埃迪就在旁边，想和你谈谈。”

埃迪接过电话：“泰瑞，你的信我收到了，我很高兴由你代理我的公关宣传。”

真是令人难以置信，就这么简单，泰瑞成功了！对于这次成功的自我推销，泰瑞说：

“有时候，一个推销员要花上几个月甚至几年的时间才能达成一笔买卖或者找到一条路。其实交情是通过一些小事积累起来的。

“你必须着眼于长远，着眼于未来，这样你就没有做不了的事。”

在人际关系中，小事就是大事。其实人们所需要的，只是作为人应享有的那一点儿关注。推销员在不断拓宽人际关系时，切莫低估任何人的价值。也许就是日常生活中微不足道的小事，也能维持和巩固你与他人的关系，直至让他们感受到你是真的喜欢、关心他们，这样很容易就构建了你与消费者两者都受益的“双向道”。对此，泰瑞说：

“销售东西给朋友是不需要行销技巧的，好好想一想，你想约朋友出去，或者请朋友帮忙时，只要开口就行了。因此，你不需要更多的行销技巧，你只需要更多的朋友。”

关于友情，爱默生有一句话说得最恰当：“一个真心的朋友胜于无数个狐朋狗党。”真的，除了自己的力量外再也没有别的力量能像真心朋友那样，帮助你得到成功了，朋友是成功的助推器。

而经营友情，并不需要刻意地去为朋友做多少惊天动地的大事，只要你能够像泰瑞那样，善于利用日常生活中的点滴小事来与他人沟通、交流，友情和交情自然而然地就建立起来了。

定期联络朋友、亲人和同事

经常有很多做市场的年轻人抱怨客户越来越少，市场越做越小；更多的是一些既不做业务也不跑市场的朋友则抱怨生活郁闷，总觉得缺少什么。

其实现代人在物质上什么都不缺，缺的就是一层人际关系。或许有人会说，人际关系又不能发我薪水，人际关系又不管饭吃，人际关系又无法帮我解决情感问题……人际关系乍听起来华而不实，好像没半点用处。非也！

举个例子。如果你认为薪水待遇不优，工作特别无聊枯燥，感觉郁闷，萌发了跳槽的冲动，殊不知以现在的经济形势，你的处境已经很不错了！试着找过去的同事、朋友或同学多联络，多聊聊。消极一点说，搞不好你的待遇还略胜他们一筹咧；若往积极面思考，说不定某位好友的公司正缺人，你不就上了吗？总之，你再也不会那么冲动，盲目作出将来会后悔的决定，甚至你会逐渐发觉工作似乎变得有意思了，你也不再郁闷了。重点是要多联络！

保持联络是成功建立关系网络的关键。《纽约时报》记者问美国第42任总统克林顿，他是如何保持自己的政治关系网的。克林顿回答道："每天晚上睡觉前，我会在一张卡片上列出我当天联系过的每一个人，注明重要细节、时间、会晤地点和其他一些相关信息，然后添加到秘书为我建立的关系网数据库中。这些年来，朋友们帮了我不少忙。"

无独有偶的是曾任德国总理的科尔也是一个注重与朋友联系之人，他和他的朋友之间互相联系的方法有很多，其中最普遍、最有人情味儿的一种是有空去朋友家坐坐。他和他的朋友在礼仪性的道别时，总不忘加一句"有空来玩"，不论这是否是一句发自肺腑的言语，听后都让他的朋友感到温情四溢，他自己似乎也可以从中体会到"我是被人们接受的""是受人欢迎的人"。朋友之间，也需要以这样的方式来建立良好的人际圈。

事实上，科尔所做的并不多，只是有时间有心地去朋友

家走一走，也许只是随意地寒暄几句，也许进行一次长谈，总之，科尔在努力加深对方对自己的印象，让彼此之间越来越熟悉，关系越来越融洽。这也是科尔为什么能在德国政坛上驰骋十几年的一个重要原因。

其实，要与关系网络中的每个人保持积极联系，还有一种方式就是创造性地运用你的日程表。记下那些对你的关系特别重要的日子，比如生日或周年庆礼等，打电话给他们，至少给他们发条信息让他们知道你心中想着他们。

1928年出生的乔·吉拉德之所以成为世界上最伟大的推销员，而且历年荣获汽车销售领域里的冠军宝座，一定有他与别人不一样的地方。有人问乔·吉拉德成功的秘诀是什么，他说："有一个想法是我有而许多推销员所没有的，那就是认为'真正的推销工作开始于把商品推销出去之后，而不是在此之前'。"

推销成功之后，乔·吉拉德立即将客户及其与买车子有关的一切信息，全部都记进卡片里。第二天，他会给买过车子的客户寄出一张感谢卡。很多推销员并没有如此做，所以乔·吉拉德特意对顾客寄出感谢卡，顾客对感谢卡感到十分新奇，以至于对乔·吉拉德印象特别深刻。

乔·吉拉德说：“顾客是我的衣食父母，我每年都要发出13000张明信片，表示我对他们最真切的感谢。”

乔·吉拉德的顾客每个月都会收到一封来信，这些信都是装在一个朴素的信封里，但信封的颜色和大小每次都不同，每次都是乔·吉拉德精心设计的。乔·吉拉德说：“不要让信看起来像邮寄的宣传品，那是人们连拆都不会拆就会扔进纸篓里去的。”

顾客一拆开乔·吉拉德写来的信，马上就可以看到这样一排醒目的字眼：“你是最棒的，我相信你。”“谢谢你对我的支持，是你成就了我的生命。”他1月里发出“乔·吉拉德祝贺你新年好”的贺卡，2月里给顾客发出“在乔治·华盛顿诞辰之际祝你幸福”的贺信，3月里发出的则是“祝圣帕特里克节愉快”的贺卡。乔·吉拉德每个月都会为顾客发出一封相关的贺卡，顾客都喜欢这种贺卡。

乔·吉拉德拥有每一个从他手中买过车的顾客的详细档案。当顾客生日那天，会收到这样的贺卡：“亲爱的比尔，生日快乐！”假如是顾客的夫人生日，同样也会收到乔·吉拉德的贺卡：“比尔夫人，祝生日快乐。”乔·吉拉德正是靠这种方法保持和顾客的不断联系，使得他最大限度地赢得顾客的心，赢得了事业发展机遇。

可见，“感情投资”应该是经常性的，不可似有似无，要做到常联系、常沟通，到时才能用得着、靠得住。否则，遇到急事时，“临时抱佛脚”，那样是不会有好下场的。

有这样一个寓言：黄蜂与鹧鸪因为口渴得很，就找农夫要水喝，并答应付给农夫丰厚的回报。鹧鸪向农夫许诺它可以替葡萄树松土，让葡萄树长得更好，结出更多的果实；黄蜂则表示它能替农夫看守葡萄园，一旦有人来偷，它就用毒针去刺。

农夫并不感兴趣，对黄蜂和鹧鸪说：“你们没有口渴时，怎么没想到要替我做事呢？”

这个寓言告诉我们这样一个道理：平时不注意与人方便，等到有求于人时，再提出替人出力，未免太迟了。

中国人讽刺临事求人的做法，最简练的话就是“平时不烧香，临时抱佛脚”。俗话说得好，“平时多烧香，急时有人帮”。真正善于利用关系的人都有长远的眼光，做好准备，未雨绸缪，这样，在紧急的时候就会得到意想不到的帮助。

规划出自己的人际关系圈

一个人应该广交朋友，俗话说：“多个朋友多条路。”朋友多了，办事就很方便顺利。有些人平时也喜欢交友，但就是到了真正需要时手足无措，甚至一个人也找不到。这种人需要做的一件事就是建立一个朋友档案。

不管你是否喜欢交朋结友，一个人一生中都离不开自己的朋友，这些朋友有的会成为你的至交。当然，交友是不能勉强之事，你无法勉强自己，也不能勉强对方，否则你们都无法建立这种友情之链。有时，当我们交友时，也真是难以一下子就断定你们能交往得有多密切，并且能持续多久，但不管怎样，你都可以采取一种更有弹性的做法，投缘的也好，不投缘的也好，通通将他们纳入你的“朋友档案”！

应该怎样建立自己的“朋友档案”呢？

首先，你可以把上学时的同学资料整理出来，毕业几年甚至几十年后，你会有很多同学分散在各种不同的行业，有的肯定已经干出点名堂，当你需要帮忙时，凭着你们原来的同窗关系，他们一定会帮你忙的。这种同学关系还可从大学向下延伸到高中、初中、小学，如能充分运用这种关系，这将是你一笔相当大的资源和财富。当然，要建立起这些同学关系，你得经常与同学保持联系，并且随时注意他们对你的态度。

其次，建立你身边的朋友的资料，对他们的专长做个详细记录，如他们的住所、电话、工作等。工作变动时，也要在你的资料上随时修正，以免需要时找不到人。

同学和朋友的资料是最不能疏忽的，你可以在档案中记下他们的生日，并在有些人的生日时送上一张电子贺卡，或请吃个便饭，这样你们的关系一定会突飞猛进。平时注意保持这种关系，到你有事相求时，他们一定会尽力相助，万一他们自己做不到，也可能动用自己的关系网为你帮忙。

在应酬场合中认识的朋友也不能忽略，你们只交换过名片，更谈不上交情。这种朋友面很广，各行业各阶层都有，你不应把这些名片丢掉，应该在名片上尽量记下这个人的特征，以备再见面时能一眼认出。最重要的是，名片带回家后，要依姓氏或专长、行业分类保存下来。你不必刻意去结交他们，但可以找个理由在电话里向他们请教一两个专业问题，自然要提一下你们碰面的场合，或你们共同的朋友，以唤起他对你的印象。有过一两次“请教”之后，他对你的印象也会加深。当然，这种朋友不一定能帮你什么大忙，因为你们没有进一步的交情，但帮点小忙也许对他们来说是举手之劳。再说，你也不可能天天有很多要事去求人帮忙，很多情况下就是点小事。

现代社会，很多人都使用电脑办公，因此你也可以用电脑建立一个朋友档案。也可用笔记簿，或用名片，等等。总之，方法有许多，关键的是一定要善于充分利用“朋友档案”，为自己事业的顺利进展点燃一把火。

杜维诺面包公司是纽约一家高级的面包公司，这家面包公司的老板杜维诺一直试着要把面包卖给纽约的某家饭店。一连4年，他每天都要打电话给这家饭店的老板，也去参加那个老板的社交聚会。他还在该饭店订了个房间，以便找机会与老板谈谈。但是经过长时间的努力，他都没有成功。

杜维诺开始反省自己，决定改变策略，收集了这家饭店老板的个人资料，为他建立了一个“朋友档案”，终于找出了这个人最感兴趣、最热衷的东西。这个老板是一个叫作“美国旅馆招待者”的旅馆人士组织的一员，由于他的热情，还被选举为“国际招待者”的主席。不论会议在什么地方举行，他都会出席，即使跋山涉水也决不落下。

给他建立一个小档案后，杜维诺再见到那个饭店老板的时候，就开始谈论他的组织。杜维诺得到的反应令人吃惊，那

个老板跟他说了半个小时，都是有关他的组织的，语调充满热情，并且一直在笑着。在杜维诺离开他的办公室前，他还把他组织的一张会员证给了杜维诺。

在交谈过程中，杜维诺一点儿都没有提到卖面包的事，但过了几天，那家饭店的厨师长打电话给他，要他把面包样品和价目表送过去。

那位厨师长在见到杜维诺的时候说："我不知道你做了什么手脚，但你真的把老板说动了！"

后来，杜维诺与这位老板成了无话不谈的好朋友，他说："想想看吧！我缠了那个老板4年，就是想和他做大生意。如果我不建立他的个人小档案，不去用心找出他的兴趣所在，了解他喜欢的是什么，那么我至今也不能如愿。"

建立和善用交际圈是一种深刻地了解人，并与之保持有效联系的方式。掌握了这一细节，并善加利用，自然免去了"人到用时方恨少"的苦恼。

其实，为人处世不仅要会建立自己的人际关系网，更要有所侧重地学会筛选自己的人际关系网，使它更有效。

在工作与生活的过程中，搜集与组织关系网其实是有可能的，但试图维持所有关系似乎是不可能的，而想要在现有的人际网络内加进新的人或组织就更加艰难。因此，在组建人际关系网的时候，必须学会筛选。换言之，你必须随时准备重新评估早已变得难以掌握的人际网络；对现有的人际关系网重新整理；放弃你已不再感兴趣的组织和人。

筛选虽然不容易，但仍是可以做得到的。选择本来就是一件很困难的事，结果往往更令人痛苦。然而有句话说得很对：有失才有得。

你衣柜满了，需要清理与调整，以便腾出空间给新的衣服。同样的道理，你的人际关系网也需要经常清理。

国际知名演说家菲立普女士曾经请造型顾问帕朗迪帮她做造型设计。菲立普女士说："整理出来的衣服总共分成三堆：一堆送给别人；一堆回收；剩下的一小堆才是留给自己的。有许多我最喜欢的衣物都在送给别人的那一堆里，我央求帕朗迪让我留下一件心爱的毛衣与一条裙子。但她摇摇头说道：'不行，这些也许是你最喜爱的衣服，但它们却不适合你现在的身份与你所选择的形象。'由于她丝毫不肯让步，我也只得眼睁睁地看着自己的大半衣物被逐出家门。我必须学着舍弃那些已不再适合我的东西，而'清衣柜'也渐渐地成为我工作与生活的指导原则。不论是客户也好，朋友也好，衣服也罢，我们必须评估、再评估，懂得割舍，以便腾出空间给新的人或物。我也常用这个道理与来听演讲的听众分享，这是接受并掌握生活不断变动的一种方法。”

为此，我们在建造人际结构时，就要努力为自己建造一种能够进行新陈代谢的开放性人际结构。而一切使人际结构僵硬化、固定化的态度和方法，都是应当抛弃的。

及时修复关系

人在职场犹如人在旅途，总是需要有几个朋友相伴而行，一是可以相互驱赶心头的寂寞，二是在遇到艰难险阻的时候，可以相互帮助、相互鼓励，一起与困难作斗争。但是不知为什么，总有人在告诫职场新人，要他们与同事保持距离，警告他们千万不要发展办公室友谊，并教给他们在办公室内步步为营、暗施巧技、克敌制胜的“职场功夫”，一副与公司所有同事不共戴天的样子。其实，职场中人至少有1/3的时间与同事在一起，相互之间天生并没有深仇大恨。

过几天就是小王的生日了，小刘作为同学和同事，想给她办一个热闹的生日Party。小刘在一个很有名的歌厅订了一个包厢，生日蛋糕和其他准备工作都做好了，她想到时给小王一个意外的惊喜。但小王从另外一个同学那里得知这事后，找到小刘说自己不习惯去歌厅，所以不愿去那里过生日。小刘一听非常生气：“一切都准备好了，怎么办？”小王说：“你自己看着办吧。”听小王这么说，小刘气愤地说：“你怎么这么自私！为了你的生日Party，我花了钱不说，还费了这么多心血，你怎么一点儿也不知好歹？”没想到小王只淡淡回了她一句：“是你过生日，还是我过生日？”于是，双方心中的积怨像火山爆发了，她们的友谊也到此结束。

现代职场中也有不少人像小王和小刘一样在热切地追求着友谊，渴望着友谊，但是他们却不懂得该如何呵护这份友情，以至于一点点小事也会导致友情之花的凋谢和枯萎。因而，有人指出，人们应该经营自己的事业一样去经营自己的友谊。

首先，要学会善待和体谅他人，凡事不要过于苛求。

孟子说：“爱人者，人恒爱之；敬人者，人恒敬之。”

每个人都有自己的优点和长处，同样，每个人也都有缺点和弱点。如果你向来注意的是朋友的优点，你就会爱友敬友，对朋友的弱点或过错就能不介意；如果你平时耿耿于怀的是朋友的缺点和不当，你就会什么都不顺心、不满意。

对于血肉之躯的人来说，受人挑剔和轻蔑是不痛快的，只会滋生对抗心理，许多夫妻不睦、家庭不和以及离婚事件，都是源于家人间相互的挑剔和责怪。所以，我们要学会“爱人”“敬人”的本领，就不要乱挑剔，这也不是那也不是。和睦相处的秘密就在于彼此尊重对方的弱点。推而广之，要想获得深厚的友谊和建立良好的人际关系，就必须从宽容他人的弱点开始。

水至清则无鱼，人至察则无徒。没有鱼的水是死水一潭，没有朋友的人也是不可想象的。与人交往时，我们必须对朋友的人格独立、人身自由、行动自主，给予足够的尊重。彼此行为协调、关系密切的程度，应由双方的意愿、交往的实际决定，千万不能不顾实际、强求一致。过分地强求，不是违心地改变自己，就是蛮横地改变朋友。前者是愚蠢，后者是霸道。

苛求是自缚手脚，只能损友害己，失去友谊，失去朋友，所以人际交往不能苛求什么都相同。

这样看来，如果小王不那么苛求小刘，并能体谅小刘为自己的生日Party所耗费的很多心血的话，她们的友谊也不至于结束。不过话说回来，如果小刘能够包容小王一些，不至于情绪失控的话，可能她们也不至于走向那么不堪收拾的地步。古语说：人非圣贤，孰能无过。包容就是不计较，事情过去了就算了。每个人都犯过错，如果执着于其过去的错误，就会形成思想包袱，不信任、耿耿于怀、放不开，这样既限制了自己的思维，对别人也是一种阻碍。

其实，包容还是一种必不可少的品质，一种正确的自我意识的体现。一个人只有正确地认识了自己，才会有包容的胸怀。包容是极高思想境界的升华，是一个人品质的体现，是一种崇高的境界。表面上看，它只是一种放弃报复的决定，这种观点似乎很消极，但真正的包容却是一种需要巨大精神力量支持的积极行为。我国有一位著名心理学家曾经说过："人类心理的适应，最主要的就是人际关系的适应；人类心理的病态，也主要由人际关系的失调而得来。"而人际关系的失调可能会严重伤害人的心理健康，所以必须学会包容，包容得到的收益是人际关系的协调和适应。

在人生之中，人与人之间发生矛盾、冲突和不快是在所难免的，但是，只要你以一颗善良、真诚的心灵，去追求和呵护一份友谊，你就能够得到别人友情的回报，真诚地帮助和尊敬，为你的人生之路建立起成功的桥梁。

以诚信赢得人脉

中国人特别崇尚忠诚和信义，因为诚信是为人处世的根本，而"信、智、勇"更是人自立于社会的三个条件，诚信是摆在第一位的。"言必信，行必果"是中国人与他人交往过程中的立身处世的原则。

《论语》中说："信近于义，言可复也。"一个做事做人均无信的人，是很难在社会上立足的，因为人们均不齿于那些言而无信的人，所以孔子说："言而无信，不知其可也。"

某教授学识渊博，气质儒雅，颇令一拨拨青年学子为之倾倒，真可以说是桃李满天下了。在经商潮的冲击下，他也跃跃欲试地兼任了一个信息与广告咨询事务所的经理。

一天，某小杂志社的主编经人介绍来到教授家，教授热情而又不失矜持地接待了他，一番寒暄过后，主编道出来意。原来，他们这个小杂志社有心搞一项文化活动，以扩大自己的影响和募集一些资金，想请他出面帮帮忙。

教授仔细询问之后，如同面试学生而感到还算满意似的，微微抬起下颌频频点头："嗯，你们的想法很好，这样搞就对路子了，我愿意帮助那些有作为的年轻人。"接着他又蛮有把握地许诺说："我的学生中现在有许多已经是企业和一些部门的领导了，他们一向很尊重我，也非常关心和支持我现在搞的这桩事业。我请他们搞点儿赞助、广告什么的，估计不成问题。"

教授一次次蛮有把握的回话，使主编大喜过望，信心也立时大增，连忙动用各种关系，好话说了千千万，才有一些"德高望重"的名人答应来捧场。

就在主编等着教授许诺肯定能够拉来的赞助款到来，以便发布消息的时候，教授忽然销声匿迹了。各路菩萨都已一一拜到，杂志社不但白白劳神费力搭线，而且从此更会失信于人。

后来，朋友碰到老教授，提起这事，他的两颊不禁泛起了红晕，他叹着气说："唉，为拉赞助，我不知费了多少口舌，跑了多少路，好话说了几十车，把我的老脸都丢尽了！谁知那些人原来说得好好的，什么愿意给文化事业投点儿资呀，什么你出面我们还有什么可说的……可事到临头，该往外掏钱了，就又都变卦了！这下我可倒好，成了猪八戒照镜子——里外都不是人了！"

可见，失信往往会使一个人陷入困境。也许有人会说，一个善意的谎言是为了解救他人和自己，是一种在困境中的解脱，但是常用这种谎言表达，会使你丧失在人群中的可信度。

一个人拥有比他的职位和成就更伟大的东西——诚实，这比获得财富更重要，比拥有美名更持久。

在19世纪中期有一个正义与诚实的代名词——亚伯拉罕·林肯。

在林肯还没有成为总统的时候，他从事过店员这个职业，一次为了把零钱还给一位夫人，摸黑跑了6英里的路，而不是等到下次再找那位夫人。就是这件事体现了林肯诚实的品格，从而使人性中诚实这种高贵的品质被象征性地说成“亚伯拉罕·林肯”。

在林肯从事另一个职业——律师的时候，有一次，他在处理一桩土地纠纷案，法庭要当事人预交10000美元，那个当事人一时还筹不到这么多钱，于是林肯说：“我来替你想想办法。”林肯去了一家银行，和经理说他要提10000美元，过两个小时就能归还。经理什么也没说，也没有要林肯填写借据，就把钱借给了他。正是因为林肯诚实的品德，使得经理才如此相信他。

还有一次，林肯得知他的当事人捏造事实、欺骗律师事务所，就拒绝为那人辩护。他对自己说：“如果我去了，我就将成为一个说谎者，那是我所不能允许的。”

伊利诺伊州斯普林菲尔德的一名律师是这样评价林肯的：“如果没有把握为当事人打赢官司，他就不接案子。法庭、陪审团和检察官也都知道，只要亚伯拉罕·林肯出庭，他的当事人就肯定是正义的一方。我并不是站在政治立场上说这番话的，我和他属于不同的党派，但事实的确如此。”

有一次，林肯的盟友劝说他，只要能获得两个敌对代表团的选票，他就能成为内阁的候选人，但这样就会要林肯违背自己坚持的原则——说不真实的话。林肯拒绝了朋友这种劝说，坚决地说：“我不会同人民讨价还价，也不会受制于任何势力。”

因为他追求的是正义，追求的是人格完美。林肯一次又一次地拒绝说谎的诱惑，没有在金钱的引诱下迷失方向，没有为赢得权力而放纵自己，最终成了美国最伟大的总统之一。

讲信用，是做人的基本品德。如清朝人王永彬在《围炉夜话》所说：“一个信字是立身之本，所以人不可无也。”意思是说诚信是人不可没有的“立身之本”。一个人不讲诚信，周围的人就无法相信他，他在社会上也会受到孤立和谴责；反之，讲信

用的人，历来受到社会的赞赏，也为自己赢得他人的信任，获得了发展的机遇。

一位名牌大学计算机专业毕业的大学生满怀着信心到一家开发游戏软件的大公司应聘。他从中学时代就开始玩计算机，又经过了大学4年的深造，更是如虎添翼。他最感兴趣的就是在计算机上玩游戏，因此，当这家公司录用他时，他高兴得快合不拢嘴了。

上班的第一天，部门经理告诉他说："以后你每天上班，最好能提前半小时到办公室。"

年轻人很惊讶地问："先生，请问这是为什么？"

经理直截了当地告诉他："打扫办公室的卫生。"

年轻人对此十分不满，也感到非常沮丧，但经理不容分辩地走开了。他无法想象像他这样一个计算机专业的高才生居然要每天提前到办公室打扫卫生！

第二天，他提前来上班了。到了办公室后，他愤愤不平地巡视了一圈，然后坐下来，开始考虑自己在这家公司的前途。当然，他并没有打扫卫生。

片刻后，竟然进来了一位清洁工。

清洁工闷声不响地干完了活，就离去了。年轻人觉得这一切很有意思，也许这是个考验他的圈套，也许是有人忘了通知清洁工今天不用来上班了，反正这一切都显得有些古怪。

接下去的几天，他每天都提前半小时到办公室，而片刻后，清洁工总是如期而至，他始终没有动手打扫卫生。连着一星期都是如此。

一星期后，他去经理办公室汇报工作。工作汇报完毕后，他很坦率地向经理说明了这一星期的“打扫卫生”情况：

“事实上我一天的活都没有干过，因为清洁工总是准时来到办公室。如果这是一个考验我的圈套，我认为毫无必要，作为一家著名的大公司，这样的考核方法并不高明。”

年轻人鼓足勇气说出了这一番话。

经理笑了，说：“这是一个误会，这里不存在着你所说的圈套。事情是这样的，你刚来上班时，负责我们办公室卫生的清洁工生病了，当时你的工作还未完全安排好，因此先让你打扫几天办公室的卫生，公司为此将会支付给你工资。这一星期，你干得很出色。”

“但我并没有干，事实是这样，先生，我很抱歉。”年轻人回答说。

“不，你之所以没有干是因为误会。这段时间你每天都提前到办公室，如果不是误会，你会干的。”

“我并不太乐意干这个，我得承认。”

经理又笑了：“所有的同事都以为是你干的，包括我在内。只有那位清洁工知道，如果你不说出真相的话。小伙子，你非常诚实。”

年轻人有点迷惑地看着这位态度和蔼的经理，有些不知所措。他站起来准备告辞。

经理走到他面前，告诉他公司已准备将他调往一个比较重要的岗位去工作。

年轻人目瞪口呆，叫道：“可我什么都没干啊！这么说这中间还是有一个考验的圈套，是吗，先生？这太荒唐了。”“不，不，不，小伙子，这里没有你所谓的圈套，有的仅仅是公司管理制度的不够完善。你什么都没干，正如你所说的。但有一点你干了，而且干得很出色，那就是你的主见，还有你的诚信。打扫卫生仅仅是一个误会，但对公司来说，你的诚信却是一个意外的收获。”

这位年轻人就是美国最著名的计算机软件开发工程师之一——威廉·赫德森。

其实，诚信之所以能带给人意想不到的机遇，很大程度上是因为一个人的诚信博得了他人的尊敬和信赖，这是营造良好的人际关系、使你走出困境、使自己的事业走向成功的一个关键。

青年人在生活和工作中要注意不断地培养与他人之间的感情，这样才更利于自身的发展。同事关系就是其中最典型的一种，融洽的同事关系是成功的要素之一。

人际关系的成长是人生中的一件大事。和谐的人际关系，不但有利于事业的发展，还有利于个人的健康。要搞好人际关系，就要具备一定的素质，诚信就是其中不可缺少的一项。

和成功者在一起

我们在阅读名人传记时，会发现这些成功的人士背后都有深厚的社会背景，查一查这些科学界、政治界、金融界的名人家谱，都可以看到他们雄厚的人脉资源和政治资本。实际上，有许多的人际关系就在我们身边，只是有许多人不知道去利用这些可以帮助自己的关系罢了。

人类是以社会形态生存着的，在我们每个人的一生中都会有很多朋友，他们在各行各业占有一席之地，也许某天就会成为我们自己的贵人。贵人是根据我们发展的不同阶段而变换的，因此，我们需要建立一个良好的关系网，来帮助我们寻求可以帮助我们的人。有时候，你距离目标只有一步之遥，而关键就在于你能否找到实现目标的资源。克富洛夫说："现实是此岸，理想是彼岸，中间隔着湍急的河流，行动则是架在河上的桥梁。"现代社会里，人脉又是行动必需的桥梁。如果我们想要把"也许伟大"的想法付诸行动，就必须寻找他人的帮助。

特别是你在创业中，或是事业正处于成功的前夕，遇到了困难或是意外的事，已远远超出你的能力范围，你面临的或是不能继续创业，或是已付出的精力、财力的事业将半途而废，这时如果有人帮你一把，你就能获得成功。瓦特改良蒸汽机的事例充分说明了成功是离不开他人相助的。

瓦特改良的蒸汽机是对近代科学和生产的巨大贡献，具有划时代的意义，它导致了第一次工业技术革命的兴起，极大地推进了社会生产力的发展。

1736年，瓦特出生在英国苏格兰格拉斯哥市附近的一个小镇格里诺克。1756年，他来到格拉斯哥市，想当一名修造仪器的工人。由格拉斯哥大学教授台克介绍，他才进入格拉斯哥大学当了修理教学仪器的工人。这所学校拥有较为完善的仪器设备，这使瓦特在修理仪器时认识了先进的技术，开阔了眼界。在此阶段，他对以蒸汽做动力的机械产生了浓厚的兴趣，开始收集有关资料。为此，他还特意学会了意大利文和德文。在大学里，他认识了化学家约瑟夫·布莱克等人，并从他们那里学到了很多科学理论知识。

1764年，学校请瓦特修理一台纽可门式蒸汽机。在修理的过程中，瓦特熟悉了蒸汽机的构造和原理，并且发现了这种蒸汽机的两大缺点：活塞动作不连续而且慢；蒸汽利用率低，浪费原料。以后，他开始思考改进的办法。直到1765年春天，一次散步时，他想到纽可门蒸汽机的热效率低是蒸汽在缸内冷凝造成的，为什么不能让蒸汽在缸外冷凝呢？他产生了采用分离冷凝器的最初设想。同年，他设计了一种带有分离冷凝器的蒸汽机。从理论上说，他的这种蒸汽机优于纽可门蒸汽机，但要变为实在的蒸汽机，还要走很长的路。他辛辛苦苦地造出了几台蒸汽机，效果反而不如纽可门蒸汽机，甚至四处漏气，无法开动。耗资巨大的实验使他债台高筑，但他没有在困难面前却步，而是继续进行实验。

当布莱克知道瓦特的奋斗目标和困难处境时，他把瓦特介绍给了化工技师罗巴克。罗巴克在苏格兰的卡隆开办了一座规模较大的炼铁厂，并对科学技术的新发明倾注了极大的热情，非常赞许瓦特的新装置，大力赞助瓦特进行新式蒸汽机的试制。从1766年开始，在3年多里，瓦特克服了在材料和工艺等方面的困难，1769年研制出了第一台完备的样机。同年，瓦特因发明冷凝器而获得他在革新纽可门蒸汽机的过程中的第一项专利。第一台带有冷凝器的蒸汽机试制成功了，但它同纽可门蒸汽机相比，除了热效率有显著提高外，在作为动力机来带动其他工作机的性能方面仍未取得实质性进展，即这种蒸汽机还是无法作为真正的动力机。

由于瓦特的这种蒸汽机仍不够理想，销路并不广。当瓦特继续探索时，罗巴克已濒于破产，他将瓦特介绍给了工程师兼企业家博尔顿，以使瓦特能得到赞助，继续进行研制工作。博尔顿是位能干的工程师和企业家，他对瓦特的创新精神表示赞赏，并愿意赞助瓦特。

博尔顿经常参加社会活动，他是当时伯明翰地区著名的科学社团圆月学社的主要成员之一，参加这个学社的人大多都是本地的一些科学家、工程师、学者以及科学爱好者。经博尔顿介绍，瓦特也参加了圆月学社。在圆月学社活动期间，由于与化学家普列斯特列等人交往，瓦特对当时人们关注的气体化学与热化学有了更多的了解，更重要的是，圆月学社的活动使瓦特进一步增长了科学见识，活跃了科学思想。

瓦特自与博尔顿合作之后，在资金、设备、材料等方面得到大力支持。他又生产了两台带分离冷凝器的蒸汽机。由于没有显著的改进，这两台蒸汽机没有得到社会的关注。这两台蒸汽机耗资巨大，使博尔顿也濒临破产，但他仍然给瓦特以慷慨的赞助。在他的支持下，瓦特以百折不挠的毅力继续研究。

自1769年试制出带有分离冷凝器的蒸汽机样机之后，他已看出热效率低并不是他的蒸汽机的主要不足，活塞只能做往返的直线运动才是它的根本局限。1781年，他仍然参加圆月学社的活动，也许是聚会中会员们提到天文学家赫舍尔在当年发现的天王星以及由此引出的行星绕日的圆周运动启发了他，也许是钟表中齿轮的圆周运动启发了他，他想到了把活塞往返的直线运动变为旋转的圆周运动就可以使动力传给任何工作机。同年，他研制出了一套被称为“太阳和行星”的齿轮联动装置，终于把活塞往返的直线运动转变为齿轮的旋转运动。为了使轮轴的旋轴增加惯性，使圆周运动更加均匀，他在轮轴上加装了一个火飞轮。由于对传统机构的这一重大革新，他的这种蒸汽机才真正成为能带动一切工作机的动力机。1781年年底，他以发明带有齿轮和拉杆的机械联动装置获得第二个专利。

1782年，瓦特试制出了一种带有双向装置的新汽缸，由此获得了他的第三项专利——把原来的单汽缸装置改装成双向汽缸，并首次把引入汽缸的蒸汽由低压蒸汽变为高压蒸汽。这是他在改进纽可门蒸汽机过程中的第三次飞跃。通过这三次技术飞跃，纽可门蒸汽机完全演变为了瓦特蒸汽机。

从最初接触蒸汽技术到蒸汽机研制成功，瓦特走过了20多年的艰难历程。他虽然多次受挫、屡遭失败，但他仍然坚持不懈、百折不挠，在布莱克、罗巴克、博尔顿等贵人的鼎力帮助下，终于完成了对纽可门蒸汽机的三次革新，使蒸汽机得到了更广泛的应用，成为改造世界的动力。

1784年，瓦特以带有飞轮、齿轮联动装置和双向装置的高压蒸汽机的综合组装取得了他在革新纽可门蒸汽机过程中的第四项专利。1788年，他发明了离心调速器和节气阀。1790年，他发明了汽缸示工器。至此，他完成了蒸汽机发明的全过程。

由瓦特发明蒸汽机的经历，我们非常清楚地看到他人的帮助不可或缺的作用。处于奋进或创业或困境中的你、我、他，此时想：要是遇上可以帮助自己的人，那该多好呀！因为有他人相助，可以尽早尽好地取得成功。

得到他人帮助需要机遇，但是如若你有机会相识这样的人，也一定要把握好机会，善于与之相交，才能在人生之中获得帮助，让自己的命运从此得以改变。

但机遇不是侥幸得来的。由学徒发展成洲际大饭店总裁的罗拔·胡雅特，他的经历有很多值得相信机遇的青年人仔细回味的地方。

胡雅特是法国知名的观光旅馆管理人才。可是他当年初入这行时，不仅对这一行懵懂无知，而且还是带着几分勉强的心理。因为那完全是他母亲一手安排的，胡雅特一点也不感兴趣，但也没有反对的意思，只是浑浑噩噩的。这样的工作方式，当然谈不上机遇不机遇。

刚进去的时候，胡雅特很不适应，便想离开，但他母亲认为，如果抱着怜悯自己、同情自己的心理，改变主意，以后就会形成习惯，一遇到困难就打退堂鼓，最终将会一事无成。胡雅特最后还是回到训练班，结果以第一名的成绩毕业，并侥幸进入罗浮的关系企业——巴黎柯丽珑大饭店。

胡雅特进去是当侍应生，但他知道，观光大饭店接待的是各国人士，必须有多种语言的能力，才能应付自如。于是，他在工作之余，开始自修英语。3年之后，柯丽珑大饭店要选派几个人到英国实习，胡雅特被录取。

在英国实习一年回来后，胡雅特由侍应生升为了领班。接着，又获得一个机会到德国广场大饭店实习。胡雅特到德国后不久，正赶上20世纪30年代的经济不景气，观光旅客的人数跟着锐减，大饭店的经营非常不容易。他利用广场大饭店过去旅客的资料，动脑筋设计出一些内容不同的信函，分别寄给旅客，使广场大饭店平稳地渡过了这段艰苦的时期。他的这些函件，其中有400多封直到现在还有不少观光企业用它来作为招徕客人的范本。

这时候，胡雅特已经具备英、德、法三种语言能力，但一直没有机会去美国看看，于是决定请假自费到美国看一看。经理却决定特准予他公假，以公司名义派他去美国考察，一切费用由公司承担。

胡雅特一到美国就去拜见华尔道夫大饭店的总裁柏墨尔，并把经理的亲笔信交给他，请他给自己一个见习机会，并要求从基层做起。

胡雅特真的从擦地板开始做起。胡雅特的做法，给他带来了好运。

有一天，华尔道夫的总裁柏墨尔到餐厅部来视察，看到胡雅特正在爬着擦地板。他跟这位来自法国的青年见过一面，印象颇为深刻，见他在擦地板，不禁大为惊讶。

“你不是法国来的胡雅特吗？”柏墨尔走过去问。

“是的。”胡雅特站起来说。

“你在柯丽珑不是当副经理吗？怎么还到我们这里擦地板？”

“我想亲自体验一下，美国观光饭店的地板有什么不同。”

“你以前也擦过地板吗？”

“我擦过英国的、德国的、法国的，所以我想尝试一下擦美国地板是什么滋味。”

“是不是有什么不同？”

“这很难解释，”胡雅特沉思着说，“我想，如果不是亲自体会，很难说得明白。”

柏墨尔的眼睛里突然闪起一道亮光，用力注视了他半天，才说：“你等于替我们上了一课，下班后，请到我办公室来一趟。”

这次的相遇，使胡雅特进入了美国的观光事业。自此以后，胡雅特的事业蒸蒸日上，一直干到洲际大饭店的总裁，手下有64家观光大饭店，遍及45个国家。

从这些知名人士的身上，我们能够发现一种优良的品质，即善于创造机遇，主动结交朋友。其实，在现代社会，如果能够不断地扩大自己的交际圈，并且结交成功的人的话，对于一个人的事业的发展将是大有益处的。

PART 06 大处着眼，小处着手——领导不仅是做大事

细枝末节体现人情味儿

假如你是一位统率千军万马的大元帅，你会过问每一个士卒的饥寒冷暖吗？

事实上，这是根本不可能的。

但是，你可以适时、适当地参加一些细致入微的事务性工作，这对你有益而无害。如果你总是摆出一副官架子，遇到一些事就满脸的不高兴，不屑于做或者根本不情愿去做小事，那么你的下属或同事会对你产生成见。

在处理一些小事上，你做得效果不佳，或不完美，下属们也会轻视、讥笑你，认为像你这样连一点儿小事都不想做，或者连一点儿小事都做不成的人，又如何做得了大事情呢？你的信誉就会受到威胁。

况且有一些小事，你作为领导，必须努力去做到。

例如，你的下属得了一场大病，请了半个多月的病假在家养病。今天，他恢复健康，头一天来办公室上班，难道你对他

的到来能面无表情，麻木不仁，不加半句客套，没有真诚的问候话语吗？

再比如，你同科室的一位年轻人找到了一位伴侣，不久要喜结良缘，或者这位年轻人在工作上取得了突出成就，为本部门作出了杰出的贡献，难道你能不冷不热、无动于衷地不加一声祝贺称赞的话语吗？

这些小事足可以折射出领导人品质的整体风貌，大家会通过一些鸡毛蒜皮的小事去衡量你、评判你。

一个优秀的企业家，只有做到了让职工们认识到自己存在价值和具备了充足的自信之后，才有可能做到与职工们产生内心的共鸣，事业才能迅猛发展。

士光敏夫使东芝企业获得成功的秘诀是“重视人的开发与活用”，时时处处为员工献上爱心。在他70多岁高龄的时候，

曾走遍东芝在全国的各个分公司，有时甚至乘火车亲临工厂现场视察。有时，即使是星期天，他也要到工厂去转转，与保卫人员和值班人员亲切交谈，从而与职工建立了深厚的感情。他说："我非常喜欢和我的职工交往，无论哪种人我都喜欢与他交谈，因为从中我可以听到许多创造性的语言，使我获得极大的收益。"

例如有一次，士光敏夫在前往东芝姬路工厂途中，正巧遇上倾盆大雨，他赶到工厂，下了车，不用雨伞，和站在雨中的职工们讲话，激励大家，并且反复地讲述"人是最宝贵"的道理。职工们很是感动。他们把士光敏夫围住，认真倾听着他的每一句话。炽热的语言把大家的心连到了一起，使他们忘记了自己是站在瓢泼大雨之中，激动的泪水从士光敏夫和员工们的眼里流了出来，其情其景，感人肺腑。

讲完话后，士光敏夫的身上早已湿透了。当他要乘车离去时，激动的女工们一下子把他的车围住了，她们一边敲着汽车的玻璃门，一边高声喊道："社长，保重身体，当心别感冒！你放心吧，我们一定会拼命地工作！"面对这一切，士光敏夫情不自禁地泪流满面，他被这些为了企业的兴旺发达而拼搏的员工们的真诚所打动，他更加想到了自己的职责，更加热爱自己的员工。

老板如果想获得成功，必须着眼于为其手下的人谋福利，而非完全替自己打算。如果他企图控制或支配员工，迟早是会失败的。老板的成功是建立在员工成功的基础之上的。唯有真正关心员工的老板，才能使大家愿意进步，为公司尽力。

是“情”，而不是利益，使员工对其老板表现出极大的忠诚。某化妆品销售公司的一位员工由于遇到了一些个人的问题，连续两个月销售额降低了3000美元，除非第三个月她的销售额超过3万元，否则她将会被公司解雇。很不幸，第三个月是7月，一次创纪录的热浪使每个人都关在家里，将近月底时，她还没卖到3万元的数目。这位员工平时是很乐观的人，在销售公司里，老板一直很喜欢她，但是迫于公司的规定，她不得不殚精竭虑。

于是，这位员工通过家里的人，冒着高温酷暑挨家挨户推销产品。老天不负有心人，月底她的销售额终于突破了3万元。

其实她所在这家公司的待遇并不是很好，她完全有可能在被解雇之后，找到一个工作环境、待遇更好的公司。但她忘不了老板的恩情，老板在她最困难的时候帮助了她，帮助她摆脱了前夫的纠缠，平日里无处不体现出一位好老板对她的关心和爱护，使她愿意为公司付出，为老板效力。由于老板的真情，员工对老板的忠心在关键时刻就显出来了。很多时候我们不能体会“公司的成败在于人”这一句话中的人具体指谁，究竟是员工呢，还是老板呢？很多人都会说“老板”，这就犯了一个大的错误。事实上，老板纵然有天大的本事，也不能独木撑天，只有员工才是决定公司成败的“人”。

中国人向来重视报恩，“滴水之恩当以涌泉相报”。你急他人所急，给人以恩惠，他会心存感激，终身效力，也会在你遇到危难的时候，竭尽全力帮助你渡过难关。

因此，领导在对待员工时，一定要注意这样的细节，在培养中使用，在给予中索取，而且这种给予不仅是金钱的满足，更重要的是精神上的关怀，这才是管理员工的最佳境界。

从细节入手，打造团队精神

古语云："和实生物""和则一，一则多力，多力则强"。千百年来，"和"文化深深地影响着中国这个东方大国。团队要达到"和"，就要协调各种利益，综合不同意见，化解复杂矛盾，凝聚各方力量。其中最为关键的一点就是——凝聚力。

所谓凝聚力，可以从两个方面来看：一是个体成员要把自己有机融合到团队之中；二是这个团队要在实际行动中表现出自己的团结与合作精神。这两个方面互为前提、互相制约，都是不可缺少的因素。

每年南飞北往的大雁总是结队而行，它们的队形一会儿呈"一"字，一会儿呈"人"字，一会儿又呈"V"字。许多人曾经对此迷惑不解，后来科学家发现，大雁的编队飞行能产生一种空气动力学作用，编队飞行的大雁在耗费同样能量的情况下，要比单独飞行的时候多飞行70%的路程。也就是说，编队飞行的鸟能飞得更远。

鸟儿结伴飞行给企业团队领导者的启示应该是深刻的，一盘散沙难成大业，握紧拳头出击才有力量。任何一个团队，成员之间必须团结一致，大家心往一处想，劲往一处使，才能无往而不胜。

团队凝聚力是团队对其成员的吸引力和成员之间的相互吸引力，它包括“向心力”和“内部团结”两层含义。当这种吸引力达到一定程度，而且团队队员资格对成员个人和对团队都具有一定价值时，我们就说这是个具有高凝聚力的团队。

团队凝聚力是维持团队存在的必要条件。如果一个团队丧失凝聚力，像一盘散沙，这个团队就难以维持下去，并呈现出低效率状态；而团队凝聚力较强的团队，其成员工作热情高，做事认真，并有不断的创新行为。因此，团队凝聚力也是实现团队目标的重要条件。

现代社会，靠单打独斗是不能获得成功的，个人的能力与智慧毕竟有限，依靠个人奋斗的个人英雄主义时代已经一去不复返了。如果仅指望领导者殚精竭虑而没有广大员工的积极参与，或只是提高员工的个人能力而没有有效的团队协作，那么在竞争日益加剧的今天就不会有生命力。

要想取得今后的成功，在未来的竞争中立于不败之地，就应充分运用人力资源，特别是要尽力使团队协调默契，形成强大的团队合力。

在人类的历史上，曾经有不少杰出人士都是善于打造团队精神的高手，从而使自己所在的团队取得了辉煌的业绩，自己也赢得了巨大的成功。

在第一次世界大战中，艾迪·瑞肯巴契尔创下击落26架敌机的记录，成为美国的“空军英雄中的英雄”。有一天，他的中队长在作战中阵亡，他就继任驻法第94航空中队中队长。

作战的损失非常大。更糟的是由于飞机保养维护不良，使很多驾驶员死于非作战性的坠机。由于找不到美军飞机，这个中队与其他空军中队不一样，用的全是法国制造的飞机。驾驶员也都认为他们的装备不好，因此士气非常低落。就在这种情形下，瑞肯巴契尔继任中队长。

他后来这样描述说："首先我将驾驶员都召集起来，我告诉他们，我们驾驶的飞机和其他在前线上的中队所用的飞机相同，包括那些法国空军。我问他们，法军驾驶员的技术是不是比我们好？当他们回答说'第94航空中队拥有最优秀的驾驶员'时，我就向他们挑战，要他们和其他战斗机中队比赛。输赢的标准非常简单，只要记下击落敌机的数目即可。击落敌机最多的中队就是胜利者。

"然后我又召集所有地勤人员开了一次会。我特别强调，没有他们，驾驶员只能在地上跑。我告诉他们，现在我们这个中队要和其他战斗机中队比赛。既然他们也是竞赛中的一分子，我要求他们和其他中队的地勤人员比赛，比赛的事项是看谁的飞机故障率最低。

“从一开始，我就看出比赛的效果……当目标是要击败某些人的时候，人们会工作得更努力——即使是对自己的朋友。”

用不着再多说，第94中队在瑞肯巴契尔的领导下，就此成为战场上最好的美军战斗机中队。退役后，他运用同样的技巧创立了东方航空公司，使这家公司从一无所有变成当时最好的美国航空公司。

假若你想吸引别人的追随，别忘了利用竞赛的方式将工作变成游戏。他们会因此追随你，而且使你们的团队成为胜利者。

微软公司创始人比尔·盖茨成功的最大秘诀是什么？答案是：微软有成功的团队。

微软公司是一家由聪明人组成、管理良好的公司，盖茨很自豪能请来一群他所能找到最聪慧的人才。他在1992年曾说：“微软和其他公司不同的特色就是智囊的深度。把他们称作螺旋桨头脑、数字头脑、齿轮转动头脑或工作狂、用脑狂，还是微软狂都可以。”

盖茨多次说道：“把我们顶尖的20个人才挖走，那么我告诉你，微软会变成一家无足轻重的公司。”

韦尔奇认为，微软公司就是靠这些出类拔萃的人物和比尔·盖茨合理的管理制度，在竞争中走向成功道路的。那么，怎样才能组建一个类似于微软有战斗力的团队呢？从微软和其他一些成功公司的管理者身上，韦尔奇总结的经验是：

1.明确合理的经营目标

目标是把人们凝聚在一起的重要基础，对目标的认同和共识才会形成坚强的组织和团队，才能鼓舞人们团结奋进的斗志。为此，要做好：

（1）有导向明确、科学合理的目标，有的企业提出“以质量取得顾客信赖，以满足顾客需要去占领市场，努力提高市场占有率，通过扩大市场份额去求效益和发展”。这就比那种单纯提销售额增加多少、利润增加多少的目标更明确、更具体，知道劲往哪里使。

（2）把经营目标、战略、经营观念融入每个员工的头脑之中，成为员工的共识。

（3）对目标进行分解，使每一部门、每一个人都知道自己所应承担的责任和应作出的贡献，把每一部门、每一个人的工作与企业总目标紧密结合为一体。

2.增强领导者自身的影响力

领导是组织的核心，一个富有魅力和威望的领导者，自然会把全体员工紧紧团结在自己的周围；反之，就会人心涣散，更谈不上团队精神了。领导者由于其地位和责任而被赋予一定权力，但仅凭权力发号施令、以权压人是不能形成凝聚力的，更重要的是靠其威望、影响力令人心服，才会形成一股魅力和吸引力。这种威望，一是取决于领导者具有良好的人格、品德和思想修养；二是取决于领导者具有过人的知识、经验、胆略、才干和能力；三是取决于领导者严于律己，率先垂范，以身作则，全身心地投入事业；四是取决于领导者公平、公正待人，与员工同甘共苦、同舟共济，等等。

3.建立系统科学的管理制度

建立与人本管理相适应的一整套科学制度，使管理工作和人的行为制度化、规范化、程序化，是生产经营活动协调、有序、高效运行的重要保证。没有有效的制度和规范，就会出现无序和混乱，就不会产生井然有序、纪律严明、凝聚力很强的团队。

4.以平等为基础的深入沟通

很多著名企业都强调沟通、互相尊重，使团队内每一位成员感觉到自己在公司的重要性。这些企业的上下级并没有尊卑之别，而是大家一律平等，有问题可以越级沟通。而且有许多具体制度来保证下情上达，下面的意见不会被过滤。“以人为本”首要之处就是要有一种平等的理念，尊重每一个员工。其实大家都是平等的，只是工作的性质不一样，行使的权力不一样，不代表谁就比谁特别能干、特别强。

如果一支军队能够攻城略地、百战不殆，那它最大的特征就应该是人和。一个优秀的企业团队同样如此，要坚信强大的凝聚力来自于相互之间的平等！

5.员工自主管理与团队配合

一个团队具有凝聚力，并不是说这个团队的所有成员都只作为团队的一员而存在，相反，他们都有足够的个人空间，都能发挥出自己的最大能力。领导者要做的就是促进团队成员之间的配合。

作为团队领导人而言，培养团队成员整体搭配的团队默契，应在给予每位成员自我发挥的空间的同时，还要破除个人英雄主义，搞好团队的整体搭配，形成协调一致的团队默契，努力使团队成员懂得彼此之间相互了解、取长补短的重要性。如果能做到这一点，团队就能凝聚出高于个人力量的团队智慧，随时都能造就出不可思议的团队表现和团队绩效。

6.建立和谐的人际关系

人是社会的人，每一个人在工作和生活中会与许多人交往、打交道，必然有人际关系问题，而且一个人每天8小时甚至更多时间是在工作单位度过的，因而企业内的人际关系更为重要。同事之间友好、融洽地相处，创造一种和谐的良好的人际关系，会使人心情舒畅、精神焕发，使企业融合为一个友好、和睦的大家庭和团队。

7.树立全局观念和整体意识

一个团队、一个系统所最终追求的是整体的合力、凝聚力和最佳的整体效益，所以必须树立以大局为重的全局观念，不斤斤计较个人利益和局部利益，自觉地为增强团队整体效益作出贡献。

从细微处全面考查下属

考查是识别和衡量人才是否堪当重任的非常重要的手段和方法。我国早在汉代就确定了“六条问事”，用以监督和考查百官的政绩与行为，并把它立为百代不易之良法，可见，对人才的考查由来已久。

但中国人一直比较内敛，向来都是含蓄不露，这就无形中加大了考查的难度。中国管理也自有一套适合中国人自己的察人法宝，即见微知著，从人不经意的细节中洞察他的本性。所以，中国式管理讲究识人必须从外到内去认识人的质性，也就是从外表的仪态、容貌、声音、神色、眼神、举止等求其内在的精髓。

周亚夫可谓是汉景帝的股肱重臣，他在平定七国之乱的时候立下了赫赫战功，以后又官至丞相，为汉景帝献言献策，也算是忠心耿耿了。可是汉景帝在选择辅佐少主的辅政大臣的时候，还是把他抛弃了，原因何在呢？

在古代的时候，每个皇帝年老之后，皇位的继承问题就复杂起来，每个皇帝都会费一番心血。汉景帝就碰到了这个问题，当时太子才刚刚成年，需要辅政大臣的辅佐，汉景帝为此试探了一次周亚夫。

一天，汉景帝宴请周亚夫，给他准备了一大块肉，但是没有切开，也没给他准备筷子。周亚夫看了，很不高兴，就回头向主管筵席的官员要筷子，汉景帝笑着说：“丞相，我给你这么大一块肉你还不满足吗？还要筷子，真是讲究啊。”周亚夫一听，赶紧摘下帽子，向皇帝跪下谢罪。汉景帝说：“起来吧，既然丞相不习惯这样吃，那就算了，今天的宴席就到此为止了。”周亚夫听了，就向皇帝告退，快步出了宫门。汉景帝目送他离开，并说：“看他闷闷不乐的样子，实在不是辅佐少主的大臣啊！”

所谓见微知著，汉景帝试探周亚夫的方法可以说是很巧妙，辅佐少主的大臣一定要稳重平和，任劳任怨，不能有什么骄气，因为少主年轻气盛，万一有什么做得过分的地方，只有具有长者风范的人，才能包容这些过失，一心一意地忠诚尽责。从周亚夫的表现来看，连皇帝对他不礼貌的举动都不能忍受，一副很不高兴的样子，以后又怎么能包容少主的过失呢？

赏赐他的肉，虽然不方便食用，但在汉景帝看来，他也应该二话不说，把它吃下去，这表现了一个臣子安守本分的品德，他要筷子的举动在汉景帝看来就是非分的做法，到辅佐少主的时候，会不会有更多非分的要求呢？这是汉景帝不能不防的，所以汉景帝果断地放弃了周亚夫。

在任何时候，管理都是一项复杂的工程，尤其是与人打交道更不能掉以轻心，匆忙给别人下结论，也就是说，防止出现过早下结论的错误，以免影响其他环节。许多高明的管理者都是善于从细微处考查人。

芝加哥第一国民银行来了位新总经理，名叫凯奇，几天以后银行的出纳部主任伏根要求拜会这位新总经理。其实伏根并没有任何要紧的事，只是想向新的总经理表示祝贺和致敬。

这位伟大的银行家凯奇很喜欢与人闲聊，他对前来造访的账目专家伏根十分热情。后来伏根回忆说：“凯奇先生与我谈话时，专门寻根究底，所谈内容相当琐碎。从我的儿童时代一直问到现在，当然谈得最多的还是有关银行经验。这使我惊奇不已。”他又说，“当时我就有些莫名其妙，回到自己的办公室后，心里愈发糊涂了。”

不久以后，一纸委任状下来，伏根被任命为银行的副总经理。6年以后，凯奇成为美国总统内阁成员，伏根便接替了凯奇的总经理职位。

凯奇能遴选出这位非常出色的副手，并非一件偶然巧合的事。他曾几度研究过伏根的为人及能力，而伏根并不知道自己被上司留心观察。而凯奇也并没有完全听取旁人对伏根的评价，也没有向伏根表明目的，只是与他交谈，问他问题，聆听他的讲话，注意他的外在表情，研究他的内心世界。

可以说，一个人在没有提防时所做的事和所说的话，最能反映出他平素的为人处世。

例如，有位大实业家威司汀有一次邀一个人到他家里，本来他是准备将一项重要的任务交给他的。闲谈良久，却发现此人“胸无成竹”，只好取消原来的计划。

对于这种策略的运用，美国一名工程师，也是一位非常著名的实业界领袖曾风趣地说：“了解一个人最好的法子，便是与

他一道玩网球和高尔夫球。”缘由何在？可能就寓意其中了。

戴维斯，一家人寿保险公司的经理，曾以善于遴选和训练职员著称。他所雇用的职员，都是他在别家公司里留心的人，或者是在旅途中偶然认识的人。在这些场合，与人交谈一般是不加提防的，这样正好给了他留心观察的机会，使他能对他所要遴选的人的真实面目、能力智商有较深刻的了解，合适者便聘来训练任用。

常言道“言为心声”，了解下属的直接方法就是和他交谈。平时，领导要多接触下属，多与下属交谈，有意识地询问下属一些你关心和正在思考的问题，从下属的谈吐中初步判断他们的观念、才学与品性。

1.目光远大的人可以共谋大事

在询问下属“公司应该向何处发展”“你有什么打算”等问题时，领导如果发现下属不满足于现状，有远大理想，有不同寻常的发展眼光，且想法也不空泛，那么这就说明这个下属是一个值得重用的人，可以提拔重用，成为共谋大事的搭档。

2.善于倾听的人能担大任

善于倾听别人谈话，能够抓住对方本意，领会其要旨，回答问话言简意赅的人能担当大任。

因为他们善解人意。善听是一种修养，它只有经过长期的锻炼才能形成；同时，这些人想必是有谦逊的品德，有随和的个性，具有领导和管理的天赋。一般来说，三言两语就能切中问题要害的人，往往是思维缜密、周详而又迅速果断的人。他们对事物体察入微，而且客观全面，作出的决定也实际可靠，是能担当大任之人。此所谓“真人不露相，露相非真人”，起用他们，公司业务扩展获得的成果定会实实在在。

3. “胆小”心细的人比轻易许诺的人更可靠

在布置任务时，有的下属常说“我担心……”“万一……”之类的话。乍看起来，这种人给人一种胆小怕事的印象，其实不然，因为他们往往思维比较严密，能够居安思危，经常考虑到可能的各种情况和结果，同时也善于自我反省，明白自己的所作所为及其可能的结果，很有责任感。由于他们对工作中所遇到的困难和出现的问题有足够的重视，做起工作来，就会有条不紊地越做越好。领导应当给他们加压、委以重任。

一个常轻松说“肯定是……”“就这么回事”“一定成”“没问题”等这类的话的人，往往给领导一个爽快能干的印象。事实上，这种轻下断言、轻易许诺的人是靠不住的。轻易断定没有任何困难，这至少表明他工作草率、不具备发现问题的能力；轻易许诺是缺乏承诺的诚意与能力的一种表现。

4.华而不实、言之无物的人不能使用

说话模棱两可，公式化的一问一答，善于应酬而胸中无策的人不可重用。

华而不实者，口齿伶俐，能说会道，口若悬河，滔滔不绝，乍一接触，很容易给人留下良好印象，并当作一个知识丰富、表达力强、善交往、能拓展业务的人才看待。但是，领导者不要被外表所迷惑，需要分辨他是不是华而不实的人。华而不实的人，善于说谈，谈古论今头头是道，而且能将许多时髦理论挂在嘴上，迷惑许多辨别力差、知识不丰富的人。考查这种人，谈

话要多一些具体的问题，给予具体的任务，让他找出对策，试办具体的业务。如果此人谈话、做事避实就虚，圆滑应对，说明此人是华而不实者，当副手尚可，决不能独当一面。

总之，作为企业管理者，要学会从一言一行的细节处考查人才，管理公司。所谓细节决定成败，它也同样适用于人才的选择和企业的管理。在企业当中，日常做得最多的还是些细节性的小事，惊天动地的大事毕竟只是少数。因此，管理者考查人才和管理决策时，最应该注意的是员工平时在工作当中的细节问题和公司存在的普遍现象。所谓“见微知著，以小见大”，即是指此而言。

总之，从生活细节上识别人，带有很大的经验性，需要敏锐的眼力，发现别人不容易发现的特点，能在转眼即逝的言行中发现某个人的隐蔽特征。身为领导者，只要注意锻炼自己观察细节的能力，就不难发现每个人的奥秘。

不在背后评价同事和下属

“静坐常思己过，闲谈莫论人非。”身为领导，一定要管好自己的嘴巴，不可随意在背后评价下属和同事。其实，人人都希望在工作岗位上能互相帮助，取长补短，愉快地工作。但是这种和谐的群体气氛常会被一些无聊的小事所破坏，使大家的心里蒙上一层阴云。

当下属或同事不在场时对其说三道四，这是破坏群体和谐的大敌。虽然言者未必怀有恶意，然而由于谈论的是一个不在场的人，言论很易出格，让人听起来不无诽谤之感。

而这些背后议论一个人的言论，传来传去常常在无形中被夸大，尽管传话的人可能并无恶意，但一旦被受议论者听到后，足以使其伤透心。人类最难控制的器官是舌头，最难压抑的欲望是说话。想要堵住一个人的嘴巴，恐怕是不可能的。更何况这些背后议论的话语几经相传，最后被本人听见时，已经是恶意话语之集大成了。另外，被议论者对那些背后议论者的反感和气愤程度，是可以想象的。随之而来会产生永远不再与那些议论自己的人说话、共事的思想，也是毫不奇怪的。这样一来，和谐的群体气氛必然遭到破坏。

因此，当某人不在场时，绝对不要对这个人的行为作任何不负责任的评论。这是作为组织中的一员应有的起码修养。哪怕是没有一点恶意的议论，也是绝对不允许的。

作为一个领导，如果真想给下属提批评意见的话，最好和其本人面对面单独进行，在没有他人参加的场合下，有条有理、心平气和地交谈；如果讲话的目的完全是为了他人好，那么就应该在没有任何旁人的场合讲。随便轻率地说话，或单纯为了发泄私愤而信口开河，都是一个人不成熟的体现。

尤其是酒后言谈更需要特别谨慎。一言既出，驷马难追，一旦失言，无论你如何解释都无济于事，不会得到别人谅解，往往被当成“酒后真言”。有的人想得简单，认为酒后说出来的话一般人记不住，然而事实正好相反，会记得分外清楚。

总之，不论在何种情况下，不要谈论不在场的人，应该成为每个人的行为准则。其实，喜好拨弄是非、在背后议论人的人，大都是些言谈轻率，轻易就可以给一个人下结论，或是言语偏激、发泄私愤的人。这样的人，是不可能成为一名优秀的领导的。

作为领导，如果想要控制某种局面，客观地评价你的下属或同事，仅仅知道人们正在那儿干什么是远远不够的。我们还必须知道他们为什么要干，为什么一定要这么干而不那么干，这就是正确评价他人的动机所在。而不是抢着打击，以不满的态度在背后评价他人，以泄私愤。

一个聪明能干的领导者，如果能仔细地对别人加以品评，明了他人性情、为人等，便获得了驾驭他人的机会和可能。

弗洛尔夫曾做过职业公司的经理，他对于任何人重要特性的观察都相当细心。他常常在内心里反问自己：这人的主张是来自于他自己呢，还是请教别人得来的呢？

弗洛尔夫品评人，有他独特的方法。他认为，如果一个公司的代表走进我的办公室，对我说："先生，你想如此如此做吧？"这人是在试着问我的脑子。另一位代表进来后则说："先生，对于此事，我以为应该如何如何去做！"无疑，这人是在用自己的脑子。所以，你可以根据一个人送来的信函或者报告，说出他的许多特质。一个人是否具有果敢的特性，是否有善于负责任的习惯，便可以从上述细小的生活、工作事件中去观察。

品评他人的目的在于量材适用。因为凡是自己的主意，别人未必都能去做；有些人替别人工作异常出色，但让他们自己出主意、想办法，却缺乏应有的勇气和创造力；有些人虽然很能干、忠实、有处可用，但他们绝不是将才和帅才。

一般的人，见责任加重，就不免往后退缩，但意志坚强的人则不然，他们知道成功后的快乐，于是他们不怕面对困难的挑战，更愿将更加重大的责任放在自己的身上，并且以此获取一定的权力和地位，以维持他那永不满足的自尊。这样的人十有八九会是事业上的成功者。

依草附木之士，专让别人帮助他们，在人生舞台上便像个无助的小孩，畏畏缩缩，既不敢举步，又不敢后退，更不知如何去维护自己的自尊。这样的人十有八九是个庸才。

我们可以将意志坚强的人比作一个极端，而依草附木的人则是另一个极端。两者均是生活中的少数，而世上的大多数人是处于这两端之间。明了这一点，用一种适当的尺度去品评他人是很有裨益的。

在品评他人时，以下几点须认真考虑：

他唯恐不如人，能以积极的方式补偿别人的善意吗？在受到别人的正确的激励之后能挺身而出吗？

他盛气凌人，爱与人争吵作对吗？

他好似孔雀一般，高视阔步，处处带有虚荣心吗？

他常夸夸其谈、自以为是吗？

他酷爱荣誉，凡事都要取得回报吗？

对于别人的提议他常不予赞同，用心何在？

对于一切批评和建议，他都表示接受和欢迎吗？

如果他是个很矜持的人，他心里是不是有不如人的恐惧？

或者他就是那种古怪的人？与他共事有害吗？

他有很强的责任感和使命感吗？

他有很坚强的毅力，并且富有创造性的思维吗？

他热衷于社会活动、公益事业，或者对此漠不关心吗？

他有很强的进取欲吗？

在他所犯的过失中，有无雷同的过失？

一个真正的领导者，应善于正确地品评他人，以己之长克人之短。

在这一方面，我国古代的蔺相如从大局出发，正确地评价廉颇，使之“负荆请罪”的故事就充分说明了这一点。

由于蔺相如连立两个大功（“完璧归赵”和“渑池会”），官位已在老将廉颇之上，廉颇不服气，并扬言“遇上蔺相如，一定要羞辱他一番”。蔺相如听了，就处处忍让，尽量不与廉颇见面，连上朝都装病不愿见廉颇。有一次蔺相如乘车外出，遇上廉颇，就连忙驾着车子躲开他。因为这样怕廉颇，跟随他的人也感到羞惭，大家都想要离开他。蔺相如对他的随从说：“那样威严的秦王我都不怕，我难道怕廉颇吗？我是为了国家的安危才这样忍让他的呀！”廉颇知道后感到十分惭愧，于是就向蔺相如负荆请罪。结果，他们成了刎颈之交。

一个反对者居然成了生死之交，其中奥秘就在于蔺相如的以大局为重、以国家为重，即使廉颇是错的，他也能忍让。如果我们也能像蔺相如一样对反对者采取宽容的态度，那么何愁不能和反对者言归于好呢？

开会时**切忌人身攻击**

曾见过网上一个帖子，一位年轻的女白领谈到她患上了“开会恐惧症”，说单位的每次例会完全是“赤裸裸的人身攻击”，上司毫不留情批评下属工作没做到家，下属之间则是互相挑毛病，谁有不同意见必然招致更多的不同意见……拿这帖子询问了不少白领朋友，大家的感受竟然惊人的一致——怕开会，尤其是会上领导的人身攻击更是让人无法忍受。

曾经有一位年轻的行政主管这样描述自己的经历：

他说自己刚刚从一家民营企业辞职出来，因为实在太压抑了，每次开会都是一次煎熬。他们老板是个40多岁的女人，她很能干，但也很跋扈。她一手创立了这家公司，当然是说一不二，但是她太不尊重下属了。在他的记忆中，她从来没有表扬过任何一个人，永远都是指责，而且常常是很不入耳的人身攻击。

他印象最深的一次，会计师老王的报表晚交了一天，她就在会上指责："怎么搞的？这么慢，你真是老了。"老王面色苍白地辩驳道："老板，我是快50岁了，可是……"没想到老板的跋扈劲儿来了，她不等老王说完就大声说："50岁有理了，50岁就可以磨蹭？你的脑袋是怎么长的？"老王随后辞职走人，后来很多人也走了，当然也包括这位年轻的行政主管。

可见，在开会时切忌人身攻击，否则害处不仅仅是失去人心、失去员工，可能还会招致更为严重的后果。

作为领导，一定要牢记开会时尽量不要批评人，如果真的需要批评某个下属，也应当注意：就事论事，对事不对人，不无限上纲上线，切忌把问题扩大到对方的人品、态度、修养等方面，类似于"笨得像个榆木疙瘩""真是太蠢了""素质太差""扶不起来的阿斗""一颗老鼠屎坏了一锅汤""成事不足败事有余""窝囊废"等定论似的评价，往往会形成误导，招致不良后果。

管理者在批评前有必要先确认"真的是事实吗""有必要批评吗"，只听单方面的信息就行动，会变成没确认事实就批评。批评的目的是要让犯错误的下属本人注意，促其反省，让其努力改善，所以弄明白下属的想法、事情的经过和结果，以及对周围的影响最重要。

涉及人身攻击的批评具有反效果。"像你这种男人，再怎么努力也没用了"，像这种骂法不仅不知道在骂什么，而且会让人产生"反正我就是没用"的退缩，或者认为"我真是再怎么努力也不会成功的人"而丧失自信。这样的话，斥责只有反效果。

只批评事实。弄明白事实，边说理由边批评，对方较容易接受。下属如果抱怨“完全不听我的理由，只一味地啰唆、批评”则只会引起反抗，有时会产生憎恨的心理，这就失去做管理者的资格。应该采用“事情真相我了解，但是……”这样的亲切的批评方式。

其实，领导有时会碰到这样一种员工，他们总是喜欢不遗余力地攻击指责别人，散布流言蜚语，造谣中伤同事，或出言不逊地辱骂别人等。在这种情况下，领导要不要针锋相对地予以回击呢？

对此，在考虑和选择自己的行为方式时，领导应该注意下面几个问题：

首先，应弄清楚自己所遇到的是不是真正的攻击，下面这几种情况很容易被误认为是攻击。

（1）由于对某种事物持不同的看法，员工提出了比较强硬的质疑或反对意见。此时，如果领导能够给予必要的解释和说明，冲突就会很好地解决。

（2）由于领导自己对某事处理不当，员工在利益受损的情况下表示不满，提出抗议。如果的确是领导自己处理不当，或虽然并非失误，但确有不妥善之处，而员工又言之有理，那么，尽管员工在态度和方式上有出格的地方，也不能把这看作是攻击。

（3）由于种种误解，致使他人发脾气，出言不逊。这时，只要耐心地、心平气和地把问题澄清，事情自然也会过去。如果领导忽视了判别与区分真假攻击的不同，往往会铸成大错。

其次，即便领导完全能够确定员工在对自己进行恶意攻击，也不应该统统给予回击。与员工的交往中，对付恶意攻击最好的方法莫过于不理睬他。

如果不理睬他，他仍不放弃，那领导也不必对着干，因为就此“接招”恰恰是“正中下怀”。而且那些喜欢攻击他人的人，都善于“以缺德少才之功消耗大德大智之势”。如果领导和他对着干，他不仅喜欢奉陪，还颇会恋战，非把领导拖垮不可。在这种时候，领导应果断地甩袖而去。

领导与富于攻击性的员工打交道，不管他是否怀有敌意，首先是要敢于面对他的进攻。此外，还应注意下面7点：

（1）给员工一点时间，让他把火发出来。

（2）员工说到一定程度时，打断他的话，随便用哪种方式都行，不必客气。

（3）如果可能，设法让员工坐下来冷静一下，使他不那么好斗。

（4）用明确的语言阐述自己的看法。

（5）避免与员工抬杠或贬低他。

（6）如果需要并且可能，休息一下再和员工私下解决问题。

（7）在强硬后做一些友好的表示。

任何一位领导都应该知道：在社会生活中，任重道远的人往往也是最容易受人攻击的人。这种情况几乎在每个行业都一样，它正说明了你的价值所在。

随着人生的成功、事业的发达，你可能不会再为日常生活中的柴米油盐和孩子的学费发愁，也不再像事业初创时期那样疲于奔命，这时，又一个让你恼火的事情扑面而来，那就是在社会上、在你的周围、在你的生活圈内，关于你的谣言四起，攻击你的语言风起云涌。今天有人说你得了一种很不好的见不得人的疾病，明天有人说你和某个异性走得很近，后天又说你因为某件事情看破红尘，一气之下遁入空门。如此等等，不一而足。

面对种种谣传，你会怎么做？

你绝对不能因此而生气，更不能大动肝火。如果真这样，你的作风就不像一个成功人士。

要知道，越重要的人越容易被议论。

在影视界，有关知名演员的批评最多，他们受到的攻击也最多，而那些不见经传的演员却能够免于批评与指责。

当你日益位高权重，你就应当预期到会有更多的批评与指责落到你的身上。

当人们把你攻击得体无完肤的时候，你应当把它当作是你“继续在成长”的一个必然现象。

或许，在你开始创业的时候，你在潜意识中就想做一个出人头地的公众人物，就是想成为人群的中心。

所以，既然你已经是公众注意的焦点人物了，那就应当有接受攻击的心理准备。然后，不要理会那些攻击，继续做你自己的事情，而且要越做越好。

那你就赢定了！

PART 07

工作无小事——细节成就卓越

不以卑微的心做卑微的事

无论你从事什么职业，都不要看不起自己的工作。如果你认为自己的劳动是卑贱的，那你就犯了一个巨大的错误。

古罗马一位演说家说："所有手工劳动都是卑贱的职业。"从此，古罗马的辉煌历史就成了过眼云烟。亚里士多德也曾说过一句让古希腊人蒙羞的话："一个城市要想管理得好，就不该让工匠成为自由人。那些人是不可能拥有美德的。

他们天生就是奴隶。"

今天，同样有许多人认为自己所从事的工作是低人一等的。他们身在其中，却无法认识到其价值，只是迫于生活的压力而劳动。他们轻视自己所从事的工作，自然无法全身心投入。他们在工作中敷衍塞责、得过且过，而将大部分心思用在如何摆脱现在的工作环境上了。这样的人在任何地方都不会有所成就。

所有正当合法的工作都是值得尊敬的。只要你诚实地劳动和创造，没有人能够贬低你的价值，关键在于你如何看待自己的工作。那些只知道要求高薪，却不知道自己应承担的责任的人，无论对自己还是对老板，都是没有价值的。

也许某些行业中的某些工作看起来并不高雅，工作环境也很差，但是请不要无视这样一个事实：有用才是伟大的真正尺度。在许多年轻人看来，公务员、银行职员或者大公司白领才称得上是绅士，其中一些人甚至愿意等待漫长的时间，目的就是去谋求一个公务员的职位。但是，同样的时间他完全可以通过自身的努力，在现实的工作中找到自己的位置，发现自己的价值。

“低就”不一定就低人一等。对于许多选择就业岗位的人们来说，首要的不是先瞄好令人羡慕的岗位，而是一开始就树立正常的就业观念。如果干什么都挑三拣四，或者以为选准一个岗位便可以一劳永逸，那么你就可能永远真正地低人一等。正如台湾的女作家杏林子所说：“现代社会，昂首阔步、趾高气扬的人比比皆是，然而有资格骄傲却不骄傲的人才真正高贵。”

20世纪70年代初，美国麦当劳总公司看好台湾市场。正式进军台湾之前，他们需要在当地先培训一批高级干部，于是进行公开的招考甄选。由于要求的标准颇高，许多青年企业家都未能通过。

经过一再筛选，一位名叫韩定国的脱颖而出。最后一轮面试前，麦当劳的总裁和韩定国夫妇谈了三次，并且问了他一个出人意料的问题：“如果我们要你先去洗厕所，你会愿意吗？”韩定国还未及开口，一旁的韩太太便随意答道：“我们家的厕所一向都是由他洗的。”总裁大喜，免去了最后的面试，当场拍板录用了韩定国。

后来韩定国才知道，麦当劳训练员工的第一堂课就是从洗厕所开始的，只有先从卑微的工作开始做起，才有可能了解“以家为尊”的道理。韩定国后来之所以能成为知名的企业家，就是因为一开始就能从卑微小事做起，干别人不愿干的事情。

工作本身没有贵贱之分，但是对于工作的态度却有高低之别。看一个人是否能做好事情，只要看他对待工作的态度。而一个人的工作态度，又与他本人的性情、

才能有着密切的关系。一个人所做的工作，是他人生态度的表现；一生的职业，就是他志向的表示、理想的所在。所以，了解一个人的工作态度，在某种程度上就是了解了那个人。

那些看不起自己工作的人，往往是一些被动适应生活的人。他们不愿意奋力崛起，努力改善自己的生存环境。他们不喜欢商业和服务业，不喜欢体力劳动，自认为应该活得更加轻松，应该有一个更好的职位，工作时间更自由。

他们总是固执地认为自己在某些方面更有优势，会有更好的前途，但事实上并非如此。

克尔在一家快速消费品公司已经工作了两年，一直是不冷不热的状态，待遇不高，但能学到东西，比较锻炼人，薪水也马马虎虎过得去。但最近在和一些老朋友的交流过程中，他发现大家都发展得不错，好像都比自己好，这使得他开始对自己目前的状态不满意了，考虑怎么和老板提加薪或者找准机会跳槽。

终于，他找了一次单独和老板喝茶的机会，开门见山地向老板提出了加薪的要求。老板笑了笑，并没有理会。于是，他对工作再也打不起精神来，开始敷衍应付起来。一个月后，老板把他的工作移交给其他员工，大概是准备“清理门户”了，他赶紧知趣地递交了辞呈。可令他始料未及的是，接下来的几个月里，他并没有找到更好的工作，招聘单位开出的待遇甚至比原来的还差了。

由于心态的错位与失衡，克尔失去了那份还过得去的工作，而且他的下一份工作还不如以前。

像克尔这种抱着消极被动心态的人，他们只是指责和抱怨，并一味逃避。他们不思索关于工作的问题：自己的工作是什么？工作是为什么？怎样才能把工作做得更好？他们只是被动地应付工作，为了工作而工作，不在工作中投入自己全部的热情和智慧，只是机械地完成任务。这样的员工，是不可能在工作中做出好的成绩并最终拥有自己的事业的。

许多管理制度健全的公司，正在创造机会使员工成为公司的股东。因为人们发现，当员工成为企业所有者时，他们表现得更加忠诚，更具创造力，也会更加努力工作。以积极主动的心态对待你的工作、你的公司，你就会尽职尽责地完成工作，并在工作中充满活力与创造性，你就会成为一个值得信赖的人，一个老板乐于雇用的人，一个可能成为老板得力助手的人。更重要的是，你终将会在事业上有所成就。

其实，每个人都应该相信天生我材必有用，懒懒散散只会给我们带来巨大的不幸。有些年轻人用自己的天赋来创造美好的事物，为社会作出了贡献；另外有些人没有生活目标，缩手缩脚，浪费了资质，到了晚年只能苟延残喘。本来可以创造辉煌的人生，结果却与成功失之交臂，不能说不是一个巨大的遗憾。

因此，在职场中有一条永远不变的真理：以积极的心态对待工作，工作也会以积极的回报回馈于你。

以老板的心态来工作

绝大多数人都必须在一个社会机构中奠基自己的事业生涯。只要你还是某一机构中的一员，就应当抛开任何借口，投入自己的忠诚和责任。一荣俱荣，一损俱损！将身心彻底融入公司，尽职尽责，处处为公司着想，对投资人承担风险的勇气报以钦佩，理解管理者的压力，那么任何一个老板都会视你为公司的支柱。

这种理念其实就是《这是你的船》的作者迈克尔·阿伯拉肖夫提出的一种员工心态的观念。

1997年6月，当迈克尔·阿伯拉肖夫接管“本福尔德”号的时候，船上的水兵士气消沉，很多人都讨厌待在这艘船上，甚至想赶紧退役。

但是，两年之后，这种情况彻底发生了改变。全体官兵上下一心，整个团队士气高昂，“本福尔德”号变成了美国海军的一艘王牌驱逐舰。

迈克尔·阿伯拉肖夫用什么魔法使得“本福尔德”号发生了这样翻天覆地的变化呢？概括起来就是一句话：“这是你的船！”

迈克尔·阿伯拉肖夫对士兵说：这是你的船，所以你要对它负责，你要与这艘船共命运，你要与这艘船上的官兵共命运。所有属于你的事，你都要自己来决定，你必须对自己的行为负责。

只要你是公司的员工，你就是公司这条船的主人。你必须

以主人的心态来管理照料这条船，而不是以一个乘客的心态来渡过人生的浩瀚大海。

当然，选择做主人还是做乘客，这两种不同心态对于你的工作带来的影响是相当大的。

彼得高中毕业之后和朋友一齐去打工。

彼得和朋友在码头的一个仓库给人家缝补篷布。彼得很能干，做的活儿也精细，当他看到丢弃的线头碎布也会随手拾起来，留作备用，好像这个公司是他自己开的一样。

一天夜里，暴风雨骤起，彼得从床上爬起来，拿起手电筒就冲到大雨中。朋友劝不住他，骂他是个笨蛋。

在露天仓库里，彼得察看了一个又一个货堆，加固被掀起的篷布。这时候老板正好开车过来，只见彼得已经被雨淋得全身都湿透了。

当老板看到货物完好无损时，当场表示给彼得加薪。彼得说："不用了，我只是看看我缝补的篷布结不结实。再说，我就住在仓库旁，顺便看看货物只不过是举手之劳。"

老板见他如此诚实、如此有责任心，就让他到自己的另一个公司当经理。

公司刚开张，需要招聘几个文化程度高的大学毕业生当业务员。彼得的朋友跑来，说："给我弄个好差使干干。"彼得深知朋友的个性，就说："你不行。"朋友说："看大门也不行吗？"彼得说："不行，因为你不会把活儿当成自己家的事干。"朋友说他："真憨，这又不是你自己的公司！"临走时，朋友说彼得没良心。不料彼得却说："只有把公司当成是自己开的公司，才能把事情干好，才算有良心。”

几年后，彼得成了一家公司的总裁，他朋友却还在码头上替人缝补篷布。这就是以老板的心态做事与以打工者的心态做事的区别。

只有以老板的心态对待公司，你才会有主人翁的责任意识，时时处处为公司着想，对工作就会全身心投入，尽职尽责。

尼斯是主管过磅称重的小职员，到这家钢铁公司工作还不到一个月，他就发现很多矿石并没有充分地冶炼，一些矿石中甚至还残留有未被冶炼好的铁。他想：如果继续这样下去的话，公司岂不是会有很大的损失？

于是，他找到了负责该项工作的工人，跟他说明了这个问题。这位工人说：“如果技术有了问题，工程师一定会跟我说。现在还没有哪一位工程师跟我说过这个问题，说明现在还没有出现你说的情况。”

尼斯又找到了负责技术的工程师，对工程师说明了他看到的问题。工程师很自信地说：“我们的技术是世界一流的，怎么可能会有这样的问题？”工程师并没有重视尼斯所说的问题，还暗自认为：一个小职员，能过白多少，不会是因为想博得别人的好感而表现自己吧！

但是尼斯一直认为这是个很大的问题，于是他拿着没有冶炼好的矿石找到了公司负责技术的总工程师，他说：“先生，我认为这是一块没有冶炼好的矿石，你认为呢？”

总工程师看了一眼，说：“没错，年轻人！你说得对，哪里来的矿石？”

尼斯说："我们公司的。"

"怎么会？我们公司的技术是一流的，怎么可能会有这样的问题？"总工程师很诧异。

"工程师也这么说，但事实确实如此。"尼斯坚持道。

"看来是出问题了。怎么没有人向我反映？"总工程师有些发火了。

总工程师立即召集负责技术的工程师来到车间，果然发现了一些冶炼并不充分的矿石。经过检查发现，原来是监测机器的某个零部件出现了问题，才导致了冶炼的不充分。

公司的总经理知道了这件事后，不但奖励了尼斯，而且还晋升尼斯为负责技术监督的工程师。总经理不无感慨地说："我们公司并不缺少工程师，但缺少负责任的工程师。

工程师没有发现问题事小，在别人提出问题时还不以为然事大。对于一个企业来讲，人才是重要的，但是更重要的是真正有责任感的人才。"

尼斯能获得工作之后的第一步成功，完全源于一种老板般的责任感。也就是说，他具有老板的心态，处处为公司的利益着想。

钢铁大王卡内基曾经这样说过："无论在什么地方，都不应该把自己只看成公司的一名员工，而应该把自己视为公司的主人。"

也只有以老板的心态来对待公司，才能像老板一样热爱公司，热爱你的工作。但是，如何像老板那样去热爱公司呢？有两点是相当重要的：一是以老板的心态对待工作，对工作质量精益求精；二是把自己视为公司的老板，像呵护自己的孩子那样去呵护企业。

从表面上看，企业的确是老板的，因为你没有企业的股份。但事实上，企业是你和老板共有的，你总是拥有企业的“一部分”，这一部分给了你工作的机会，给你带来收入，给你一个展示才华的舞台。如果没有这一部分，你的这一切都不存在。如果你爱这一部分，你就不会再感觉工作是一种苦役，而是一件快乐的事情。

以老板的心态对待公司，像老板一样热爱你的工作，热爱你的公司，你就会成为一个快乐的人、负责的人，一个值得信赖的人，一个老板乐于雇用的人，一个可能成为老板得力助手的人。

亲爱的朋友，当你读到这里时，不妨问一下自己：如果你是老板，你对自己今天所做的工作完全满意吗？别人对你的看法也许并不重要，真正重要的是你对自己的看法。回顾一天的工作，扪心自问一下：“我是否付出了全部精力和智慧？”

不为失败找借口

生活中你也许碰到过这样的问题：原本计划要做的事情，往往到了最后都没有做。你不是没有足够的时间，也不是没有足够的实力，更不是没有足够的发挥空间，而是有着种种成熟的条件与环境，但最后还是失败了，而且你还怨天尤人，骂爹骂娘，说如果我当时怎样怎样就会怎样怎样，如果当时运气好一点儿的话，如果时间再把握好一点儿的话……这无非是在为自己的失败找一个借口而已。

面对失败，我们没有“如果”！

请不要总是说“不”“不是”“没有”“与我无关”“因为”，这一类的话无非就是想告诉别人，事情的失败与自己无关，是外界的一些不利因素导致了这次失败，本应该自己担的责任却推给别人和外界环境。

成功的人从不会给自己找任何推托失败的借口，他们会努力地完成任务，会在事先做好计划，会在工作中坚定不移地朝着目标前进，全力以赴地排除困难，不言放弃。美国成功学家格兰特说过这样一句话：“如果你有自己系鞋带的能力，你就有上天摘星的机会。”不要为自己的错误辩护，再完美的借口也于事无补。

学会承担责任，学会寻找成功的方法，是我们通向成功的捷径。

大多数人在做一件事情不成功或者被批评的时候总是会找种种借口告诉别人，因为他害怕承担错误，害怕被别人笑，或者只是想得到暂时的轻松和自我解脱。生活中我们可以为自己找很多借口，上班迟到，可以说是因为堵车；工作做砸了，可以说是领导决策错误；客户不满意，可以说对方太过苛刻；升不了职，可以说是领导偏心。但我们却忘了，参与实施者是你自己，你完全可以找出好的方法来做的，为何不去想呢？换位思考一下，对于成功我们只需要找一个方法，而失败我们却要找很多理由来搪塞。得不偿失的事我们为何却总是乐此不疲呢？

懦弱的人寻找借口，想通过借口心安理得地为自己开脱；失败的人寻找借口，想通过借口原谅自己，也求得别人的原谅；平庸的人寻找借口，想通过借口欺骗自己，也使别人受骗。

成功的人是不找借口的！因为他们懂得：找借口只会让自己与成功无缘！

乔治·华盛顿·卡佛说："99%的人之所以做事失败，是因为他们有找借口的恶习。"

就长远看来，找借口的代价非常大，因为你昧于事实，不去寻求失败的真正原因。一个令我们心安理得的借口，往往会使我们失去改正错误的机会，更使我们错失进步的动力。

这让人想起"一只猫"的故事。

曾经有一只猫，总爱寻找借口来掩饰自己的过失。

老鼠逃掉了，它说："我看它太瘦，等以后养肥了再吃也不迟。"

到河边捉鱼，被鲤鱼的尾巴打了一下，它说："我不是想捉它——捉它还不容易？我就是要利用它的尾巴来洗洗脸。"

后来，它掉进河里，同伴们打算救它，它说："你们以为我遇到危险了吗？不，我在游泳……"

话没说完，它就沉没了。

"走吧，"同伴们说，"它又在表演潜水了。"

这是一只可怜又可悲的猫，其实世界上有许多人也和它相似。他们自欺欺人，善于为自己的错误寻找借口，结果搬起石头砸了自己的脚，受伤害的总是自己。

但是，现实生活中总有些人就像那只猫一样几乎成了制造借口的专家，总能以种种借口来开脱自己，只要能找借口，就毫不犹豫地去找。这种借口带来的唯一“好处”，就是让你不断地为自己去寻找借口，长此以往，你可能就会形成一种寻找借口的习惯，任由借口牵着你的鼻子走。这种习惯具有很大的破坏性，它使人丧失进取心，让自己松懈、退缩甚至放弃。在这种习惯的作用下，即使是做出了不好的事，你也会认为是理所当然。

一旦养成找借口的习惯，你的工作就会拖拖拉拉，没有效率，做起事来就往往不诚实，这样的人不可能是好员工，他们也不可能有完美的成功人生。在公司里这样的人迟早会被炒鱿鱼。

卡西尔曾是一位深得上司器重的老员工。他业务精通、能言善辩，又极懂周旋，为公司的发展壮大立下过汗马功劳。

一次，因为他的疏忽大意，公司的一笔至关重要的业务被对手捷足先登抢走了，给公司造成了极其惨重的损失。事后，他合情合理地解释了失去这笔业务的原因：因为那天他的腿伤突然发作，以至于比竞争对手迟到了半个钟头。虽然失去的业务令公司的损失巨大，但念在卡西尔以往的工作业绩，加上卡西尔的腿伤是因为一次出差途中出了小车祸引起的，上司便原谅了他。

获得了上司的原谅和理解，卡西尔窃喜不已，他知道失去的业务是一宗比较难办的案子。他庆幸自己的机智，不然万一没办好，不仅丢了面子，还要被领导批评，降职减薪也大有可能。

从那以后，在工作上就易避难、趋近避远成了他的作风，把大部分的时间和精力花在寻找更合理的借口成了他工作的主要内容。总之，他现在已习惯因腿伤的问题在公司里经常迟到、早退，甚至在工作餐时，他还经常喝酒，他的理由是：喝酒可以让他的腿舒服些。以往那个敬业的卡西尔从人们的视线中消失了。最后，上司终于无法忍受卡西尔那些冠冕堂皇、源源不绝的借口，让他离开那原本前途光明的岗位而另寻高就了。

哈伯德说过："为什么大家花那么多时间处心积虑捏造借口、掩盖自己的弱点、欺骗自己？如果把时间用到不同的地方，同样的时间足以矫治弱点，然后借口就派不上用场了。"

对于很多善于找借口的人来说，从一件事情上入手，尝试着丢掉借口，抓紧时间，集中精力去做好手边的事，也许结果会大不相同。

不要让借口成为你成功路上的绊脚石，搬开那块绊脚石吧！把寻找借口的时间和精力用到努力工作中来，因为工作中没有借口，人生中没有借口，失败没有借口，成功也不属于那些寻找借口的人！

不把生活中的烦恼带到工作中

李云每天都乘地铁到公司上班。这天早晨地铁很挤，出了地铁后，她发现自己精致漂亮的小坤包被小偷用刀片划破了，钱包和手机等贵重物品都被偷走了，并且她的小坤包本身就价值不菲。由于自己心爱的坤包被划破，加之丢失了财物，她心情很糟。她沉着脸进了办公室，刚坐下，一位同事就过来问她要份资料。见同事站在自己身边唠唠叨叨，于是，她没好气地说："催什么催？等几分钟天会塌下来？！"她的同事只好悻悻地走开，走开之前白了她一眼："神经病！"

李云的心情可以理解，但是，别忘了，你现在是在办公室里！一般来说，办公室的同事对于你的不幸遭遇会保持一种无动于衷的态度，没有什么人愿意花时间来听你诉说不幸。即便是办公室里关系较好的同事，也不知道如何恰到好处地关心你，他们也会顾及尊重别人的隐私，怕自己问得太多反而让你觉得反感。一般的人在遭受挫折或打击之后，都需要独自待一会儿，需要有自我恢复的时间和空间。如果这时有人在一边唠唠叨叨，会让人感到更加烦躁。也许，你在遭到挫折或打击之后，对身边的同事会更依赖，比如，你觉得同事应该比以往任何时候都关心你，你的上司应该更加照顾你。当你周围的同事无动于衷时，你会很失望，在这种状况下，你当然很难全心全意地做好自己的工作。

其实，办公室就是工作的地方，无论是你的上司还是你的同事，他们都承受着工作的压力，或许正被那些琐碎的工作搞得头昏脑涨，在这种情况下，你把个人情绪带到办公室，只能让你的上司和同事更加烦躁，他们会想：这个人怎么连自己这么点儿小事都处理不好，还能办什么大事？公私不分，没有一点敬业精神，这人不可靠！有时，若将负面情绪带到工作中，甚至会导致很严重的后果。

密歇根大学的一项调查表明，坐办公室的人有3/10的时间会脾气古怪，爱发牢骚、易怒。在办公室里工作过的人大概都碰到过这样的情景：早晨，同事们陆续来上班了，脸上挂着微笑，“你好”“你好”的问候声此起彼伏。愉快的一天眼看就要开始，却见最后进来的那位不知怎么搞的一副“借他米还他糠”的模样，冷冷地挂着个脸，往自己位子上一坐，就再不理人。办公室刚刚酝酿起来的和谐气氛，似乎一下子碰上了冷空气，瞬间凝成了乌云。刚才还神采飞扬的人们，情绪一点点儿地灰下来，不再说笑，各自坐下埋头做自己的工作。

很明显，破坏同事们好情绪的就是那位最后进来的人，或者说是他的坏情绪。问一句，他应该如此吗？不应该！不管他是因何生气，即使有一千个理由，他也不应该把他的坏情绪带到办公室。办公室是集体场所，不是你自己的家——即使在家还要考虑到家里人的情绪呢。同事同事，是和你共同做事的人，不是来看你的脸色的。更重要的是，坏情绪有很强的传染性，一个人不高兴，一屋子人都不开心，正所谓“一人向隅，举座不欢”。坏情绪使个人食欲不振、精神萎靡、思维迟钝……总之于己有百害而无一利。但你要随心所欲，别人也奈何不得你。可是作为一个现代文明人，在公众场合，不替自己考虑也得替别人考虑，情绪问题就不是个人的私事了，我们应该试着学会控制自己的情绪。那么如何让这些办公室坏情绪远离自己呢？在此向大家推荐两个小窍门：

1. 过滤自己的不良情绪。曾有一位很优秀的员工，她的脸上总是带着真诚的笑容，充满活力地工作。一次与同事聊天，同事对她说：“你的脸上总是挂满笑容，总看不到你愁眉苦脸的样子，难道你就没有不顺心的事吗？”这位员工却说：“世上谁没有烦恼？关键是不要，也不应该被烦恼所支配。到了单位上班，我就将烦恼留在家里；回到家里，我就把烦恼留在单位。这样，我就能够有一个轻松愉快的心情。”

若是我们都善于做这种情绪过滤，就不会在工作中唉声叹气、怨天尤人了。所以大家必须学会分解和淡化烦恼与不快，时时刻刻保持一种轻松的情绪，让欢乐永远伴随自己。

2.保持自信乐观的积极心态。一个人在任何时候都要对自己充满信心：我们无论干什么工作，担任什么职务，都要相信自己能够胜任。始终保持争创一流，追求完美和卓越的信念，只有对自己充满信心，才能够在平凡之中干出不平凡的业绩。

做到以上两点，你就能感受到精神上和物质上的幸福、快乐，始终朝气蓬勃，以良好的精神状态投入到工作中去，从而拥有美好的人生。

PART 08 大礼不辞小让

握手的细节

据说握手礼最早来自欧洲，当时是为了表示友好，手中没有武器的意思，但现在已成为被最普遍采用的世界性“见面礼”。握手是人们日常交际的基本礼仪，从握手可以体现一个人的情感和意向，显示一个人的虚伪或真诚。握手在人际交往中如此重要，可有人往往做得并不太好。

艾丽是个热情而敏感的女士，目前在中国某著名房地产公司任副总裁。那一日，她接待了来访的建筑材料公司主管销售的韦经理。韦经理被秘书领进了艾丽的办公室，秘书对艾丽说：“艾总，这是××公司的韦经理。”

艾丽离开办公桌，面带笑容，走向韦经理。韦经理先伸出手来，让艾丽握了握。艾丽客气地对他说：“很高兴你来为我们公司介绍这些产品。这样吧，让我看一看这些材料，我再和你联系。”韦经理在几分钟内就被艾丽送出了办公室。几天内，韦经理多次打电话，但得到的是秘书同样的回答：“艾总不在。”

到底是什么让艾丽这么反感一个只说了两句话的人呢？艾丽在一次讨论形象的课上提到这件事，余气未消：“首次见面，他留给我的印象不但是不懂基本的商业礼仪，他还没有绅士风度。他是一个男人，职位又低于我，怎么能先伸手让我来握呢？他伸手的姿式不但随便，握起来更像一条死鱼，冰冷、松软、毫无热情。当我握他的手时，他的手掌也没有任何反应，好像在他看来我的选择只有感恩戴德地握住他的手。握手的这几秒钟，他就留给我一个极坏的印象，他的心可能和他的手一样冰冷。他的手没有让我感到对我的尊重，他对我们的会面也并不重视。作为一个公司的销售经理，居然不懂得基本的握手方式，他显然不是那种经过高度职业训练的人。而公司能够雇用这样素质的人做销售经理，可见公司管理人员的基本素质和层次也不会高。这种素质低下的人组成的管理阶层，怎么会严格遵守商业道德，提供优质、价格合理的建筑材料？我们这样大的房地产公司，怎么能够与这样作坊式的小公司合作？怎么会让他们为我们提供建材呢？”

握手是陌生人之间第一次的身体接触，只有几秒钟的时间，但正是这短短的几秒钟，它如此之关键，立刻决定了别人对你的喜欢程度。握手的方式、用力的轻重、手掌的湿度等，像哑剧一样无声地向对方描述你的性格、可信程度、心理状态。握手的质量表现了你对别人的态度是热情还是冷淡，积极还是消极，是尊重别人、诚恳相待，还是居高临下、敷衍了事。一个积极的、有力度的正确的握手，表达了你友好的态度和可信度，也表现了你对别人的重视和尊重。一个无力的、漫不经心的、错误的握手方式，立刻传送出了不利于你的信息，让你无法用语言来弥补，它在对方的心里留下了对你非常不利的第一印象，有时也会像上面的那位销售经理，失去极好的商业机会。因此，握手在商业社会里几乎意味着经济效益。

那么，哪些场合我们需要握手？握手的细节又有哪些呢？

1.应当握手的场合

（1）遇到较长时间没见面的熟人。

（2）在比较正式的场合和认识的人道别。

（3）在以本人作为东道主的社交场合，迎接或送别来访者时。

（4）拜访他人后，在辞行的时候。

（5）被介绍给不认识的人时。

（6）在社交场合，偶然遇上亲朋故旧或上司的时候。

（7）别人给予你一定的支持、鼓励或帮助时。

（8）表示感谢、恭喜、祝贺时。

（9）对别人表示理解、支持、肯定时。

（10）得知别人患病、失恋、失业、降职或遭受其他挫折时。

（11）向别人赠送礼品或颁发奖品时。

2.握手的具体要求

（1）握手姿态要正确。行握手礼时，通常距离受礼者约一步，两足立正，上身稍向前倾，伸出右手，四指并齐，拇指张开与对方相握，微微抖动三四次，然后与对方的手松开，恢复原状。与关系亲近者，握手时可稍加力度和抖动次数，甚至双手交叉地热烈相握。

（2）握手必须用右手。如果恰好你当时正在做事，或手很脏很湿，应向对方说明，摊开手表示歉意或立即洗干净手，与对方热情相握。如果戴着手套，则应取下后再与对方相握，否则都是不礼貌的。

（3）握手要讲究先后次序。一般情况下，由年长的先向年轻的伸手，身份地位高的先向身份地位低的伸手，女士先向男士伸手，老师先向学生伸手。如果两对夫妻见面，先是女性相互致意，然后男性分别向对方的妻子致意，最后才是男性互相致意。拜访时，一般是主人先伸手，表示欢迎；告别时，应由客人先伸手，以表示感谢，并请主人留步。不应先伸手的就不要先伸手，见面时可先行问候致意，等对方伸手后再与之相握，否则是不礼貌的。在多人同时握手时，要顺其自然，最好不要交叉握手。

（4）握手要热情。握手时双目要注视着对方的眼睛，微笑致意，切忌漫不经心、东张西望，边握手边看其他人或物，或者对方早已把手伸过来，而你却迟迟不伸手相握。这些都是冷淡、傲慢、极不礼貌的表现。

另外还要注意，不要一只脚站在门外、一只脚站在门内握手，也不要连蹦带跳地握手或边握手边敲肩拍背，更不要有其他轻浮不雅的举动。

与贵宾或与老人握手时除了要遵守上述要求之外，还应当注意以下几点：当贵宾或老人伸出手来时，你应快步向前，用双手握住对方的手，身体微微前倾，以表示尊敬。

与上级或下级握手除遵守一般要求外，还应注意：上下级见面，一般应由上级先伸手，下级方可与之相握。如果上级不止一人，握手顺序应由职位高的到职位低的，如职位相当则可按一般的习惯顺序，也可由一人介绍，你一一与之握手。不论与上级还是与下级握手，都应热情大方，不卑不亢，礼貌待人。下级与上级握手时，身体可以微欠，或快步向前用双手握住对方的手，以表示尊敬。上级与下级握手时，应热情诚恳，面带笑容，注视对方的眼睛，不能漫不经心、敷衍了事，也不能冷漠无情、架子十足，更不能在与下级握手后立即用手帕擦手，否则就是不得体或无礼的。

3.握手的禁忌

我们在行握手礼时应努力做到合乎规范，避免触犯下述失礼的禁忌。

（1）不要用左手相握。

（2）不要在握手时戴着手套或墨镜。只有女士在社交场合戴着薄纱手套握手，才是被允许的。

（3）不要在握手时另外一只手插在衣袋里或拿着东西。

（4）不要在握手时面无表情、不置一词或长篇大论、点头哈腰、过分客套。

（5）不要在握手时仅仅握住对方的手指尖，好像有意与对方保持距离。正确的做法是握住整个手掌，即使对异性也应这样。

（6）不要在握手时把对方的手拉过来、推过去，或者上下左右抖个没完。

自我介绍的礼仪细节

介绍是人与人进行相互沟通的出发点，最突出的作用就是缩短人与人之间的距离。在社交或商务场合，如能正确地利用自我介绍，不仅可以扩大自己的交际圈，广交朋友，而且有助于进行必要的自我展示、自我宣传，并且替自己在人际交往中消除误会，减少麻烦。

想象一下你正在被介绍给某人，你们都说了自己的名字，接着又说了些诸如“很高兴认识你”之类的话。然后呢？你该说些什么？你觉得和这位新认识的人待在一起很尴尬，只好绞尽脑汁搜刮下一个话题。

你可以设计一个清楚新鲜的自我介绍，让之后的对话更顺利。在镜子前对自己说几遍，直到自己感觉很好。向对方提供一些关于你自己的信息，可以让对话顺利进行。比如，你可以说：

“你好，我是甲公司的会计卡罗尔·琼斯，我帮人们管钱，还帮他们省钱。”

“你好，我是汤姆·马丁，我在乙公司任职帮助小公司设计电脑软件。”

于是汤姆开始问卡罗尔关于会计、甲公司以及如何理财等方面的事项，而卡罗尔也准备问问乙公司的事情，还有软件设计等等。看，你的介绍引出了一段有意思的谈话。

其实，在日常生活中关于自我介绍的学问很大，大致包括自我介绍的时机、类型，以及注意事项等。

1.自我介绍的时机

应当何时进行自我介绍？这个问题比较复杂，它涉及时间、地点、当事人、旁观者、现场气氛等多种因素。不过一般认为，在下述时机，如有可能，有必要进行适当的自我介绍。

（1）在社交场合，与不相识者相处时。

（2）在社交场合，有不相识者表现出对自己感兴趣时。

（3）在社交场合，有不相识者请求自己作自我介绍时。

（4）在公共聚会上，与身边的陌生人共处时。

（5）在公共聚会上，打算介入陌生人组成的交际圈时。

（6）有求于人，而对方对自己不甚了解，或一无所知时。

（7）交往对象因为健忘而记不清自己，或担心这种情况有可能出现时。

（8）在出差、旅行途中，与他人不期而遇，并且有必要与之建立临时接触时。

（9）初次前往他人居所、办公室，进行登门拜访时。

（10）拜访熟人遇到不相识者挡驾，或是对方不在，而需要请不相识者代为转告时。

（11）初次利用大众传媒，如报纸、杂志、广播、电视、电影、标语、传单，向社会公众进行自我推介、自我宣传时。

（12）利用社交媒介，如信函、电话、电报、传真、电子信函，与其他不相识者进行联络时。

（13）前往陌生单位，进行业务联系时。

（14）因业务需要，在公共场合进行业务推广时。

（15）应聘求职时。

（16）应试求学时。

凡此种种，又可以归纳为3种情况：一是本人希望结识他人；二是他人希望结识本人；三是本人认为有必要令他人了解或认识本人。

2.自我介绍的类型

（1）应酬式。在某些公共场合和一般性的社交场合，如旅行途中、宴会厅里、舞场上、通电话时，都可以使用应酬式的自我介绍。

应酬式介绍的对象是进行一般接触的交往对象，或者属于泛泛之交，或者早已熟悉，进行自我介绍只不过是为了确定身份或打招呼而已。所以，此种介绍要简洁精练，一般只介绍姓名就可以。例如：

"你好，我叫周琼。"

"我是陆曼。"

（2）交流式。有时，在社交活动中，我们希望某个人认识自己、了解自己，并与自己建立联系时，就可以运用交流式的介绍方法，与心仪的对象进行初步的交流和进一步的沟通。

交流式的自我介绍比较随意，可以包括介绍者的姓名、工作、籍贯、学历、兴趣以及与交往对象的某些熟人的关系，可以不着痕迹地面面俱到，也可以故意有所隐瞒，造成某种神秘感，激发对方与你进行进一步沟通的兴趣。

（3）礼仪式。在一些正规而隆重的场合，比如讲座、报告、演出、庆典、仪式等一些正规而隆重的场合，要运用礼仪式的自我介绍，以示对介绍对象的友好和敬意。

礼仪式的自我介绍，要包含自己的姓名、单位、职务等项，还要多加入一些适宜的谦辞敬语，以符合这些场合的特殊需要，营造谦和有礼的交际气氛。例如：

“各位听众，大家好！我是郑阳，你的老朋友。现在，我将为大家献上一场丰盛美味的音乐大餐，感谢所有听众对‘校园民谣’一如既往的支持和关爱。”

（4）工作式。工作式的自我介绍，主要适用于工作之中。它是以工作为自我介绍的中心，因工作而交际，因工作而交友。有的时候，它也叫公务式的自我介绍。

工作式的自我介绍的内容，应当包括本人姓名、供职的单位及其部门、担负的职务或从事的具体工作等三项，它们叫作工作式自我介绍内容的三要素，通常缺一不可。其中，第一项姓名，应当一口报出，不可有姓无名，或有名无姓；第二项供职的单位及其部门，有可能最好全部报出，具体工作部门有时也可以暂不报出；第三项担负的职务或从事的具体工作，有职务最好报出职务，职务较低或者无职务，则可报出目前所从事的具体工作。例如：

“你好！我叫张奕希，是××银行的大堂经理。”

“我叫傅冬梅，现在在中国人民大学教外交学。”

（5）问答式。问答式的自我介绍，一般适用于应试、应聘和公务交往。在普通交际应酬场合，它也时有所见。

问答式的自我介绍的内容，讲究问什么答什么，有问必答。例如：

某甲问：“这位小姐，你好！不知你应该怎么称呼？”某乙答：“先生你好！我叫王雪时。”

主考官问：“请介绍一下你的基本情况。”应聘者答：“各位好！我叫××，现年××岁，陕西西安人，汉族，共

产党员，已婚，2014年毕业于上海交通大学船舶与海洋工程专业，获工学学士学位，现在北京市首钢船务公司任助理工程师，已工作3年。其间，曾去阿根廷工作1年。本人除精通专业外，还掌握英语、日语，懂电脑，会驾驶汽车和船只。曾在国内正式刊物上发表过6篇论文，并拥有一项技术专利。”

3.自我介绍的注意事项

（1）无论是哪一种自我介绍，都必须注意把握好分寸。首先需要注意自我介绍的时机。进行自我介绍应当选择适当的时间，如对方空闲的时候、对方兴致正浓时、对方对你感兴趣时、对方主动提出要求时。如果时间不合适，如对方正在忙碌、缺乏兴趣、心情不佳等，就应该避免进行自我介绍。其次，应该注意控制自我陈述的时间长度。原则上是在把必须让对方了解的有关自己的信息介绍清楚的前提下，时间越短越好。因此，这就要求介绍的内容必须具有值得告诉对方的必要性，同时要求介绍者语言精练，谈话条理清晰。一般应该把时间控制在一分钟之内，切忌滔滔不绝、废话连篇。

（2）自我介绍还应该注意态度。必须友善、自然、亲切、随和。应该落落大方，既不要缩手缩脚，也不要虚张声势，应该表现得充满自信，千万不要妄自菲薄、心怀胆怯。语气要自然，语速要正常，语音要清晰；切忌语气生硬、语速过快或过慢、语音含混不清，否则对方会需要你介绍第二遍。进行自我介绍时所表述的内容，一定要实事求是。没有必要过分谦虚，一味贬低自己讨好别人；也不能自吹自擂，故弄玄虚，企图借夸大自己来赢得别人的好感。

其实，在人际交往中，无论什么场合中的自我介绍，真实、坦诚都是第一位的。只要你能把握好这一点，再适当运用自我介绍的技巧，相信你一定能顺利完成交际中的第一关，为日后进一步交往打好基础。

让你的表情充满亲和力

某公司要招聘一位市场部经理，一位名校硕士的简历深深吸引了老总。这位硕士有相关理论著述，而且在两家单位任过职，有一定经验，于是老总通知他3天后来公司面试。面试结果呢？竟然没能通过。老总后来说，那次面试是他亲自主持的。

他发现那位先生有个特点，就是不管什么时候都是锁着双眉，不会微笑，显示出很沉闷的样子。他说，这种表情的人是典型的不擅做沟通工作的，而作为市场部的负责人，沟通本来就是重要的工作内容。

可见，一个人的表情在人际交往特别是初次交往中很重要，千万不可以小看。

心理学家指出："捕捉人心的要素很多，但是，其中效果最好，而且能使他人的目光不忍稍移的，莫过于表情。"

普通人多少都会对自己容貌上不完美的地方加以掩饰，拼命地来弥补。特别是那些天生容貌称不得出色的人，总希望尽可能看起来漂亮些，于是便努力做出高雅的举止，脸上常挂着温柔的微笑。

你脸上的表情究竟该如何做呢？或许你想表现出自己是个

男子汉，便做出一副思虑深远、富有决断的样子，但是这实在是大错特错！充其量，你这张脸就像每天只是发号施令，看起来极端严肃的班长罢了。

当出现在公共场合时，表情与动作便是最佳的语言。

而人类的表情虽然变化多端，但是谁也无法抵挡迷人的微笑和动人的眼神，它们是令你的表情充满亲和力的最佳法宝。

1.眼神的作用

雪平是某外企公司人事部经理，被邀请参加一个世界著名公司的人际关系培训班结业典礼。雪平打算在了解该公司主讲老师的素质后，再决定自己是否参加培训。

他坐在前排右边，看着那些结业的人用被强化训练出来的积极热情的语言，振奋地表达自己的体会。那位主讲老师的脸上始终挂着一个定格的笑容，但是雪平总感到有什么使他困惑，他无法捉摸那笑容的背后到底是真诚还是客套，他无法相信那张脸的诚意，更无法被那个标准的肌肉造型的笑容感染。典礼结束时，雪平走向那位老师作自我介绍，在他们握手的一刹那间，雪平与他的眼睛直视，雪平这才明白：原来困扰我的是他那双眼睛。

雪平形容那双眼睛："看起来阴冷、高深莫测、虚实不定。那双眼睛对我并没有兴趣，它们只是漠然地在我身上扫了一遍。这双眼睛与他的笑脸是那么的不和谐，这双眼睛里没有一丝笑意和温暖。我的困惑终于解除了，原来他的笑是强化培训出来的职业笑容。他的心中并没有笑容，这些全都通过眼睛表现出来。眼睛是心灵的窗口，一个只有脸上微笑、心灵没有微笑的人能是一个优秀的人际关系主讲老师吗？他不可能告诉我他自己都不懂得的事情。”雪平最终没有参加这个公司的培训班。

在人类的活动中，用眼睛来表达的方式和内容如此丰富、含蓄、微妙、广泛，眼神的力量远远超出我们用语言可以表达的内容。美国身体语言专家福斯特在他的书《身体语言》中写道：“尽管我们身体的所有部分都在传递信息，但眼睛是最重要的，它在传送最微妙的信息。”每天人们都是用目光默默无声地互通信息，目光在面对面的沟通交流中起着重大的作用，它决定着你能否有效地与对方交流。一个不能运用目光沟通的人不会是个高效的交流者。

为此，我们需要学会用眼睛说话，丰富我们的表情。

在生活中，在不同场合、不同情况下的目光也有所不同。不管是熟人还是初次见面，在向对方问候、致意、道别等的时候都应面带微笑，用柔和的目光去注视对方，以示尊敬和礼貌。

和对方交谈时，注视对方时间的长短，是十分重要的。双方交谈中听的一方通常应该多注视说的一方。应经常保持双方目光的接触，长时间回避对方目光或左顾右盼是“心里有鬼”或是不感兴趣的表现。但如果一直用直勾勾的目光盯着对方，是非常失礼的，甚至会让人认为你有什么其他企图。要随着话题内容的变换，采用及时恰当的目光反应，使整个交谈融洽、和谐而且生动有趣。

交谈中当双方都沉默不语时，应该把目光移开，以免因为一时没话题而感到尴尬或不安；当别人说错话或拘谨时，不要正视对方，免得对方误认为是对他的讽刺和嘲笑。

运用目光的时候，要做到把目光柔和地照在别人的脸上，而不是单单注视对方的眼睛，给人一种死盯着不放，而且在瞪他或是不友善的感觉。也不要反复打量对方，不可以长久注视陌生的异性，不要随便使用鄙视、轻蔑、愤怒、仇视的目光。

每种眼神传递的多是约定俗成的含义，不能随心所欲地胡乱使用。比如在谈判中，为了准确地把握谈判契机，掌握主动权，我们可以利用双目生辉、炯炯有神的目光，因为它是充满信心的反应，这种目光就容易取得对方的信任与合作。假如双眉紧锁、目光呆滞无神或不敢正视对方，往往会被认为无能或者另有隐情，很容易导致不利结果。

假如你是一名推销员，就应该用安详的目光和客户对视，

因为这样的目光是吸引顾客注意力的一个好办法。当你介绍产品时，额头舒展，眼神放光，能让客户从你流露出的明快而亲切的目光中产生对产品的信任感。这样有利于顺利开展工作，也有助于融洽气氛、交流思想、增进感情，并且加深印象。

2.微笑的力量

西方有句谚语："不会笑就别开店。"中国人也说："笑口且常开，财源滚滚来。"微笑，是人类最美好的形象。因为人类的笑脸意味着温暖、自信、幸福、宽容、慷慨、吉祥等含义，微笑吸引着幸运和财富。英国BBC电视"人类的面孔"系列的作者巴特说："我们经常愿意与微笑的人分享我们的自信、希望与金钱。这里面深奥的原因已经超过了我们的意识所能够认识的。随时能够笑的人已经证明，他们在个人生活和事业上都更成功。"最具有说服力的证据来自美国金融巨头查尔斯·施瓦布，当他被问到如何成为富豪时，他诙谐地回答："我的笑容价值百万美元。"

微笑可以表现出温馨、亲切的表情，能有效地缩短双方的距离，给对方留下美好的心理感受，从而形成融洽的交往氛围。它能产生一种魅力，它可以使强硬者变得温柔，使困难变得容易。所以微笑是人际交往中的润滑剂，是广交朋友、化解矛盾的有效手段。

面对不同的场合、不同的情况，如果能用微笑来接纳对方，可以反映出你良好的修养和挚诚的胸怀。另外，微笑于自己最大的好处是，在为自己营造良好人际关系的同时，促进个人的身心健康。

要塑造好的笑容，就要加强笑的艺术修养，剔除不良习惯，做到“四要四不要”。

四要：

一要口眼鼻眉肌结合，做到真笑。发自内心的微笑，会自然调动人的五官：眼睛略眯起、有神，眉毛上扬并稍弯，鼻翼张开，脸肌收拢，嘴角上翘，唇不露齿。做到眼到、眉到、鼻到、肌到、嘴到，才会亲切可人，打动人心。

二要神情结合，显出气质。笑的时候要精神饱满、神采奕奕，要笑得亲切、甜美。这样的笑伴以稳重、伴以文化修养，就能显出气质。微笑在于它是含笑于面部，“含”给人以回味、深刻、包容感。如果露齿或张嘴笑起来，再好的气质也没有了。

三要声情并茂，相辅相成。微笑和语言美往往是孪生姐妹，甜美的微笑伴以礼貌的语言，两者相映生辉。如果脸上微笑，却出言不逊、语言粗野，其微笑就失去了意义；如果语言文明礼貌，却面无表情，会让人怀疑你的诚意。只有声情并茂，你的热情、诚意才能为人理解，并起到锦上添花的效果。

四要和仪表举止的美和谐一致，从外表到内在形成完美统一的效果。

四不要：

一不要缺乏诚意，强装笑脸。

二不要露出笑容随即收起。

三不要仅为情绪左右而笑。

四不要把微笑只留给上级、朋友等少数人。

总之，假如你平时不善言笑，可以通过训练有意识地改变自己。对着镜子，做最使自己满意的表情，到离开镜子时也不要改变它。当你独处的时候，深呼吸、唱歌或听愉快的歌曲。忘掉自我和一切烦恼，让心中充满爱意。

特别是作为管理阶层，更不要使自己阴云密布。如果你这样面对上级，上级会认为你有工作压力，不胜任现在的职务；如果你这样面对下属，下属会认为你对他的工作很有意见，让他考虑另谋高就；如果你这样和客户交谈，客户会认为你不希望和他合作。

衣着是做事的通行证

美国商人希尔在创业之始，就意识到服饰对人际交往与成功办事的作用。他清楚地认识到，商业社会中，一般人首先是根据一个人的衣着来判断对方的实力的，因此，他去拜访裁缝。靠着往日的信用，希尔定做了几套昂贵的西服，共花了275美元，而当时他的口袋里仅有不到1美元的零钱。然后他又买了一整套最好的衬衫、衣领、领带等，而这时他的债务已经达到了675美元。

每天早上，他都会身穿一套全新的衣服，在同一个时间里、同一条街道同某位富裕的出版商"邂逅"。希尔每天都和他打招呼，也偶尔聊上一两分钟。

这种例行性会面大约进行了一星期之后，出版商开始主动与希尔搭话，并说："你看起来混得相当不错。"

接着出版商便想知道希尔从事哪种行业。因为希尔身上所表现出来的这种极有成就的气质，再加上每天一套不同的新衣服，已引起了出版商极大的好奇心，这正是希尔盼望发生的情况。

希尔于是很轻松地告诉出版商："我正在筹备一份新杂志，打算在近期内争取出版，杂志的名称为《希尔的黄金定律》。"

出版商说："我是从事杂志印刷及发行的。也许，我可以帮你的忙。"

这正是希尔所等候的那一刻，而当他购买这些新衣服时，他心中已想到了这一刻，以及他们所站立的这块土他，几乎分毫不差。

这位出版商邀请希尔到他的俱乐部，和他共进午餐，在咖啡和香烟尚未送上桌前，他已"说服"了希尔答应和他签合约，由他负责印刷及发行希尔的杂志。希尔甚至答应允许他提供资金并不收取任何利息。

发行《希尔的黄金定律》这本杂志所需要的资金至少在3万美元以上，而其中的每一分钱都是从漂亮衣服所创造出的"幌子"上筹集来的。

成功的外表总能吸引人们的注意力，尤其是成功的神情更能吸引人们赞许性的注意力。当然，这些衣服里也包含着一种能力，是自信心和创造力的完美体现。

一个人的外貌对于他本身有影响，穿着得体就会给人以良好的印象，它等于在告诉大家："这是一个重要的人物，聪明、成功、可靠。大家可以尊敬、仰慕、信赖他。他自重，我们也尊重他。"

只有在对方认同你并接受你的时候，你才能顺利进入对方的世界，并游刃有余地与对方交往，从而把自己的事情办成和办好，而这一切的获得在很大程度上与你的外在打扮有关。大凡给对方留下了好印象的人都善于交往、善于合作，而一个人的仪表是给对方留下好印象的基本要素之一。试想，一个衣冠不整、邋邋遢遢的人和一个装束典雅、整洁利落的人，在其他条件差不多的情况下，同去办同样分量的事情，恐怕前者很可能受到冷落，而后者更容易得到善待。特别是到陌生的地方办事儿，给别人留下美好的第一印象更为重要。世上早有“人靠衣装马靠鞍”之说，一个人若有一套好衣服配着，仿佛把自己的身价都提高了一个档次，而且在心理上和气氛上增强了自己的信心。聪明的人切莫怪世人“以貌取人”，人皆有眼，人皆有貌，衣貌出众者谁不另眼相看呢？着装艺术不仅给人以好感，同时还直接反映出一个人的修养、气质与情操，它往往能在别人尚未认识你或你的才华之前，向别人透露出你是何种人物，因此在这方面稍下一点儿功夫，就会事半功倍。

TPO是西方人提出的服饰穿戴原则，分别是英文中时间（Time）、地点（Place）、场合（Occasion）三个单词的缩写。穿着的TPO原则，要求人们在着装时以时间、地点、场合三项因素为准。

1.时间原则

时间既指每一天的早、中、晚三个时间段，也包括每年春、夏、秋、冬的季节更替，以及人生的不同年龄阶段。时间原则要求着装考虑时间因素，做到随“时”更衣。

通常，早晨人们在家中或进行户外活动，如在家中盥洗用餐或者外出跑步做操健身，着装应方便、随意，可以选择运动服、便装、休闲服。

工作时间的着装，应根据工作特点和性质，以服务于工作、庄重大方为原则。

晚间，宴会、舞会、音乐会之类的正式社会活动居多。人们的交往距离相对缩小，服饰给予人们视觉和心理上的感受程度相对增强。因此，晚间穿着应讲究一些，以晚礼服为宜。

服饰应当随着一年四季的变化而更替变换，不宜标新立异、打破常规。

夏季以凉爽、轻柔、简洁为着装格调，在使自己凉爽舒服的同时，让服饰色彩与款式给予他人视觉和心理上的好感。夏天，层叠皱褶过多、色彩浓重的服饰不仅使人燥热难耐，而且一旦出汗就会影响女士面部的化妆效果。

冬季应以保暖、轻便为着装原则，避免臃肿不堪，也要避免“要风度不要温度”，为形体美观而着装太单薄。应该注意，即使同是裙装，在夏天，面料应是轻薄型的，冬天要穿面料厚的裙子。春秋两季可选择的范围会更大更多一些。

2.地点原则

地点原则代表地方、场所、位置不同，着装应有所区别，特定的环境应配以与之相适应、相协调的服饰，才能获得视觉和心理上的和谐美感。

比如，穿着只有在正式的工作环境才适合的职业正装去娱乐、购物、休闲、观光，或者穿着牛仔服、网球裙、运动衣、休闲服进入办公场所和社交场地，都是与环境不和谐的表现。

3.场合原则

在不同的时间和地点穿衣有不同的要求，而从场合看，大致可以分为三类，即公务场合、社交场合和休闲场合。

（1）公务场合。公务场合是指上班处理公务的时间。在公务场合，本身的着装不可以强调个性、突出性别、过于时髦，或是显得过于随便，应当是既端正大方，又严守传统。公务场合不宜穿肮脏、残破、暴露、透视、短小或紧身的服装。

（2）社交场合。社交场合是指人们在公务活动之外，与其他人进行交际应酬的公共场所。在此场合中着装要重点突出时尚个性的风格，既不要保守从众，也不宜随便邋遢。在参加宴会、酒会和舞会时，着装时主要有时装、礼服、具有本民族特色的服装以及个人缝制的服装。需要特别加以说明的是：在

许多的国家里，人们在出席隆重的社交活动时，有穿礼服的习惯。在西方国家参加这样的宴会时，男士要穿着最正规的大礼服，女士则穿着拖地的单色连衣裙式服装。而在我国目前最广泛的是男士穿黑色的中山套装和西装套装，女士则是单色的旗袍或是下摆长于膝部的连衣裙，其中中山套装和单色的旗袍最具中国特色。最不适宜穿制服出席宴会。

（3）休闲场合。此处所指的是人们置身于闲暇地点，用于在公务、社交之外，一人独处，或是在公共场合与不相识者共处的时间。居家、健身、旅游、娱乐、逛街等，都属于休闲活动。休闲场合对于服装款式的基本要求是：舒适、方便、自然。

符合这一要求，适用于休闲场合的服装款式为家居装、牛仔裤、运动装、沙滩装等。不适合在休闲场合穿着的服装款式则有制服、套裙、套装、工作服、礼服、时装等。

人际交往中要**善用称呼和名片**

一般而言，交际愈广、地位愈高的人，各种应酬也愈多。特定范围的聚会、大规模的盛宴，以及与朋友的日常联络，这些应酬得当，能巩固并不断扩大自己的人际关系网，并能使自己的事业蒸蒸日上。

应酬的细节是每个人所必须了解的。“应”就是接应，接受别人给你的；“酬”就是酬答，即你接受了以后报答人家的。古人道“来而不往非礼也”，就是说要有应有酬。

早起出门，见人道个“早安”；经过人群挤身而过时，怕碰到人，要说“借光”；见人点头、微笑、握手、招手，西方人拥抱、亲吻，都会或多或少带有应酬的意味。应酬在人们的生活和工作中发挥着越来越重要的作用，而越来越多的人也逐渐认识到通过应酬交往组建人际关系网的重要性。应酬已逐渐遍及我们生活中的方方面面，普通的寒暄、大的舞会和宴会……人们在这些场合和行为中极力展示自己的个人魅力和社交风采，以争取更多相关人物的好感和友情，营建自己的人际关系网，以备不时之用。

电视中，常有某权威人物或上层精英分子对另一个人无奈地抱怨：“哎呀没办法，应酬太多了，推都推不掉。”虽故意显出疲惫不堪、无可奈何的抱怨态度，却仍难以掩饰一副志得意满之情。经常需要“应”，才说明人缘好，而且居于特殊地位或具有特殊身份，令所有人都愿与之相交；经常懂得“酬”，才能使双方关系稳定发展，也使自己的形象锦上添花。从这些日常小事中，也可看出一个人的交际范围是否广、人缘是否好。

我们不是电视中的权威人物，但我们的生活和工作中也不时得仰赖于一定人物的“手下留情”或“高抬贵手”，才能更加顺利、更加如意。所以，我们也应具有应酬意识，以防患于未然。你是一个家庭主妇，如果你与隔壁大妈交好，一旦你临时缺盐少醋，就可以毫不困难地先借一些回来使用；而且，平时家中无人，大妈也会帮你照看门户，提防小偷；偶尔你有急事加班不能回家，你家的宝贝也有人“收留”，并送以可口的食物。如果你是一个律师，就更需要多方应酬。与同行应酬，可以使你在遇到专业困惑时能迅速找到人加以研究。

总之，除非你是古之隐者，否则你必须学会应酬。应酬学很重要也很必要，但也并不难。以下就介绍应酬中的两个小策略。

1.社交中的称谓

称谓，也叫称呼，是对亲属、朋友、同志和社会有关人员关系的称呼。称谓属于道德范畴。我们的祖先使用称谓十分讲究，不同身份、不同场合、不同情况，在使用称谓时无不入幽探微、丝毫必辨。今天的现代礼仪，虽不必拘古，但也不可全部推倒重来，要在前人的基础上推陈出新，表现出新一代礼貌称谓的新风貌。人际交往，礼貌当先；与人交谈，称谓当先。使用称谓，应当谨慎，稍有差错，便会贻笑于人。恰当地使用称谓，是社交活动中的一种基本礼貌。称谓要表现出尊敬、亲切和文雅，与对方心灵沟通，感情融洽，缩短彼此距离。正确地掌握和运用称谓，是人际交往中不可缺少的礼仪因素。

（1）称谓的种类和用法。

①姓名称谓。姓名，即一个人的姓氏和名字。姓名称谓是使用比较普遍的一种称呼形式，用法大致有以下几种情况：全姓名称谓，即直呼其姓氏和名字，如“李大伟”“刘建华”等。全姓名称谓有一种庄重、严肃感，一般用于学校、部队或其他郑重的场合。一般地说，在人们的日常交往中，指名道姓地称呼对方是不礼貌的，甚至是粗鲁的。

名字称谓，即省去姓氏，只呼其名字，如“大伟”“建华”等。这样称呼显得既礼貌又亲切，运用场合比较广泛。

姓氏加修饰称谓，即在姓之前加一修饰字，如“老李”“小刘”“大陈”等，这种称呼亲切，真挚。一般用于在一起工作、劳动和生活的相互比较熟悉的人之间。

过去的人除了姓名之外还有字和号，这是相沿已久的一种古风。古时男子20岁取字，女子15岁取字，表示已经成人。平辈之间用字称呼既尊敬又文雅，为了尊敬不甚相熟的对方，一般以号相称。

有些人还有乳名，即小名，使用也很普遍，只限于亲属长辈称呼晚辈或亲属平辈之间使用。到成人后，便逐渐不再使用。

②亲属称谓。亲属称谓是对有亲缘关系的人的称呼，我国古人在亲属称谓上尤为讲究，主要是：

对亲属的长辈、平辈决不称呼姓名，而按与自己的关系称呼。如祖父、父亲、母亲、胞兄、胞妹等。

有姻缘关系的，前面加“姻”字。如姻伯、姻兄、姻妹等。

称别人的亲属时，加“令”或“尊”。如尊翁、令堂、令郎、令爱、令侄等。

对别人称自己的亲属时，前面加“家”。如家父、家母、家叔、家兄、家妹等。

对别人称自己的平辈、晚辈亲属，前面加“敝”“舍”或“小”。如敝兄、敝弟，或舍弟、舍侄，小儿、小婿等。

对亲属自己谦称，可加“愚”字。如愚伯、愚岳、愚兄、愚甥、愚侄等。

亲属、家庭观念也发生了很大的改变。在亲属称谓上已没有那么多讲究，只是书面语言上偶用。现在我们在日常生活中，使用亲属称谓时，一般都是称自己与亲属的关系，十分简洁明了，如爸爸、妈妈、哥哥、弟弟、姐姐、妹妹等。

有姻缘关系的，在当面称呼时也有了改变，如岳父——爸，岳母——妈，姻兄——哥，姻妹——妹等。

称别人的亲属时和对别人称自己的亲属时也不那么讲究了，如你爹、你妈、我哥、我弟等。

不过在书面语言上，文化修养高的人还是比较讲究的，不少仍沿袭传统的称谓方法，显得高雅、礼貌。

③职务称谓。职务称谓就是用其所担任的职务作称呼。

这随着社会的进步，人与人的关系发生了巨大变化，原有的种称谓方式古已有之，目的是不呼其姓名、字号，以表尊敬、爱戴。如对杜甫，因他当过工部员外郎而被称“杜工部”；诸葛亮因是蜀国丞相而被称“诸葛丞相”等。

现在人们用职务称谓的现象已相当普遍，目的也是为了表示对对方的尊敬和礼貌。主要有3种形式：

用行政职务称呼，如“李局长”“张科长”“赵院长”等。

用专业技术职务称呼，如“李教授”“张工程师”“刘医师”。对工程师、总工程师还可称“张工”“刘总”等。

职业尊称，即用其从事的职业工作作为称谓，如“李老师”“赵医生”“刘会计”。不少行业，可以用“师傅”相称。

（2）称呼的5个禁忌。我们在使用称呼时，一定要避免下面几种失敬的做法。

①错误的称呼。常见的错误称呼无非就是误读或是误会。

误读也就是念错姓名。为了避免这种情况的发生，对于不认识的字，事先要有所准备；如果是临时遇到，就要谦虚请教。

误会，主要是对被称呼者的年纪、辈分、婚否以及与其他人的关系作出了错误判断。比如，将未婚妇女称为“夫人”，就属于误会。相对年轻的女性，都可以称为“小姐”，这样对方也乐意听。

②使用不通行的称呼。有些称呼具有一定的地域性，比如山东人喜欢称呼“伙计”，但南方人听来“伙计”肯定是“打工仔”。中国人把配偶经常称为“爱人”，但在西方，“爱

人”有“第三者”的意思。

③使用不当的称呼。工人可以称呼为“师傅”，道士、和尚、尼姑可以称为“出家人”。但如果用这些来称呼其他人，没准儿还会让对方产生自己被贬低的感觉。

④使用庸俗的称呼。有些称呼在正式场合不适合使用。例如，“兄弟”“哥们儿”等一类的称呼，虽然听起来亲切，但显得档次不高。

⑤称呼外号。对于关系一般的，不要自作主张给对方起外号，更不能用道听途说来的外号去称呼对方，也不能随便拿别人的姓名乱开玩笑。

2.名片的交换

欲使名片在人际交往中正常发挥作用，还须在交换名片时做得得法。交换名片时，需要注意的问题有：

（1）交换名片的时机。遇到以下几种情况，需要将自己的名片递交他人，或与对方交换名片。

①希望认识对方。

②表示自己重视对方。

③被介绍给对方。

④对方提议交换名片。

⑤对方向自己索要名片。

⑥初次登门拜访对方。

⑦通知对方自己的变更情况。

⑧打算获得对方的名片。

碰上以下几种情况，则不必把自己的名片递给对方，或与对方交换名片。

①对方是陌生人。

②不想认识对方。

③不愿与对方深交。

④对方对自己并无兴趣。

⑤经常与对方见面。

⑥双方之间地位、身份、年龄差别悬殊。

（2）交换名片的方法。

①递上自己的名片。递名片给他人时，应郑重其事。最好是起身站立，走上前去，使用双手或者右手，将名片正面面对对方。切勿以左手递交名片，不要将名片背面面对对方或是颠倒着面对对方，不要将名片举得高于胸部，不要以手指夹着名片给人。若对方是外宾，则最好将名片上印有对方认得的文字的那一面面对对方。

将名片递给他人时，口头应有所表示。可以说“请多指教”“多多关照”“今后保持联系”“我们认识一下吧”，或是先作一下自我介绍。

与多人交换名片，应讲究先后次序，或由近而远，或由尊而卑，一定要依次进行。切勿挑三拣四，采用“跳跃式”。当然，也没有必要广为滥发自己的名片。双方交换名片时，最正规的做法是位卑者应当首先把名片递给位尊者。不过，在一般情况下，也不必过分拘泥于这一规定。

②接受他人的名片。当他人表示要递名片给自己或交换名片时，应立即停止手中所做的一切事情，起身站立，面含微

笑，目视对方。接受名片时，宜双手捧接，或以右手接过，切勿单用左手接过。

“接过名片，首先要看”，这一点至为重要。具体而言，就是接过名片后，当即要用半分钟左右的时间，从头至尾将其认真默读一遍。若有疑问，则可当场向对方请教，此举意在表示重视对方。若接过他人名片后看也不看，或拿在手头把玩，或弃之桌上，或装入衣袋，或交予他人，都算失礼。

接受他人名片时，应口头道谢，或重复对方所使用的谦辞敬语，如“请你多关照”“请你多指教”，不可一言不发。

若需要当场将自己名片递过去，最好在收好对方名片后再做，不要左右开弓，一来一往同时进行。

（3）索取他人的名片。如果没有必要，最好不要强索他人的名片。若需要索取他人名片，则不宜直言相告，而应采用以下几种方法之一。

①向对方提议交换名片。

②主动递上本人名片，此所谓“将欲取之，必先予之”。

③询问对方：“今后如何向你请教？”此法适于向尊长索取名片。

④询问对方：“以后怎样与你联系？”此法适于向平辈或晚辈索要名片。

（4）婉拒他人索取名片。当他人索取本人名片，而不想给对方时，不宜直截了当，而应以委婉的方法表达此意。可以说“对不起，我忘了带名片”，或者“抱歉，我的名片用完了”。不过若手中正拿着自己的名片，又被对方看见了，这样讲显然不合适。

若本人没有名片，而又不想明说时，也可以以上述方法委婉地表述。

如果自己名片真的没有带或是用完了，自然也可以这么说，不过不要忘了加上一句“改日一定补上”，并且一定要言出必行，付诸行动，否则会被对方理解为自己没有名片，或成心不想给对方名片。

称呼和名片只是社交应酬中的两个小诀窍，若善加利用，可以为你的应酬添彩加油，但要成为应酬中的高手，还要在为人处世的更多细节上做到最好，只有这样才能有朝一日获得成功。

与人交往**注重仪容**

在竞争日益激烈的今天，形象对一个人的作用是万万不能忽视的。形象创造价值、形象决定命运的说法绝不是夸大之词，而仪容往往是人的形象的第一要素。

仪容，通常是指人的外观、外貌。其中的重点，则是指人的容貌。在人际交往中，每个人的仪容都会引起交往对象的特别关注，并将影响到对方对自己的整体评价。在个人的仪表问题之中，仪容是重点之中的重点。

社交礼仪对个人仪容的首要要求是仪容美。它的具体含义主要有三层：

首先要求仪容自然美。它是指仪容的先天条件好，天生丽质。尽管以相貌取人不合情理，但先天美好的仪容相貌，无疑会令人赏心悦目，感觉愉快。

其次要求仪容修饰美。它是指依照规范与个人条件，对仪容进行必要的修饰，扬其长，避其短，设计、塑造出美好的个人形象，在人际交往中尽量令自己显得有备而来，自尊自爱。

最后要求仪容内在美。它是指通过努力学习，不断提高个人的文化、艺术素养和思想、道德水准，培养出自己高雅的气质与美好的心灵，使自己秀外慧中，表里如一。

真正意义上的仪容美，应当是上述三个方面的高度统一。

忽略其中任何一个方面，都会使仪容美失之于偏颇。

在这三者之中，仪容的内在美是最高的境界，仪容的自然美是人们的心愿，而仪容的修饰美则是仪容礼仪关注的重点。

要做到仪容修饰美，自然要注意修饰仪容。修饰仪容的基本规则，是美观、整洁、卫生、得体。

个人修饰仪容时，应当引起注意的，通常有头发、面容、手臂、腿部、化妆等5个方面。

1.头发

人们观察别人时，总是从头部开始。

修饰头发，要做到勤于梳洗、长短适中，并且在发型得体的基础上，采取适当的美发技巧。

现代社会，提倡个性解放，而头发往往是彰显个性的急先锋。我们要根据自己的发质、脸型、年龄、着装等个人条件对发型进行选择，并使发型符合自己的职业和所处场所。但在这一基础上，我们可以烫发、染发，甚至利用假发，以美化仪容，并在人群中显示出自己的独特个性。

2.面容

仪容在很大程度上指的就是人的面容，由此可见，面容修饰在仪容修饰之中举足轻重。

修饰面容，首先要做到面必洁，即要勤于洗脸，使之干净清爽，无汗渍、无油污、无泪痕，无其他任何不洁之物。

修饰面容，要具体到眼、耳、鼻、口、脖等各个部位。在卫生清洁的基础上，进行适当的修饰和护理。比如，要清除和修剪耳毛、鼻毛等有碍观瞻的体毛；要保持牙齿洁白，更要避免口臭或口腔有其他异味，令对方避之不及；要注意脖后、耳后等藏污纳垢的部位，以免影响整体的良好形象。

3.手臂

手臂是人际交往之中身体上使用最多、动作最多的一个部分，而且其动作往往被附加了各种各样的含义。因此，手臂被称为社交中的“身体名片”，发挥着比纸名片更重要的社交作用。

修饰手臂，要注意到手掌、肩臂和汗毛等细节问题。手掌是关键部位，所以，一定要保持清洁干燥，健康温暖，更要时常注意指甲的修剪和美容，以免在靠近或接触别人时引发别人的反感和不快。另外，最应注意的是汗毛，若手臂上汗毛过多、过浓，会直接影响到自身的美感，最好采用适当的方法进行脱毛处理。而令腋毛外露，则更是社交中个人形象的大败笔，必须杜绝。

4.腿部

俗话说："远看头，近看脚，不远不近看中腰。"腿部在较近距离常是人们注目所在。

修饰腿部，应当注意的问题同样有三个，即脚部、腿部和汗毛。

一般而言，男人的腿部和脚部是不能在正式社交场合暴露的。而对于女性，则稍为宽容一些，可以穿镂空鞋、无跟鞋暴露脚部，也可以穿短裤暴露腿部，但在庄严、肃穆的场合，这也应避免。

脚部和袜子的卫生清洁也是腿部仪容的一大要点。有异味的脚和袜子，过长或肮脏的脚指甲，拉丝甚至有洞的袜子，都是你的社交形象的宣判死亡书。

5.化妆

化妆是修饰仪容的一种高级方法，它是指采用化妆品按一定技法对自己进行修饰、装扮，以便使自己容貌变得更加靓丽。

在人际交往中，进行适当的化妆是必要的。这既是自尊的表现，也意味着对交往对象较为重视。

在一般情况下，女士对化妆更加重视。其实，它不只是女士的专利，男士也有必要进行适当的化妆。

在社交场合，化妆需要注意两个方面。其一，是要掌握原则；其二，是要合乎礼规。

（1）化妆的原则。进行化妆前，一定要树立正确的意识。这种有关化妆的正确意识，就是所谓化妆的原则。关于社交场合化妆的原则，一共有4条。

①美化。化妆　意在使人变得更加美丽，因此在化妆时要注意适度矫正，修饰得法，使人变得化妆后避短藏拙。在化妆时不要自行其是，任意发挥，寻求新奇，有意无意将自己老化、丑化、怪异化。

②自然。通常，化妆既要求美化、生动、具有生命力，更要求真实、自然，天衣无缝。化妆的最高境界，是“妆成有却无”。即没有人工美化的痕迹，而好似天然若此的美丽。

③适宜。化妆虽讲究个性化，但却必须学习才能懂行，难以无师自通。比方说，工作时化妆宜淡，社交时化妆可以稍浓，香水不宜涂在衣服上和容易出汗的地方，口红与指甲油最好为一色，等等，都不可另搞一套，贸然行事。

④协调。高水平的化妆，强调的是其整体效果。所以在化妆时，应努力使妆面协调、全身协调、场合协调、身份协调，以体现出自己慧眼独具、品位不俗。

（2）化妆的礼规。进行化妆时，应认真遵守以下礼仪规范，不得违反。

①勿当众进行化妆。化妆，应事先化好，或是在专用的化妆间进行。若当众化妆，则有卖弄、表演或吸引异性之嫌，弄不好还会令人觉得身份可疑。

②勿在异性面前化妆。聪明的人绝不会在异性面前化妆。对关系密切者而言，那样做会使其发现自己本来的面目；对关系普通者而言，那样做则有以色事人，充当花瓶之嫌。无论如何，它都会使自己形象失色。

③勿使化妆妨碍他人。有人将自己的妆化得过浓、过重，香气四溢，令人窒息。这种过量的化妆，就是对他人的妨碍。

④勿评论他人的化妆。化妆系个人之事，所以对他人化妆不应自以为是地加以评论或非议。

以上就是修饰仪容应注意的五个具体方面，只要你在平时多注意这些仪容方面的小细节，相信你的容貌会变得更加靓丽，你的形象会更加光彩照人。

PART 09

做人做事，重视细节

记住他人的名字

人对自己的姓名最感兴趣。把一个人的姓名记全，很自然地叫出口来，这是一种最简单、最明显，而又是一种最能获得好感的方法。

第二次世界大战期间，美国民主党全国委员会主席、邮政总长吉姆是一位传奇人物。他小时候家里很穷，10岁就辍学去一家砖厂做工，他把沙土倒入模子里，压成砖瓦，再拿到太阳下晒干。吉姆没有机会接受更多的教育，可是他有爱尔兰人达观的性格，使人们自然地喜欢他，愿意跟他接近。在成长过程中，吉姆逐渐养成了一种善于记忆人们名字的特殊才能，这对他后来从政起到了重要的作用。

罗斯福开始竞选总统前的几个月中，吉姆一天要写数百封信，分发给美国西部、西北部各州的熟人、朋友。而后，他乘上火车，在19天的旅途中，走遍美国20个州，行程12000英里。他除了火车外，还用其他交通工具，像轻便马车、汽车、轮船等。吉姆每到一个城镇，都去找熟人进行一次极诚恳的谈话，接着再开始下一段的行程。当他回到东部时，立即给在各城镇的朋友每人一封信，请他们把曾经谈过话的客人名单寄来给他。那些不计其数的名单上的人，他们都得到了吉姆亲密而极礼貌的复函。

吉姆早就发现，一般人对自己的姓名最感兴趣。把一个人的姓名记住，很自然地叫出口来，你便对他含有微妙的恭维、赞赏的意味。若反过来讲，把那人的姓名忘记，或是叫错了，不但使对方难堪，而且对你自己也是一种很大的损害。

很多人不记得别人的名字，只因为他们认为没有必要下功夫和精力去记别人的名字。如果问他们为什么，他们肯定会为自己找借口，说自己很忙。

一般人大概不会比吉姆更忙，可是他甚至会把一个技工的名字牢牢地记下来。

吉姆知道一种最简单、最明显，而又是最重要的获得好感的方法，那就是：

记住对方的姓名，使别人感到自己很重要。

安德鲁·卡内基被称为钢铁大王，但他自己对钢铁的制造懂得很少，他手下有好几百个人都比他更了解钢铁。

但是他知道怎样为人处世，这就是他发大财的原因。他小时候就表现出组织才能。当他10岁的时候，就发现人们把自己的姓名看得很重要。而他利用这项发现，去赢得别人的合作。例如，他孩童时代在苏格兰的时候，有一次抓到一只兔子，那是一只母兔。他很快多了一窝小兔子，但没有东西喂它们。可是他有一个很妙的想法。他对附近的孩子们说，如果他们找到足够的苜蓿和蒲公英，喂饱那些兔子，他就以他们的名字来给那些兔子命名。这个方法太灵验了，卡内基一直忘不了。之后，他在商业界利用类似的方法，赚了好几百万元。例如，他希望把钢铁轨道卖给宾夕法尼亚铁路公司，而艾格·汤姆森正担任该公司的董事长，因此，卡内基在匹兹堡建立了一座巨大的钢铁工厂，取名为“艾格·汤姆森钢铁工厂”。当卡内基和乔治·普尔门为卧车生意而互相竞争的时候，这位钢铁大王又想起了那个关于兔子的经验。

卡内基控制的中央交通公司，正在跟普尔门所控制的那家公司争生意。双方都拼命想得到联合太平洋铁路公司的生意，你争我夺，大杀其价，以致毫无利润可言。

卡内基和普尔门都到纽约去参加联合太平洋的董事会。有一天晚上，他们在圣尼可斯饭店碰头了，卡内基说：“晚安，普尔门先生，我们岂不是在出自己的洋相吗？”

“你这句话怎么讲？”普尔门问道。

于是卡内基把他心中的话说出来——把他们两家公司合并起来。他把合作而不互相竞争的好处说得天花乱坠，普尔门倾听着，但是他并没有完全接受。最后他问：“这个新公司要叫什么呢？”卡内基立即说：“普尔门皇宫卧车公司。”

普尔门的眼睛一亮。“到我房间来，”他说，“我们来讨论一番。”这次讨论改写了美国工业史。

安德鲁·卡内基以能够叫出许多员工的名字为骄傲。他很得意地说，当他亲任主管的时候，他的钢铁厂未曾发生过罢工事件。

名字对一个人来说，应该算是最重要的东西之一了吧。一个人从出生到去世，名字就一直和他缠在一起。人们不能没有名字，因为这是一个人区别于其他人的重要标志。叫响一个人的名字，这对于他来说，是任何语言中最动人的声音。

一般人对自己的名字比对地球上所有的名字之和还要感兴趣。记住别人的名字，而且很轻易就叫出来，等于给予别人一个巧妙而有效的赞美。若是把别人的名字忘掉，或写错了，你就会处于一种非常不利的地位。

不因无谓琐事得罪人

两千多年前，雅典政治家伯利克里曾经给人类说过一句忠言：“请注意啊！先生们，我们太多地纠缠于一些小事了！”这句话，对今天的人们来说仍然值得品味和借鉴。

说句老实话，对于一般人来说，生活就是由无数的小事所组合而成的，甚至对那些大人物来说也是如此。每个人的生活中，小事都是无处不在、无时不有的，如果你过多地拘泥、计较小事，那么人生就根本没有什么乐趣可言了，触目所及的必然都是矛盾和冲突。

想一想，你挤公共汽车时，有人不小心踩了你的脚；或者你去买菜时，有人无意间弄脏了你的裙子；有时走在路上，说不定从道旁楼上落下一个纸团，打在你头上……此时此刻，如果你不是大事化小、小事化了，而是口出污言秽语，大发雷霆之怒，说不定会闹出什么祸事来。

20世纪80年代末，在辽宁某地曾经发生过这样一件事：有一个年轻女子在看电影时，被后面的男观众无意间碰了一下脚，尽管男观众当面道歉，但那名女子仍然不依不饶。她硬说对方是耍流氓，竟然回家叫来丈夫将那个人用刀砍伤解气。结果因触犯刑律，夫妻俩双双锒铛入狱。

有另一个故事，故事的主人公是英国作家迪埃德·基普林。

基普林跟佛蒙特州的一个名叫卡罗琳·巴勒斯蒂的姑娘结了婚。之后，基普林便在该州的布拉特利博罗市修了一幢非常漂亮的房子，然后搬到那儿住下来度过他的垂暮之年。

比特·巴勒斯蒂是他最要好的朋友，他俩工作休息都常在一块儿。

后来基普林买下了巴勒斯蒂的一块地皮，并互相说定：巴勒斯蒂有权收割这块地上的青草。可是有一天，巴勒斯蒂看见基普林正把这块草地改建成花园，这让他很生气，他当即出言不逊，骂了起来，基普林也不示弱。于是这块草地使两人结下了冤仇。

几天之后，基普林骑着一辆自行车在路上碰见了巴勒斯蒂。后者坐在一辆双套马车上挡住了去路，硬要基普林下自行车让他先过去。就因为这么一点儿小事，基普林丧失了理智，发誓要到法院去告他。一场耸人听闻的案子就这样发生了，新闻记者们从各大城市向布拉特利博罗蜂拥而至，消息传遍全世界。基普林从这次官司中得到了什么呢？一无所获。相反，他还不得不按照法庭宣判，他跟他的妻子一起永远离开他在美国的这幢住宅！就因为这么一点小事，带来了许多怨恨和痛苦，这又何必呢？“要是你能保持内心的平静，而不管他人如何有负于你就好了！”

何苦要气？气便是别人吐出而你却接到口里的那种东西，你吞下便会反胃，但你不看它时， 它便会消散了。气就是用别人的过错来惩罚自己的蠢行。夕阳如金，皎月如银，人生的幸福和快乐尚且享受不尽，哪里还有时间去气呢？

有一个叫作艾迪巴的人，每次生气和人起争执的时候，就用很快的速度跑回家去，绕着自己的房子和土地跑三圈，然后坐在田地边喘气。艾迪巴工作非常勤劳努力，他的房子越来越大，土地也越来越广，但不管房子和土地有多大，只要与人争论生气，他还是会绕着房子和土地走三圈。艾迪巴为何每次生气都绕着房子和土地走三圈，所有认识他的人心里都起疑惑，但是不管怎么问他，艾迪巴都不愿意说明。

直到有一天，艾迪巴很老了，他的房子和土地已经非常大，他又生气了，于是他拄着拐杖艰难地绕着土地跟房子走了三圈，等他好不容易走完，太阳都下山了。艾迪巴独自坐在田边喘气，他的孙子在身边恳求他："阿公，你已经年纪大了，这附近地区的人也没有人的土地比你更大，你不能再像从前一样，一生气就绕着土地走啊，你可不可以告诉我这个秘密：为什么你一生气就要绕着土地跑上三圈？"

艾迪巴禁不起孙子的恳求，终于说出隐藏在心中多年的秘密，他说："年轻时，我一和人吵架、争论、生气，就绕着房子和土地走三圈，边走边想：'我的房子这么小，土地这么小，我哪有时间哪有资格去跟人家生气？'一想到这里，气就消了，于是就把所有时间用来努力工作。"

孙子又问："阿公，你现在年纪这么大，又变成最富有的人，为什么还要绕着房地走？"艾迪巴笑着说："我现在还是会生气，生气时绕着房子和土地走三圈，边走边想：'我的房子这么大，土地这么多，我又何必跟人计较？'一想到这，气就消了。”

人生中有许多梦想要去实现，有许多事要去做，如果把大好光阴消耗在生气上，就会既浪费了时间，又伤害了自己和他人。

英国作家萨克雷有句名言：“生活是一面镜子，你对它笑，它就对你笑；你对它哭，它也对你哭。”确实，不管你生活中有哪些不幸和挫折，你都应以欢悦的态度微笑着对待生活。最后，还有一句话，你一定要牢记：“生气就是拿别人的错误来惩罚自己！”

在任何时候都**要留有余地**

与人相处要记得时刻给别人留有余地，只有不把事做绝，不把话说死，于情不偏激，于理不过头，才能在与人相处时游刃有余。很多年轻人眼中揉不进一点沙子，如果发现别人的错误，不管什么场合、什么时机，非狠狠地给予批评和抨击才觉得心安。殊不知，自己的批评已经把对方逼入绝境了，更不知对方已经讨厌自己了。说话办事都要顾及别人的感受，都要给别人留一点回旋的余地。在与别人方便的同时，也给了自己成功的可能。

在克劳利任纽约中央铁路局的总经理期间，一次差点就出了大事故。有两个工程师，他们都在铁路上服务了很长时间，但就是这样的两个人犯下了大错：由于他们的疏忽，差不多使两列火车迎头撞上。这么严重的事完全是无可推诿的，上司命克劳利解雇这两名员工。但是克劳利却持反对意见。

“像这样的情况，应当给予相当的考虑，”他反对说，“确实，他们的这种行为是不可宽恕的，是理应受到严厉惩罚的。你可以对他们进行严厉的处罚和教训，但是不可剥夺他们的位置，夺去他们唯一可以为生的职业。这些年，他们不知创造了多少好成绩，为铁路事业的发展立下了多少汗马功劳。仅仅由于他们这次的疏忽，就要全盘否定他们以前的功绩，这样未免太不公平。你可以惩治他们，但是不可以开除他们。如果你一定要开除他们的话，那么，就连我也开除吧。”

结果克劳利取得了胜利，两名工程师被留了下来，一直都在那里，后来都成了忠诚而效率极高的员工。

克劳利给下属留下了余地，同时也给了自己事业更好的发展之路。反之，如果你逞一时之快断尽别人的退路，那么当危机来临之时，没有一扇门会为你打开。

有只狐狸与毛驴是非常要好的朋友。狐狸在生病时，毛驴到处找食物给狐狸吃。狐狸在毛驴的精心照顾下，身体很快就康复了。为此，狐狸很感激毛驴，并发誓说：“毛驴大哥，我以后一定会好好报答你。”

毛驴相信了狐狸的话，把狐狸当成了自己最真挚的朋友。毛驴只要找到了好吃的，就留一半给狐狸，还真心诚意地对狐狸说：“兄弟，只要我们俩团结一致、互相帮助，就没有战胜不了的困难，也不用再惧怕森林中的狮子了。”

“是的，是的，只要我们俩联手，狮子也会怕我们三分。”狐狸边啃着毛驴送来的食物边说。

一天，狐狸和毛驴结伴到森林里寻找食物。在路上，它们碰到了狮子。

狐狸发现危机当前，便对狮子说，只要狮子答应不伤害自己，它就帮助狮子捉到毛驴，狮子同意了。

毛驴听后，生气地对狐狸说：“现在大敌当前，我们只要精诚团结，肯定能战胜狮子，可你怎么能出卖我呢？”

“老哥，我这是与狮子斗智呢！我刚才是骗它的。你看，那边有个大坑，你跳进去躲起来，狮子交给我来对付就行了。”狐狸故意压低声音对毛驴说。

“谢谢，好兄弟。”毛驴感动得掉下了眼泪，毫不犹豫地跳进了那个深坑里。

“尊敬的狮王，我已把那该死的蠢毛驴骗进了深坑里，现在你就放了我，去吃你的美餐吧。”狐狸向狮子谄媚道。

“呸，毛驴已逃不掉了，早晚会成为我的盘中之餐，现在，我要吃的是你！”说完，狮子猛扑上去，咬死了狐狸。

没有人可以永远一帆风顺，也没有人可以保证自己在生活中永远高枕无忧。就像那只狐狸，平日里再风光、再得意，有一天也会面临失败的危机。当你面临危机时，会有朋友扶你一把吗？你的同事会热心地伸出援助之手，还是冷漠地袖手旁观呢？这一切，都取决你平日里的所作所为。若是你为别人留余地，那么这时你就会发现，有很多双手拉你出泥沼；而如果你总是切断别人的退路，总把别人逼入绝境，还有谁会帮你呢？

他们不落井下石就是对你的仁慈了。

俗话说：“人活脸，树活皮。”此话道出了人性的一大特

点——爱面子。可是我们不能只爱自己的面子，而不给他人面子。每个人都有一道最后的心理防线，一旦我们不给他人退路，不给他人台阶下，别人就只好使出最后的一招——自卫。因此，当我们遇事待人时，应谨记一条原则：给别人留点余地。

一句或两句体谅的话，对他人宽容一点，这些都可以减少对别人的伤害，保全他的面子，给他留点余地。

在生活中，人人都可能做出尴尬的事情，生活中也随时可能碰到尴尬的事情。处于尴尬境地的人一定会觉得颜面尽失，在这个时候如果你能为他找一个台阶下，不但能立刻博取对方的好感，而且也会建立良好的社交形象。追求成功的人要学会如何处理这类事情。

要给出错的人面子和“台阶”，因为此时他的自尊心和虚荣心都特别强烈，如果你能帮他保住面子，维护他的尊严，他会对你产生非同一般的好感。而你的这种举手之劳，也许会对你以后的事业产生重要的影响。

良好的人际关系是一个人立足于社会的重要资本，更是一个人取得成功不可或缺的重要因素，而这需要尊重他人、包容他人，因为只有这样才能得到他人的理解与尊重。试想，如果连周围接触的人都适应不了，又如何能够受人爱戴与尊重？

又如何能够获取别人的帮助与支持？又如何能够实现竞争与合作，并获得成功的人生呢？

指出他人过错时一定要讲究方法

如果你率直地指出某一个人不对，不论你是有意抑或是无意的，这一细节将会给对方造成很大的损害。你指责别人，剥夺了他人的自尊，会使自己成为不受欢迎的人。

卡耐基在年轻时，总喜欢给别人留下深刻印象，所以写了一封可笑的信给当时刚出现在美国文坛上、颇引人注意的理查德·哈丁·戴维斯。那时，卡耐基正好帮一家杂志撰文介绍作家，便写信给戴维斯，请他谈谈他的工作方式。在这之前，卡耐基收到一个人的来信，信后附注："此信乃口授，并未过目。"这句话留给他极深的印象，显示此人忙碌又具重要性。

于是，卡耐基在给戴维斯的信后也加了这么一个附注："此信乃口授，并未过目。"实际上，他当时一点也不忙，只是想给戴维斯留下深刻的印象。

戴维斯根本不劳心费力地写信给卡耐基，只把卡耐基寄给他的信退回来，并在信后潦草地写了一行字："你表现出恶劣的态度。"身为一个自负的人，卡耐基觉得很恼怒，甚至10年后卡耐基获悉戴维斯过世的消息时，第一个念头仍然是——自己受到过他的伤害。

的确，卡耐基是弄巧成拙了，受到指责并没有错，但是戴维斯过于直白的指责，使二人产生了隔阂，令卡耐基在戴维斯去世后仍然对他的指责耿耿于怀。假如你想引起一场令人终生难忘的怨恨，只要发表一点刻薄的批评即可。

用间接的方式建议，而不是直接下命令，不但能维护对方的自尊，而且能使他乐于改正错误，并与你合作。

波士顿是一家工程公司的安全协调员，他的职责之一是监督在工地工作的员工戴上安全帽。他一碰到没有戴安全帽的人，就官腔官调地批评他们没有遵守公司的规定。员工虽然接受了他的训导，却满肚子的不高兴，常常在他离开以后又把安全帽拿了下来。

于是，他决定停止批评，开始从细节上考虑如何说服员工。当他发现有人不戴安全帽的时候，就问他们是不是戴起来不舒服，或者有什么不适合的地方。然后他以令人愉快的声调提醒他们，戴安全帽的目的是保护他们不受伤害，建议他们工作的时候一定要戴安全帽。结果，遵守规定戴安全帽的人愈来愈多，而且没有造成怨恨或情绪上的不满。

在不指责对方的错误，也不伤害他的自尊心而进行说服时，有一个不可忽视的技巧就是在应该批评对方的时候采取“沉默态度”。例如，孩子考试成绩不理想，担心父母会责骂，当孩子把试卷拿给父母看时，做父母的不要责骂他，只要默默地接过来。这样，本来做好了挨骂的心理准备的孩子会产生自己努力用功的念头，争取在以后的考试中取得好成绩。

一位高中棒球队的教练曾经讲过一个与此很相似的例子。

有一次，一个选手未经教练许可，擅自离队去看电影。后来，事情被发现了，他想这次一定会受到教练的严厉斥责，结果教练一句话也没说。从此以后，那个选手再也没有逃过训练。当教练在选手们的聚会上见到了已经步入社会的他时，他说："那时，虽然教练没有批评我，但那比批评还令我难受。"

像这样不指责对方的失败和错误而采取沉默的态度，也是一种极具效果的说服术。这样就等于是给对方提供了扪心自问、冷静反思的机会。这也是一种间接提醒的方式。

总之，在工作和生活中如果觉察他人有过错，如果你要说服他，就应该采取适当的方式，并且善意地、真诚婉转地指出——这才是最有效的批评方式。

记住：指责和愤怒于事无补，只会把事情弄得更糟。

不要为小事烦恼

人生有时很奇怪，也许我们许多人都能很勇敢地面对生活里那些大的危机，但有时却被那些小事情搞得垂头丧气，甚至被无谓的忧虑打垮。

老约翰·洛克菲勒在他33岁那年赚到了他的第一个100万美元。到了43岁，他建立了一个当时世界最庞大的垄断企业——标准石油公司。

那么，53岁时他又成就了什么呢？

不幸的是，53岁时，他却成了忧虑的俘虏，充满忧虑及压力的生活早已摧毁了他的健康，他的传记作者温格勒说，洛克菲勒在53岁时，看起来就像个僵硬的木乃伊。

洛克菲勒因为消化系统疾病，头发不断脱落，甚至连睫毛也未能幸免，最后只剩几根稀疏的眉毛。

温格勒说："他的情况极为严重，有一阵子他只得依赖酸奶活命。"医生们诊断出他患了一种神经性脱毛病，后来，他不得不戴一顶扁帽。

洛克菲勒原来身体强健，他是在农庄长大的，有宽阔的肩膀，迈着有力的步伐。

可是，在多数人的巅峰岁月——53岁时，他却肩膀下垂，步履蹒跚。

另一位传记作者说："当照镜子时，他看到的是一位老人。无休止地工作、体力透支、整晚失眠、运动和休息的缺乏，终于让他付出惨重的代价。"

他是世界上最富有的人，却只能靠简单饮食为生。他每周收入高达几万美元，可是他一个星期能吃得下的食物却要不了两块钱——医生只允许他喝酸奶，吃几片苏打饼干。他的皮肤毫无血色，那只是包在骨头上的一层皮。他只能用钱买最好的医疗服务，使他不至于53岁就去世。

后来，医生告诉他一个惊人的事实，他或者选择财富与忧虑，或者选择生命。他们警告他：再不退休，“就死路一条”。

他终于退休了，可惜退休前，忧虑、贪婪与恐惧已经摧毁了他的身体。

当著名的女作家艾达·塔贝尔见到他时，真是大吃一惊，她写道：“他的脸上饱经沧桑，他是我见过的最老的人。”

医生竭尽全力挽救洛克菲勒的生命，他们要他遵守三项原则——这三项原则，终其一生，他都牢牢记住。这三项原则是：

（1）避免忧虑，绝不要在任何情况下为任何事烦恼。

（2）放轻松，多在户外从事温和的运动。

（3）注意饮食，每顿只吃七分饱。

洛克菲勒严格遵守这些原则，因此他捡回一条命。他开始学习打高尔夫球、从事园艺，与邻居聊天、玩牌，甚至唱歌。

他终于不再只想着如何赚钱，而开始思考如何用钱去为人类造福。总而言之，洛克菲勒开始把他的亿万财富散播出去。后来，他成立了世界性的洛克菲勒基金会——旨在消灭世界的疾病与无知。最终他活到了98岁。

生活中不可能事事顺心，“人世难逢开口笑，不如意事常八九”。可见，作为自然的生理反应，忧虑在所难免，它是人们身上一道难言的痛。

哈伯德上将在环境恶劣的极地发现一个现象：他的手下有些能够毫不埋怨地面对危险而艰苦的工作，而有些人却在为一些琐事整天计较。哈伯德上将说：“我知道有好几个同室的人彼此不讲话，因为怀疑对方把东西乱放，占了他们自己的地方。我还知道，队上有一个讲究所谓空腹进食、细嚼慢咽的家伙，每口食物一定要嚼过28下才吞下去；而另外有一个人，一定要在大厅里找到一个看不见这家伙的位子坐着，才能吃得下饭。”

“在南极的营地里，”哈伯德上将说，“像这类的小事情，都可能把最富有训练经验的人逼疯。”

当然，我们在这里还可以加上一句话：“小事”如果发生在夫妻间的家庭生活中，搞不好也会把人逼疯。

芝加哥的约瑟夫法官在裁判过4万多件不愉快的婚姻案件之后说道："婚姻生活之所以不美满，最基本的原因通常都是一些鸡毛蒜皮的小事情。"

罗斯福和他夫人刚结婚不久，他的夫人天天都在烦闷，因为她的新厨师做饭做得很差。"假如事情发生在现在，"罗斯福夫人说，"我就会耸耸肩膀把这事给忘了。"好极了，这才是一个成年人的做法。就连凯瑟琳这个最专制的女皇，在厨师不小心把肉烤焦的时候，通常也只是一笑置之。

伦琴曾到芝加哥一个朋友家里吃饭。配餐的时候，他有些小事情没有做对。大家当时没有注意到，就算注意到，也不会在乎的。可是他太太看见了，马上当着众人的面跳起来指责他。"伦琴，"她大声叫道，"看看你做了什么！难道你就永远也学不会如何配餐吗？"

然后她对众人说："他老是犯错，根本不专心。"伦琴事后说："可能他确实如此，但是他的朋友仍然佩服他能够跟他太太相处20年之久。其实，许多丈夫情愿只吃一两个抹上芥末的热狗——只要能吃得很舒服——而不愿一面听妻子唠叨，一面吃烤鸭和鱼翅。"

大家都知道在法律上的一条格言："法律不会去管那些小事情。"一个人总不该为一些小事斤斤计较、忧心忡忡，如果他希望求得心理上的平静、快乐的话。

很多时候，要想克服由一些小事情所引起的困扰，只需将你注意力的重点转移开来，给自己设定一个新的、能使你开心一点的看问题的角度与方法，就可以了。

每天反省5分钟

自省就是反省自己，这是只有人类才能办到的事。一般来说，自省心强的人都非常了解自己的优劣，因为他时时都在仔细检视自己。这种检视也叫作“自我观照”，其实质也就是跳出自己的身体之外，从外人角度观看、审察自己的所作所为是否为最佳的选择。这样做就可以真切地了解自己，但审视自己时必须是坦率无私的。

能够时时审视自己的人，一般都很少犯错，因为他们会时时考虑：我到底有多大力量？我能干多少事？我该干什么？我的缺点在哪里？为什么失败了或成功了？这样做就能轻而易举地找出自己的优点和缺点，为以后的行动打下基础。

《圣经·新约全书·若望福音》里有一则这样的故事：对基督怀有敌意的巴里赛派人，有一天，将一个犯有奸淫罪的女人带到耶稣面前，故意为难耶稣，看他如何处置这件事。耶稣看了看那个女人，然后对大家说：“你们中间谁是无罪的，谁就可以拿石头打她。”

喧哗的群众一个个地都溜了。耶稣回头告诉那个女人，

说：“我不定你的罪，去吧！以后不要再犯罪了。”

此则故事告诉我们的是：当要责罚别人的时候，先反省自己可曾犯错。

苏格拉底说：“没有经过反省的生命，是不值得活下去的。”有迷才有悟，过去的“迷”，正好是今日的“悟”的契机。因此经常反省、检视自己，可以避免偏离正道。

我们常说："成功源自于自我分析""失败是成功之母""检讨是成功之父"。这些都是在说明一件事：自我反省、自我分析、自我检讨与成功有莫大的关系。

其实，人生允许出现错误，但不能允许同样的错误犯第二次。犯错不可怕，可怕的是不知道错在哪里。

一个成功的人往往是一个会自我反省的人、自我分析的人。

每件事情都有其相应的时间和空间，既要花时间去实施，又要花时间去反省。我们当中的大多数人并不利用时间进行反省，在我们繁忙的日程表上往往会忽略这一成功秘诀的重要部分。

在一天结束时，一定要花些时间审视一下在一天中发生的事情——到什么地方去、遇见了什么人、做了什么、说了什么，等等。沉思一下做了什么，没有做什么，希望再做什么和希望不做什么。一定要尽可能生动而形象地记住那些相关的事件：记住颜色，记住情景，记住声音，记住交谈内容，记住经历。经验可以变成商品、变成钱财、变成货币，经验是价值之源。然而只有记录下来的经验、经过认真思索沉淀的经验，才能转变为有价值的东西。人与人命运上的差别不是由他们的遭遇决定的，而是由他们对待遭遇的态度决定的。为了能做一些对生活有益的事，我们必须从遭遇中汲取有价值的信息。

理想的反省时间是在一段重要时期结束之后，如周末、月末、年末。在一周之末用几个小时去思索一下过去7天中出现的事件；月末要用一天的时间去思索过去一个月中发生的事情；年终要用一周的时间去审视、思索、反省生活中遇到的每一件事。

自我反省的频率越勤越有利。假如你一年反省一次，你一年才知道优缺点，才知道自己做对了什么、做错了什么；假如你一个月反省一次，你一年就有了12次反省机会；假如你一周反省一次，你一年就有54次反省机会；假如你一天反省一次，你一年就有365次反省机会。反省的次数越多，犯错的次数就越少。

有一个青年，有一天在街角的小店借用电话。他用一条手帕盖着电话筒，然后说："是王公馆吗？我是打电话来应征做园丁工作的，我有很丰富的经验，相信一定可以胜任。"电话的接线生说："先生，恐怕你弄错了，我家主人对现在聘用的园丁非常满意，主人说园丁是一位尽责、热心和勤奋的人，所以我们这儿并没有园丁的空缺。"

青年听罢便有礼貌地说："对不起，可能是我弄错了。"跟着便挂了电话。小店的老板听了青年人的话，使说："青年人，你想找园丁工作吗？我的亲戚正要请人，你有兴趣吗？"

青年人说："多谢你的好意，其实我就是王公馆的园丁。

我刚才打的电话，是用以自我检查，确定自己的表现是否合乎主人的标准而已。”

在生活中，不断作自我反省，才可以令自己立于不败之地。

中国古语云：“人非圣贤，孰能无过。”即使圣贤也有犯错的时候，关键在于不要重犯同一个错误。老犯一个错误不但会使自己的自信心受挫，而且别人也会对你丧失信心，不再给你机会了。不在错误中找到实质因素，你的道路将越走越窄，最终进入死胡同；倘若一犯错便能痛定思痛地反省，及时纠正错误，你的道路将越走越宽广，你的人生将越来越美好。

那么，我们该如何反省自己呢？

首先，要以“自知”的镜子来观照自己。若要了解自己行为的得失，则必须用“自知”的镜子来自照。反省如同一面明镜，在反省的明镜中，自己的本来面目将显现无余。一个人眼睛不要总是盯着别人，重要的是要先认识自己，从反省中认识自己，从自知的镜子中了解自己的真面目。

其次，要有悔改的勇气。一个人有过错不要紧，只要能改过就好；如果有过错而不肯改，这就是大过，是真正的过错。有些人犯了错，却不肯承认，因为他怕因此而失了面子。如果能够消除傲慢的习气，就会生起悔过自新的勇气来。时常反省自己的过失，发现了错误，就要及时改正，痛痛快快、切切实实地做事。得了阑尾炎的病人，一定要把阑尾割掉，以除后患；同样，一个人有了过失，也要用反省、忏悔的快刀把它切除。

今天有了过错，如果没有反省，明天还会照样犯。若能及时反省自己，知道犯错的缘由，随即改正过来，那么以后就不会再有类似的过错。

人对待错误的正确态度应该是及时从中吸取教训，总结经验，亡羊补牢，将功补过，而不是过多地自我谴责、自我责备。英国有句谚语——不要为打翻的牛奶而哭泣，意即：你去为已经无可挽留的损失而哭泣只会浪费你的好心情，聪明的人是会反省错误，之后吸取教训，然后坚毅地忘掉不幸，以更大的劲头、更热忱的心态去弥补损失，而不是过多地自责。

遇事要多考虑3分钟

发明家爱迪生谈自己的做事原则时说：“有许多我自以为是的事，一经实地试验之后，往往就会发现错误百出。因此，我对于任何事情，都不敢过早地妄下决定，而是经过仔细权衡斟酌后才去做。”

古人说：“三思而后行。”只有事前经过反复思考和斟酌，才能增加成功的概率。养成这样一种工作习惯，处理事情才会更有把握。

一个人在工作中如果遇到事情不假思索就去做，很容易给人留下一种鲁莽的感觉；而如果他能在遇事时多考虑，不但会给人留下成熟稳重的印象，而且还有利于任务的完成。

所以，你在以后的工作中，遇事时一定要深思熟虑。尤其是在做要紧的事情且没有把握的时候，成败常常取决于你是否谨慎地思考和权衡过。

小李是某报社的记者，有一次奉上司之命去采访一个事件。本来这次采访工作有相当的困难，但当上司问他有没有问题时，小李却不假思索地拍着胸脯回答说："没问题，包你满意！"

过了3天，小李没有任何动静。上司追问他进展如何，他才老实地说："不如想象得那么简单！"当时上司虽然没说什么，但对小李已形成了做事草率的印象，并且开始对他有些反感。由于小李工作的延误，导致整个部门的工作都无法正常完成。后来，上司再也不派他做重要的工作了。

这就是做事欠缺思考的结果。如果小李当初仔细分析一下困难在哪儿，提出比较好的采访方案，即使晚几天，上司也会理解。可他没有那么做，轻率地答应下来，才落得工作没做好反而被冷落的下场。

当你遇到问题，一时难以决定怎么做时，不要盲目行动，而应仔细地考虑一番。等到你对那个问题完全了解，对于解决方法也有了充分的把握之后，那你就不妨作决定，因为这时你已经稳操胜券了。

决定做事的成败，往往取决于对实际情况的掌握程度，千万不要在事实还不允许作决定之前，便草率行事。在许多时候，遇事多考虑考虑，就能避免出现一些意想不到的差错。

曾国藩带湘军镇压太平天国之时，清廷对其有一种极为复杂的态度：不用这个人吧，太平天国声势浩大，无人能敌；用吧，一则是汉人手握重兵，二则曾国藩的湘军是其一手建立的子弟兵，怕对自己形成威胁。在这种指导思想作用下，对曾国藩的任用经常是用你办事，但不给高位实权。苦恼的曾国藩急需朝中重臣为自己撑腰说话，以消除清廷的疑虑。

忽一日，曾国藩在军中得到胡林翼转来的肃顺的密函，得知这位精明干练的顾命大臣在慈禧太后面前举荐自己出任两江总督。曾国藩大喜过望，咸丰帝刚去世，新帝年幼，顾命大臣虽说有数人，但实际上是肃顺独揽权柄，有他为自己说话，再好不过了。

曾国藩提笔想给肃顺写封信表示感谢。但写了几句，他就停下了。他知道肃顺为人刚愎自用，很有些目空一切的味道，用今天的话来说，就是有才气也有脾气。他又想起慈禧太后，这个女人现在虽没有什么动静，但绝非常人，以曾国藩多年的阅人经验来看，慈禧太后心气极高，且权力欲强，又极富心机。肃顺这种专权的做法能持续多久？慈禧太后会同肃顺合得来吗？

思前想后，曾国藩没有写这封信。

后来，肃顺被慈禧太后抄家问斩。在众多官员讨好肃顺的信件中，独无曾国藩的只言片语。

“三思而后行”救了曾国藩一条命。

世上的事情都有一个恰到好处的分寸。有一分谨慎就有一分收获，有一分疏忽就有一分失去。十分谨慎能完全成功，完全疏忽就会彻底失败。办事只在讲究“谨慎用心”。

许多人在办事时，开始比较谨慎，过不了多久，就松懈下来了；有的人对大事、难事比较谨慎，对小事、容易事就疏忽。生活中不是常常有因忽略小事而酿成大祸的惨痛教训吗？

在遇到困难的事情时一筹莫展，还不是在处理简单的事时疏忽大意而造成的吗？如果不想失败，就要十分谨慎。

当一个人在精神上受到了刺激、情绪低落或身体不适时，千万不要草率地作决定，因为那时你的判断力已不再准确。你应该调整好自己的情绪，在充分考虑的情况下，综合各方面的实际情况再作决定，否则事后你一定会为你的草率而后悔不已。

聪明人大都喜欢行险招，结果往往是聪明反被聪明误。美国前参议员加利·赫特的事例就为我们敲响了警钟。

赫特曾被《纽约时报》誉为“当代美国政界最有智慧的人之一”。1987年年初，他竞选民主党候选人，胜算极大。当时有传言说他有婚外情，于是他傲慢地向新闻记者挑战：“跟踪我吧。”那些记者真的去跟踪他了，结果发现他和当时著名的模特儿当娜·莱斯在一起。一张小报刊出了赫特在游艇“胡闹”号上把莱斯抱在怀里的照片后，赫特想成为总统的美梦随即破碎了。这就是他做事不顾后果的结果。

可见，做事不计后果，最终只会吃苦果。一个真正的聪明人要想不犯这样的错误，做事一定要三思而后行。

任何刚开始创业的青年人，都要养成善于思考的习惯。

就是在下决心之前，一定要对自己多发问，注意整理自己的思路，想想自己为什么会有这种决定。这个过程虽然看起来简单，但在处理难题的实际情况中往往能收到奇效。

一个很成功的推销员曾这样说：“我的成功源于我勤于思考，多问自己几个为什么。”“我甚至还想出一个秘诀来这样做，”他说，“去拜访顾客之前，我一定要先静下心，喝杯咖啡，擦擦皮鞋。这样一来，在我真正踏入顾客办公室之前，我有一个最后思索的机会——想想如何表现自己。所得到的效果好极了！除了能使我从容地应付对方所提的问题外，还使我推销了很多的东西。”

所以我们说，无论所作决定重大与否，一定要在此之前给自己以思考的时间，多对自己发问。

及时原谅别人的错误

世界上如果没有宽容和信任，一切亲情、友情、爱情都将失去存在的基础，每个角落都是尔虞我诈的欺骗，社会将毫无温情可言。

只因偶尔的过错完全否定自己的朋友，以至于不再信任

他，这不仅是对朋友的背叛，也是对自己的背叛。你本人最清楚：这个朋友正是你自己寻觅到的。

过错有轻重之别，有的过错不可原谅，有的过错可以原谅。对朋友偶尔犯下的过错，只要他承担了自己应负的责任，理当予以原谅。

在一个小镇上有一个出名的地痞，整日游手好闲、酗酒闹事，人们见到他唯恐躲避不及。一天，他醉酒后失手打伤了前来上门讨债的债主，被判刑入狱。

入狱后的地痞幡然悔悟，对以往的言行深深感到懊悔。

一次，他成功地协助监狱管理人员制止了一次犯人的集体越狱出逃，获得了减刑的机会。

他从监狱中出来后，回到小镇上重新做人。他先是想找个地方打工赚钱，结果全被拒绝。食不果腹的地痞又来到亲朋好友家借钱，遭到的都是一双双不信任的眼光，他那一点刚充满希望的心又开始滑向失望的边缘。这时，地痞少年时代的朋友听说了，就取出了100美元送给他。地痞接钱时没有显出过分的激动，他平静地看了一眼昔日的朋友后，消失在镇口的小路上。

数年后，地痞从外地归来。他靠100美元起家，苦命拼搏，终于成了一个腰缠万贯的富翁，还清了亲朋好友的旧账。他来到了昔日的朋友家，恭恭敬敬地捧上了一大笔钱，然后流着泪说道："谢谢你，你是我真正的朋友，是你的宽容之心和真诚的信任给了我站起来的勇气。"

可见，宽容他人、信任他人，即是对人性的肯定，也是对人的帮助，其意义超过了金钱的支援。

小赵大学毕业初入社会，在一家公司外贸部就职。他的顶头上司每天下班后总是跟着外方科长拼命"加班"，无事瞎忙，把白天理好的文件弄得一团糟，出了错又把责任推给小赵。小赵的稚嫩决定他不是一个会争的人，只好忍气吞声地等外方科长长出火眼金睛，看出此中曲直来，结果等了3个月，还是等不来一句公道话。

一气之下，小赵辞职去了另一家公司，在那里，他的出色工作博得了许多同事的称赞，但无论怎样也无法使苛刻、暴躁的经理满意。心灰意冷间，他又萌动了跳槽之念，于是向总经理递交了辞呈。总经理先生没有竭力挽留小赵，只是告诉他自己处世多年得出的一个经验：如果你讨厌一个人，你就要试着去爱他。总经理说，他就像鸡蛋里挑骨头一样在一位上司身上找优点，结果，他发现了上司的两大优点，而上司也逐渐喜欢上了他。

小赵依旧讨厌他的经理，但已悄悄收回了辞呈。作为一个成熟的人，应该放开心胸去包容一切、爱一切。

就算我们没办法爱我们的敌人，起码也应该更多爱惜自己。我们应该爱自己不要让敌人控制我们的心情、左右我们的思想。

当耶稣说“我们应该原谅我们的仇人77次”时，他实际上也是在教我们做人的道理。

有一位叫伦纳的年轻人急需找一份工作。由于他通晓好几种语言，他想找一个进出口公司担任文书的工作。可是大多数公司都回信说因为战争的缘故，他们目前暂时没有招人的打算，但他们会保留他的资料，等等。其中有一个人却回信给伦纳说：“你对我公司的理解完全是错误的，你既笨又蠢。我根本就不需要文书。即使我真的需要，我也不会聘用你，你连瑞典文字也写不好，在你的信中更是错误百出。”

伦纳看到这封回信，气得要发疯。这个瑞典人居然敢挖苦他不懂瑞典话！其实看看这份恼人的回信才知道什么是错误百出呢。于是伦纳写了一封足够气死对方的信准备回击。可是他停下来想了一下，对自己说：“等等，我怎么知道他不对呢？我学过瑞典文，但它的确不是我的第一语言，也许我犯了自己都不知道的错误。真是这样的话，我应该再加强学习才是。这个人可能还帮了我一个忙，虽然他本意并非如此。他语言表达得缺乏修养，但这也不能抵销我欠他的这个人情。”

伦纳把他写好的那封信撕掉，另外写了一封信：“你本来不需要文书，还不厌其烦地回信给我，真是太感谢你了。我对贵公司理解错误，实在很对不起。我写那封信是因为我查询时，别人告诉我，你是这一行的领导人物。我不知道我的信犯了文法上的错误，我很抱歉也很难过，我会再努力学好瑞典文，减少错误。我要谢谢你帮助我找到了我的不足。”

然而，没过几天，伦纳又收到一封回信，那人竟邀请伦纳去办公室见面。伦纳去了，并得到了一份工作。伦纳自己从中悟出了一个有用的做人道理：以柔克刚。

当然，人非圣贤，要去爱我们的敌人也许真的有点强人所难；但出于自身的健康与幸福，学习宽恕敌人，甚至忘了所有的仇恨，也可以算是一种明智之举。有句名言说：“无论被虐待也好，被抢掠也好，只要忘掉就行了。”

实际上，在生活中，人都会有难堪的时候、做错事的时候、有求于人的时候，如果这时你处在评判的一方，尤其是他们的那些错处或什么事情牵涉到你的利益时，甚或他们与你有深仇大恨时，你会怎样做呢？不同的人可能有不同的做法。一般来说，愚昧的人或心胸狭窄的人爱为难别人，他们不愿意帮助人，不为人遮掩难堪，不包容或原谅人。他们甚至会乘人之危，鸡蛋里头挑骨头，抓住把柄不放，且扬扬自得。这种不良行为正是他们愚昧阴暗心理的下意识表露。至于和他们有深仇大恨的人，就更不可能息事宁人了。但是在生活中，你也会经常处在难堪、有错、有求于人的位置上，比如你不巧弄脏了别人的衣裤，违反了交通规则，为讲义气与别人结了仇，等等。在这种情况下，你极需要他人的包容。将心比心，同情他人、宽容他人、不为难他人是一种美德。这种美德能够感化人，巩固人们之间的互助亲善关系，让社会形成一种宽厚的向善风气，小人就可能不会产生，阴暗的东西就会更少一些，自己有了不幸的时候也更容易得到他人的帮助。

我们每个人都应该认识到，通过包容来获得别人的好感是非常重要的。我们惩罚别人，每每是因为一种愚蠢的自傲心在背后作祟。而这又每每是在法律的面具之下，为私人的不快进行报复，表面上则装得冠冕堂皇、一副大公无私的样子。卫斯汀·豪斯曾经这样说过：“任何组织，包容必须从上面做起，这是重要的。如果上面的人希望下面的职员包容，就必须先对职员包容。”

总之，不要抓住他人的错误或缺点不放，得饶人处且饶人，这样不仅会减少矛盾，也会提升自己的善良品质，进而会形成一种良好的社会风气。这种与人为善的品德，正是人类生存所需要的美德。谁没有需要别人帮助的时候呢？从根本上说，谁又有资格装出上帝的样子来审判和惩罚他人呢？谁没有偶尔疏忽或急中出错，需要别人宽恕的时候呢？如果你拘泥于这种低层次的偏执，则不仅会使他人难堪，也会让自己无端陷入麻烦。

PART 10 电话细节，不可忽视

职场的手机礼仪

“那个东西曾经是无比遥远的黑色砖头，曾经是被人炫耀地举在脑袋上的身份象征，曾经是我们精打细算想要添置的奢侈品。现在，它成了和手表一样的普通东西，成了老板招之即来的呼叫器，成了锻炼拇指的健身器，成了各种段子的中转站，成了游戏机，成了数码相机，成了掌上电脑……手机正在变得无所不能。最后，大概所有人都会问一个问题：除了手机，我们还需要别的吗？”

当下，随着手机的日益普及，无论是在社交场所还是工作场合，放肆地使用手机已经成为礼仪的最大威胁之一，手机礼仪越来越受到关注。在国外，如澳大利亚电信公司的各营业厅就采取了向顾客提供“手机礼节”宣传册的方式，宣传手机礼仪。

不知道你是不是有这样的体验：当你参加某个庄重的会议，或在某种严肃的场合，主持人总是要招呼大家把手机关掉或设置静音。这样做的目的，就是怕你手机的声音影响别人，给会场的气氛增添不协调的声音。

有教养的人，在严肃的场合，一般都会关掉自己的手机声音。如果凑巧没关手机，当电话打进来时，也不会去接电话而是迅速地挂断，以免影响别人。

有一个员工，老板找他谈话安排工作，由于他平时从不将手机调成静音，恰巧有电话打进来，他对老板说了声“对不起”，就拿着手机出去接电话了。等他用了20分钟打完电话回来时，老板已经走了。他再去找老板，老板说：“你这个人这么忙，电话都接不完，你回去接电话吧，明天开始就不用来上班了！”

在老板跟你谈话时，最好要将手机调成静音。你的手机铃声一响，打断老板说话，打断老板的思路，就会影响老板的情绪。如果你当着老板的面接手机，那就更不好了，那是对老板极不尊重的表现。

老板可能还会这样认为，你一天到晚不关机，是你对工作不尽心尽力，某些多心的老板还会认为你在利用手机办私事，这都会让老板对你没有什么好印象。

上班时间，最好要把手机调成静音，不让手机声音影响你和同事的工作。如果别人有事找你，可以打你办公室的电话，这样不至于影响别人。

在现在的职场中，关于手机的使用，必须注意以下几点：

（1）和别人共享一个空间时，不要让手机响，可以改为静音模式，包括开会时、聚餐时等，因为手机铃声会打扰到别人。

（2）在一个拥挤的房间中接电话时，最好离开这个房间。广播你们的谈话永远都是不礼貌的行为。

（3）即使你单独一人，或者认为自己离别人够远了，也必须记住，用平常的音量说话，不要大喊大叫。

（4）给客户打电话和有重要的事时，最好使用固定电话。用手机给人打电话时可能因为信号不好而中断，这会给对方留下不好的印象。

手机短信既有书面信函的特点，又有快捷的优势，所以被广泛地使用，因此我们关注一下有关手机短信的礼仪是必要的。

在一切需要手机静音或是关机的场合，如果短信的声音此起彼伏，那么和直接接打手机又有什么区别呢？如果你一边和别人说话，一边查看手机短信，能说明你在全神贯注吗？

在短信的内容选择和编辑上，应该和通话文明一样重视。

和重要人物通话结束后不要先挂掉电话

现代社会中，电话已成为商业联络的一个重要工具，利用电话可以给商谈带来许多便利，方便做生意、办事情。

电话不仅传递声音，也传递你的情绪、态度和风度。虽然电话是通过声音交流，对方看不见你，但你的情绪、语气和姿态都能通过声音的变化传达给对方。电话是与顾客沟通交流的有效途径，接听电话是需要讲究礼仪的。有些职场中人在这方面就相当欠缺，往往在接听电话时，还没等到对方说“再见”，就重重地挂上电话，虽然这只是一个很小的细节，但却是一种十分不礼貌的行为。不管你手头有多少工作需要尽快处

理，也不可粗鲁地挂断电话，这会让对方感到你不懂礼貌、素质太低，对你产生坏印象，弄不好还会影响你与客户之间的沟通与交流，影响与客户的生意交流。

赵雪是一家贸易公司的秘书，恰好在她忙得不可开交时，接到一个客户打来的电话，赵雪在听了对方一番长长的问题后，只做了简单的回答就挂了电话。对方还没有说“再见”，就听到赵雪挂了电话，一下子就愣住了，他并没有想到赵雪会在他之前挂断电话，心里十分不快地嘟哝了一句：“这么急啊！”

后来这个客户与赵雪的上司一起聊天时，谈到了赵雪挂电话的事，她的上司好像受到了侮辱一般，回来就把赵雪训了一顿。

因为接听电话的方式不当而失去重要客户是得不偿失的。因此，接每个电话都要将对方视为自己的朋友，态度恳切，言语中听，使对方乐于同你交谈。接听电话时，应注意倾听对方的谈话，这不仅是对他人的尊重，也体现出你的修养和气质。同时，适当地给予回应，让对方感到你有耐心、有兴趣听他讲话，这无疑会使对方信任你，客户的信任对你的工作是很有利的。

在当今的商场社交上，各公司的往来频繁，用电话沟通是常有的事，当时可能彼此沟通良好，但若是次数太多，同样也是会惹人讨厌的，“奇怪！怎么又来电话了！一次OK就好了，真啰唆，芝麻大的小事要重复几遍！”小心，次数如果太多的话，可能会带给人麻烦！有些对刚认识的朋友，态度就变得较随便，因为心里想：“反正很熟嘛！”可是尚不知道对方会非常在意，和你正好持相反的看法：“这个小陈怎么这样？以前刚认识的时候还蛮客气的嘛，现在怎么愈熟愈不尊重我，那以后还得了？”这样子你可能会失去一位商场上的朋友。

一般而言，商务电话都是由打电话的那一方先挂电话，这是基本的电话礼貌，因为是有事情的人打电话过去，事情联络好交代完后理应挂上电话，这样才可算是交易的完成。但是如果遇到的是长辈，可就另当别论了，为了表示尊重，不管是打电话的或是接电话的都应该由长辈先挂。

总之，礼貌是好的结束，也是希望的开端。要留给对方好印象，可别忽略了最后的礼貌，谨言慎行才是得体的商务应对之道。

注意提高**声音的感染力**

什么是“美声”？顾名思义就是“美丽的声音”。声音也可以美丽得起来吗？当你的声音给人一种“嗯！她一定是一位有魅力、有味道的女人”“嗯！他一定是一位成熟的男人”，抑或是“这家公司一定不错”的感觉时，这样也就是“美声”了！说得极端一点就是，在电话上的第一声即代表第一印象，美妙适中的声音给人的印象是强烈深刻的，可以代表个人的品格和整个公司的形象。

既然声音如此重要，因此在一些电话营销培训课程中，有这样一个问题经常被问道：“你们在电话中都喜欢与什么样的人交流和沟通？”答案有很多，例如声音甜美、有磁性、清晰，思维敏捷，亲切、不打官腔，耐心、思想集中，简洁、直奔主题，平和，沉稳，易沟通、马上解决问题，礼貌、热情，幽默、可爱等。

如果我们对上面的要点进行总结的话，不难发现其中有些是与声音有关的，列如声音甜美、有磁性等；有些是与讲话方式有关的，例如简洁等；有些是与态度有关的，例如耐心、思想集中等；也有些是与个性有关的，例如有人喜欢热情的人，而有人不喜欢太热情的人等。这中间也涉及专业程度，例如马上解决问题等。在这里，我们把其中相当多的部分都归纳为电话中的感染力。

声音是传递文字和说话语气的载体，商务电话沟通成功主要是依赖声音来完成，因为你必须通过声音来传递你的态度和热忱，它的影响比例占到了传播信息的45%。可见，改变你的声音对于打好电话来说是至关重要的，它是建立信赖感的依托所在。完善你的声音对于商务电话沟通来说显得日趋重要。

怎么才能使你在电话中的声音充满魅力呢？

首先，我们来了解一下声音的基本常识及其重要性：

对一个正常人来讲，其发音有12～20个音阶。当然，那些职业演员和歌唱家相对而言要高一些，有的甚至可达到36个音阶。遗憾的是，有些人的声音可能只有5个音阶，他们发出的声音听起来就像一根弦在拨动，十分单调，令听者感到头脑发胀。当你与他人讲话时，你所发出的每一个声音应给他人留下良好的印象，力求让人更好地了解你，更加充分地展示自己的服务，并充分显示你的管理潜能。

一般而言，一次成功的通话应该能够：

（1）显示你的沉着、冷静。

（2）吸引他人的注意力。

（3）让过于激动或正在生气的人冷静下来。

（4）引导他人支持你的观点。

（5）更加有力地说服他人。

（6）使你的决定深入对方心里。

与此相反，如果你在与客户进行电话沟通时无法控制自己、内心混乱或紧张不安时，你所发出的声音一定会显得慌乱不安、表达不当。有时，一个人说话嗓门儿过大，可能正说明他处于一种紧张不安之中；说话支支吾吾，会让人觉得你情绪不定，或者让人觉得你是在撒谎。

美国宾夕法尼亚大学有一位专门从事人的焦虑症研究的心理学家，据他观察，一个人是否紧张，主要是看他发出的声音是否舌头打转、结结巴巴、语言重复和频繁使用“噢”“啊”等口头语。为此，他专门研究美国历届总统候选人的临场表现。在1988年布什和杜卡基斯的首轮竞选结束后，他就发现杜卡基斯十分紧张，这一情绪使他表达自己的观点时显得不是那么自信，进而影响了选民对他的看法。当第二轮辩论结束时，杜卡基斯明显比在第一轮中显得更加紧张和不安。在第二轮中，他演讲的出错率从5.5%上升到了11%。相对于布什能够准确地使用词语表达自己的观点并有很强的自我控制能力来说，杜卡基斯受不良情绪的影响，使演讲毫无感染力，更加无法说服选民，从而导致最后的竞选失败。

总的说来，有很强感染力的声音会使对方很快接受并喜欢上你，对建立瞬间亲和力有很大的帮助。从沟通要素来看，声音感染力来自5个方面：音量、语调、语气、语速和节奏。

1.音量

在电话中，适当的高音要比低沉的声音更容易让对方接受，也较容易给对方留下清晰的好印象。太过平淡的声音会使人注意力分散，产生厌倦情绪，尤其是在我们要解释一个重要的问题，且所花时间较长的情况下。在重要的词句上，我们要用重音。因此，接听电话时，声音最好比平常稍微高些。但是，太高太大的声音也会使对方感到不舒服，将声音稍微提高些，尽量说清楚，效果就会很不错。有些公司会教那些患感冒或身体较虚弱的人，接电话时要用高一些的声音，以能让对方容易接受的程度为佳。

由于商业电话需要正确的资讯，所以特别重视声音的传达。

2.语调

语调能反映出一个人说话时的内心世界，表现出个人的情感和态度。当你生气、惊愕、怀疑、激动时，表现出的语调也一定不自然。从你的语调中，人们可以感到你是一个令人信服、幽默、可亲可近的人，还是一个呆板保守、具有挑衅性、好阿谀奉承或阴险狡猾的人，语调同样也能反映出你是否是一个坦率而且尊重他人的人。

在打商务电话的过程中，要注意不断地变化语调。说话的语调不应是一味平铺直入的，而要抑扬顿挫、富有节奏。而且口头表达的多样化能够保持人们的兴趣和参与意识。

无论你谈论什么样的话题，都应保持说话的语调与所谈及的内容相互配合，并能恰当地表明你对某一话题的态度。要做到这一点，你的语调应能：

（1）向他人及时准确地传递你所掌握的信息。

（2）婉转地劝说他人接受某种观点。

（3）倡导他人实施某一行动。

（4）果断地做出某一决定或制定某一规则。

3.语气

公司人员与客户通电话时，要注意自己所用的语气。语气要不卑不亢。第一，不能让客户觉得我们是在求他们，例如“这件事情全靠你了”。这种唯唯诺诺的语气会传送一种消极的印象给客户，同时也不利于建立专业形象。第二，不要让客户感觉到我们有股盛气凌人的架势，例如“你不知道我们公司啊”，这样，很容易给客户留下不好的印象，这笔生意极有可能因此而泡汤。

4.语速

在与客户进行电话沟通时适时把握自己的说话速度，是我们每个人都应该注意的问题。在语言交流中，讲话的快慢将不同程度地影响你向他人传递信息的效果。语速太快如同音调过高一样，给人以紧张和焦虑之感。如果你说话太快，以至于某些词语模糊不清，他人就无法听懂你所说的内容。

另一方面，如果速度太慢，则表明你反应迟钝、过于谨慎。例如，有一位推销员，他发现自己经常无法把要说的话在限定的时间内说完。他有时行驶了50公里的路程赶到一位顾客家中，却只有15分钟时间介绍自己的产品。他发现自己最大的困难之一是如何组织自己应该说出的话。后来，他请教一位语言专家，专家听了他的情况之后，建议他从学会调整自己的速度开始。在他开始练习调整语速之前，一般人只需要10分钟便可轻易讨论完的问题他却要花15分钟。而通过训练，他可以在10分钟内有效讨论别人要花20分钟的问题，他可以随意地加快或减慢速度。

5.节奏

我们在说话时由于不断发音与停顿而形成的强、弱交替和周期性的变化，就是节奏。在日常生活中，大多数人不用考虑说话的节奏。而在我们拨打商务电话时，不断改变节奏以避免单调乏味是相当重要的。声音的感染力也体现在讲话的节奏上。

节奏一方面是指自己讲话的语速，另一方面是指对客户所讲问题的反应速度。你有没有这样的经历？当你自我介绍："我是天伟公司的李超。"客户在电话那边说："什么

什么，你说什么？”客户显然没有听清楚你在说什么，尤其是你说的公司对他来说是陌生的。自己讲话速度太快，可能使客户听不太清楚，从而使客户失去兴趣；而太慢的语速往往又会缺乏激情。

另外，对客户的反应速度也很重要。例如客户讲：“我说这件事的主要目的是……”这时公司人员抢着说：“我知道，你主要是为了……”公司人员因为知道客户要说些什么，而打断客户说话的现象，会给客户传递一种不关心客户、没有认真倾听客户的信息。

打电话时不要和旁边的人说话

在现代社交之中，打电话的细节相当重要，尤其是在通话的过程中，自始至终都要尊重自己的通话对象，待人以礼，表现得文明大度。具体说来，必须注意以下几个重要环节。

1.语言文明

在通话时，有三件事情必须牢记：

其一，在正式通话前，首先要说一声：“你好！”接下来要自报家门，以让对方知道自己是谁。在电话里自报家门，通话人有四种模式可以借鉴。第一种，报本人的全名；第二种，报本人所在的单位；第三种，报本人所在的单位和本人全名；第四种，报本人所在的单位、本人全名和职务。其中第一种模式主要用于私人交往中，后三种模式适用于公务交往，最后一种模式是最正规的。

其二，不论自己是什么身份或是再有什么值得生气的事，打电话给别人时，都不应该厉声呵斥、态度粗暴无理。当然低三下四也没有必要。如果对方电话有总机的话，不要忘了对总机话务员问声好，比如：“你好，请转×××，谢谢！”

其三，是在终止通话前，在预备放下话筒时，应先说一声“再见”。要是少了这句礼貌用语，就会使终止通话显得有些突如其来，让自己的待人以礼有始无终。

2.态度文明

发话人在通话时，除语言要“达标”之外，在态度方面也应注意文明。

在打电话时，首先不要与旁边的人交谈，这样会让人觉得你不尊重对方，让对方感到很不愉快；此外也不要看文件、看电视、听广播、吃东西。千万不要对发话人表示对方的电话“来得不是时候”。万一在会晤重要客人或举行会议期间有人打来电话，而且此刻的确不宜与其深谈，可向其略微说明原因，表示歉意，并再约一个具体时间，届时由自己主动打电话过去。约好了时间，即须牢记并遵守。在下次通话时，还要再次向对方致以歉意。

打座机时，电话若需要总机接转，勿忘对总机的人问上一声好，并且还要加上一声“谢谢”。另外，“请”“麻烦”“劳驾”之类的词，该用也一定要用。

碰上要找的人不在，需要接听电话之人代找，或代为转告、留言时，态度同样要文明而有礼。

通话时电话忽然中断，依礼需由发话人立即再拨，并说明通话中断是线路故障所致。不要不了了之，或干等受话人一方打来电话。

若拨错了电话号码，应对接听者表示歉意。不要一言不发，挂断了事。

3.举止文明

发话人在通话时，在举止方面应对自己有所要求。当众拨打电话时，对这一点更是不能掉以轻心。

在用座机打电话时，最好双手持握话筒，并起身站立。无论如何，都不要在通话时把话筒夹在脖子下头，或是趴着、仰着、坐在桌角上，或是高架双腿与人通话。拨号时，不要以笔代手。此时边打边吃，亦为失态。

在通话时，不宜发声过高，免得令受话人承受不住。标

准的做法是：声音宁小勿大，并使话筒与口部保持3厘米左右的距离。

终止通话，放下话筒时，应使用双手轻放，不要用力一摔，令对方大惊失色，震耳欲聋。

通话“半途而废”，或拨号时对方一再占线的话，要表现出应有的耐心。不要骂骂咧咧，或是采用粗暴的举动拿电话机撒气。

要确定对方是否具有**合适的通话时间**

要打成功一个电话，首先就应该明确：通话唯有在适宜之时进行，才能事半功倍。打电话若不考虑时间问题，往往会引起一些不必要的麻烦。

打电话应当选择适当的时间。按照惯例，通话的时间原则有二：一是双方预先约定通话时间；二是对方方便的时间。

一般说来，若是利用电话谈公事，尽量在受话人上班10分钟以后打电话。在用餐之时拨打电话不合适。

拨打公务电话，尽量要公事公办，不要有闲言碎语。也不能在他人的私人时间，尤其是节假日时间里，去麻烦对方。另外，要有意识地避开对方通话的高峰时段、业务繁忙时段、生理厌倦时段，这样通话效果会更好。给国外通话，一定要注意时差问题，否则难免出洋相。

同时，我们也需注意自己的时间分配问题。商务电话沟通中的几个时间管理细则是：

1.重要的电话应约定时间

曾经有个著名的网站邀请培训师给他们公司做一场培训，因为培训师的时间很紧，便由助理帮他约好时间。该网站的培训部要求他们公司的几个经理全部在线上，在电话里聆听他们将要讨论的细节，这样他们通过电话解决了问题。重要的电话一定要和客户约定时间，准时进行联系。

2.节省客户的时间

问候性电话不超过1分钟，约访电话最多不能超过3分钟，解说电话不要超过8分钟；如果与重要的客户谈判，建立客户关系的电话，客户要求处理问题的电话最长时间通常不要超过15分钟，超过15分钟客户就感觉到你不如跟他面谈。但是，到底多长时间是最合适的时间？建议是：达成你想要的结果，就是最合适的时间。

一个著名营销培训师说："有时我打电话会超过半个小时，比如辅导代办我们课程的负责人，因为事情很繁复，而我也无法亲自到对方那里去，便打电话给那位课程负责人。每一次打电话辅导的时间不会低于20分钟。我教他怎么去办课程，怎么去吸引顾客，怎么去增加顾客的价值，如何帮助顾客获得更多的利润，选择什么时间，用什么设备，配备什么样的工作人员，然后怎么去执行，怎么去激励员工，这些需要半小时的解释时间。"

3.把时间用来做最有效率的事情

是打电话给那些普通的业务代表，还是打电话给公司的负责人、董事长、总经理，要有选择。打电话给那些有决定权的人，如果你的电话都是打给没有决定权的人，你最后根本不会产生业绩。因为一个人的时间分配是有限的，你一天24小时可以做某甲的工作，也可以做某乙的工作，但业绩不会完全相同。所以，电话营销过程中，你可以整理客户资料，可以剪辑资料，但这些都不会有太大的业绩实效，真正有实效的事情是主动出击——打电话给有决定权的人。

4.电话营销中的80/20法则

80/20法则是一个普遍性的法则，在电话营销中也有这样一个法则。沟通和说服的关键在于怎么让客户多说、多讲、多谈、多行动，这就是80/20法则，其中，80%为倾听，20%为解说。在解说中，80%是提各种合适的问题，20%是解说客户感兴趣的事或客户关心的事。

总而言之，我们一定要掌握好电话沟通的时间管理，以免造成沟通中的障碍。

随时记录重要的电话

在进行商务电话沟通前，需做好一些物品上的准备，这样能帮助我们做到更有效率地接打每一通电话。

1.三种不同颜色的笔

（1）削好的铅笔。通常用来书写日常的备忘录，或者记下传真的收件者姓名。铅笔字随时可以擦掉，方便作常规更新。

（2）红色的笔。工作人员一天可能会接到很多电话，轻重

缓急各有不同，特别重要的或紧急的电话用红笔标识，就非常醒目。厚厚的电话记录里我们很容易找到红色标识的顾客。

（3）蓝色或者黑色的笔。作平常记录用，通常在每一次电话过程中都会或多或少得到一些客户的信息，记录下来对后续

展开服务及沟通非常有帮助。好记性不如烂笔头，随时记录，能保留很多客户的潜在信息。

2.便笺纸

可供粘贴的便笺纸往往是一个不错的提示。电话中客户可能会要求寄信件或是发邮件等，便笺纸能提醒你做这些事情，让你成为一个不健忘的人，及时快捷的服务能让客户感觉到你的不同之处；另外，便笺纸还便于给同事留口讯。

3.电子电话记录本

电子电话记录本，通常是业务人员日常的电话名录索引，同时又有利于公司人员内部的交流。

4.钟表

钟表可以让我们以尽快做好工作，掌握通话时间。客户的每一分钟都是很宝贵的，钟表可以帮助我们随时做好时间管理。一般情况下，问候电话不超过1分钟，预约拜访电话不超过3分钟。

5.镜子

在电话中，客户看不到我们的形象和面部表情以及肢体动作，但他会想象电话另一端的人的样子。声音传递的不仅仅是说话的内容，更重要的是客户对你的感觉和构思。所以你需要提醒自己，随时调整自己的状态，让客户有正面的联想。

6.备忘录

备忘录随时提醒我们及时处理客户的要求，以此建立良好的客户关系，而良好的客户关系可以提升我们接打电话的效率。

设想一下这样一种情况。电话铃响了，在杂乱无章的文件堆中终于费尽力气找到了电话。“喂！喂！”话还没说出口，就一不小心推倒了放在一旁的香醇咖啡，顿时一大堆文件被那些乌漆麻黑的东西（这时咖啡在你心中早已是一摊污水）所糟蹋，令你忙中添乱，万分沮丧。

所以我们在做事之前，所有资料皆应准备齐全，尤其是桌子上的各种摆设。首先要把桌面整理得干干净净，再摆上电话、文具用品、各种资料、备忘录等。否则，一面歪着脑袋夹住电话，一面找资料，一面又得忙着记录电话内容，岂不手忙脚乱。

最佳放置方位是电话放在左边，备忘录放在右边。

接座机电话时，到底是右手拿听筒，还是左手拿听筒？有些人会觉得奇怪：“只要好拿就行！”其实不然。电话机的正确安放应该是在左前方，以坐着的姿势顺手伸出去正好可以拿到听筒为佳（而左撇子的人则相反），为什么呢？因为电话太近容易干扰工作，而太远了又容易推翻东西，起身弯腰的话又怕耽误了接电话。

接电话时可能要做相当多的记录，所以应该在右手边伸手可及的地方放置备忘录。在左手拿听筒的情况下，右手可顺利地取出纸记下重点，而不至于右手持听筒，要记录时又匆忙地说：“对不起，请稍等。”再慌张地放下听筒，寻找资料或找笔记录，这样，事情进行的程序一下子被中断，不仅思绪混乱，也会给对方留下不好的印象。

商务电话最重要的就是准确敏捷，如果没有做好备忘录，连打电话来的人究竟是谁都很容易忘记或搞错。没有备忘纸，一些事情勉强记在脑袋里，而人的记忆力经常会有模棱两可的意外发生，当放下听筒时很容易对自己的记忆产生怀疑：“刚才到底是张先生还是李先生？”重要的一个字听错，就很有可能铸成大错。

电话铃一响，应迅速地用左手接电话、右手写记录，这是一个非常重要的习惯。商务电话讲究的是效率，只有从容应对，快速无误地记住重点，才会有精湛的表现。电话和备忘录就是你的左右“护法”。

PART 11 会议细节，职场关键

会议前要进行充分的准备

要开好一个会议，准备工作是十分重要的。会前周密详尽的准备，是会议圆满成功的基础。会议的准备工作包括以下几个方面：

1.建立组织

召开一个会议，要有许多人参与组织和服务工作。这些人应有明确的分工，各负其责。建立各种小组，可以使他们在统一领导之下，各自独立地开展工作。一般会议由大会秘书处负责整个会议的组织协调工作。秘书处下设：①秘书组，负责会议的日程和人员安排、文件、简报、档案等文字性工作；②总务组，负责会场、接待、食宿、交通、卫生、文娱和其他后勤工作；③保卫组，负责大会的安全保卫工作。根据会议规模的大小、性质的不同还可以增设其他必要的小组。

2.明确任务

全体工作人员应当明白本次会议的目的，主要解决什么问题，更要明确自己的工作任务及具体要求，以保证不出差错，不贻误工作。

3.安排议题和议程

秘书处要在会前把会议要讨论、研究、决定的议题搜集整理出来，列出议程表，提交领导确定。根据确定的议题，安排日程，以保证会议有秩序地进行。

4.确定与会人员

确定与会人员是一项很重要的工作。该到会的，一定要通知到；不应当到会的，就不应当参加。这方面出现了差错，后果是很严重的。确定与会人员，可以采取以下方法：①查找有关文件、档案资料；②请人事部门提供；③征求各部门意见；④请示领导。如果是大型会议，还要对与会人员进行分组，便于分头讨论、组织活动。

5.发出通知

名单确定后，即可向与会人员发出通知，便于他们做好准备工作。有时准备工作量比较大，而距离开会的时间还远，可以先发一个关于准备参加会议的通知。在开会前，再发出开会通知。

通知一般用书面形式，内容包括会议名称、开会的目的、内容、与会人应准备什么、携带什么、开会日程、期限、地点、报到的日期、地点、路线等。

与会人员接到通知后，应向大会报名，告知将参加会议，以便大会发证、排座、安排食宿等。

6.会场

会议的成败，场地的选择相当重要。应如何选择适当的会议场地，以下6个基本步骤都需考虑进去：

（1）确定会议目的；

（2）确定会议形态；

（3）决定实质上的需求；

（4）考虑与会者的期望；

（5）选择何种会议地点与设备；

（6）评估选择的正确性。

会场布置和安排是会议的又一项重要工作。首先是关于会议场所的选择：

（1）场地必须有空当且可供使用。

（2）场地必须够大以便容纳与会者及视听器材，有人建议平均每一位与会者若能拥有1.5平方米～2平方米的空间，才算理想。

（3）必须拥有包括桌椅在内的适当家具。

（4）必须拥有充足的照明及通风设备。

（5）必须能免于声音、电话、访客等干扰，以防与会者分心。

（6）必须令上层经理及与会者大致方便。

（7）成本必须合理。

此外，会议的气氛主要靠会场的布置来渲染。会议室应当根据会议的内容来安排，或庄严肃穆，或郑重朴素，或明快大方，或热烈欢快。总之，会场的布置应与会议内容相协调。

主席台应设在代表席对面的地方。现在一般在主席台前设讲台，用于发言人讲话。主席台上可适当摆放鲜花点缀。主席台背后悬挂会标或旗帜，会议名称的标语悬挂在主席台上方。

主席台席次：按职称高低排列

10 8 6 4 2 1 3 5 7 9 11

主席桌

7.座次

代表席的座次应当统一安排，照顾全面。因为座位有前有后、有正有偏，在排座位时要根据不同情况妥善安排，照顾到各个方面。

8.印制证件

证件是出席会议的证明，是与会者身份、资格、权利、待遇的证件。代表证、记者证、工作人员证要用不同颜色的字或纸印刷，以示区别。

9.接待和报到

外地代表到达时，应安排工作人员到车站、码头、机场接站。

到驻地后，持通知书到大会报到处报到。报到处接待人员应礼貌接待，验看有关证件后即安排食、宿，登记联系的地点、方式，并发给证件、文件等。

报到人数至少每天向秘书处汇报一次。

此外，还应该注意准备会议用品。大多数会议的成功在很大程度上依赖于事先的准备和组织，包括为这些场合提供恰当的设备和材料——其中有会议地点、各种视听设备，以及书写材料。在此提醒应注意的几个问题：

（1）检查是否预订了点心。

（2）检查休息室的设备是否够用。

（3）保证有足够的停车位置。

（4）多准备一些书面背景材料，以防有些与会者遗失了这些材料。

（5）确定供电系统是否正常。

要遵守的会议礼仪

小刘刚来公司不久，公司应邀参加一个研讨会，该次研讨会邀请了很多商界知名人士以及新闻界人士参加。老总特别安排小刘和他一道去参加，同时也让小刘见识见识大场面。

小刘早上睡过了头，等他赶到，会议已经进行了20分钟。他急急忙忙推开了会议室的门，“吱”的一声脆响，他一下子成了会场上的焦点。刚坐下不到5分钟，肃静的会场上又响起了摇篮曲。是谁在播放音乐？原来是小刘的手机响了！这下子，小刘可成了全会场的“明星”……

没过多久，听说小刘已经“另谋高就”了。

不管是参加自己单位还是其他单位的会议，都必须遵守会议礼仪。一定要准时出席会议，最好是提前3分钟进入会场，这样一切都会从容应对。因为在这种高度聚焦的场合，稍有不慎，便会严重损害自己和单位的形象。

作为职场新人，进入公司后，一定要养成顾全企业大局的习惯。除开公司和部门内部的会议，也有机会参加其他一些会议，因此，在参加会议之前要做好准备。在开会前，如果你临时有事不能出席，必须通知对方。参加会议前要多听取上司或同事的意见，做好参加会议所需资料的准备。开会的时候，如果让你发言，那你的发言应简明扼要。在你听其他人发言时，如果有疑问，你要通过适当的方式提出来。在别人发言时，不要随便插话，破坏会议的气氛。开会时不要说悄悄话和打瞌睡，没有特别的情况不要中途退席，即使要退席，也要征得主持会议的人同意。要利用参加会议的机会，与各方面疏通，建立良好的人际关系。

在工作中，你可能经常要被派去参加会议的筹备，所以也要了解一些筹备会议的要点：准备好参会人员名录，是否参会最后给予确认；进入会场时给客人领座位，如果没有确定座位，就让参会者从最里面依次就座；整理分发会议资料，准备好投影仪等会议用品；看参会者是否有私人物品（如冬天的大衣、帽子等）需要保管，准备好茶水、饮料及水果；如果会议途中外面有人找，用纸条或耳语通知当事人；会议途中，不能没人值班，如果自己有事走开，要请人替代。

其实，职场中任何一个人都要遵循会议中的纪律，具体表现为：

如果有工作装，应该穿着工作装。比规定开会时间早3分钟左右到会场，而不要开会时间到了才不紧不慢地进会场，而对别人造成影响。

开会期间，应该表现出认真听讲的姿态。开会也算是在工作，认真听讲的姿态不仅表现你的工作态度，也是对正在发言者的尊重。

那种趴着、倚着、打哈欠、胡乱涂画、低头睡觉、接打电话、来回走动以及和邻座交头接耳的行为，是非常不礼貌的。

在每个人的发言结束的时候，应该鼓掌以示对他讲话的肯定和支持。

此外，在会议当中，关于与会人员的礼仪，具体地要视与会人员的身份来定。与会人员主要分为主持人、主席团成员、发言人以及会议嘉宾及代表等。

1.主持人礼仪

会议通常由部门负责人或德高望重的学者主持。会议的成败在很大程度上取决于主持人。作为主持人，在礼仪上应注意以下几点：

（1）服装整洁，给人以庄重的感觉。男主持人穿中山装，应扣好领扣、领钩和裤扣；穿西服，则应按常规系领带。女主持人着装宜高雅，给人以端庄的感觉。根据会议的内容、形式和特色，对主持人的服饰也不必做单一的要求，可以多姿多彩。

（2）提前到会，以便做好相应的准备和安排。

（3）步履自然。男主持人的步伐要稳健，表现出刚劲、洒脱的阳刚之美；女主持人的步伐可以略显轻盈，体现出恬静、娴淑的阴柔之美。

（4）坐姿端正。主持人落座后，上身正直而稍向后倾，面对前方。

（5）谈吐文雅。开会时，主持人首先讲明会议主题及有关程序，介绍来宾和发言人等。主持人讲话应尽量使用普通话，力求做到言简意明。

（6）倾听发言。当发言人开始发言和发言结束时，主持人应带头鼓掌致意。主持人注意倾听发言人的发言，对发言表示重视，而不要埋头看与发言无关的材料，或同他人交头接耳，谈笑风生，同时还应尽量避免出现搔头发、挖耳鼻等不雅观的动作。

（7）全神贯注。主持人主持会议时应全神贯注，审时度势，引导会议有条不紊地顺利进行。

（8）掌握时间。主持人应严格掌握会议的时间，适时作出总结，按时结束会议，切忌把讲究实效的短会开成“马拉松”式的长会。

2.主席团礼仪

主席团成员首先要明确自己的身份和责任，严格要求自己，以身作则，率先垂范，成为所有与会人的楷模。出席会议要守时，决不可迟到。确实不能按时出席的必须及时请假，通知主持人或有关工作人员。入场要按照顺序井然入座，不可临时推推让让、故作姿态。如果会场有掌声欢迎，主席团应鼓掌微笑致意。

在会议进行中，不得任意离开、左顾右盼、交头接耳，要精神专注地倾听发言人的发言。需要鼓掌时应当及时鼓掌，鼓掌要随众而起，随众而止，动作要适当节制，不要显得漫不经心。

散会时，要和大家一起起立，不要提前，也不要落后。然后依次退场。

3.发言人礼仪

发言人是会场的中心人物，对会议的质量有着首要的作用。发言人的发言要言之有理、言之有物、言之有味，使听众能了解主旨，有所收获。发言人要尊重听众，尊重主持人，遵守会议纪律。

发言人要注重仪表和举止姿态。要衣着整洁，举止庄重、表情自然、精神焕发。

发言前，要环顾全场，向听众致意。如有掌声，亦应鼓掌还礼。

发言时，要讲究语速，不快不慢；讲究音量，不高不低；讲究节奏、语气、声调；始终要保持感情充沛；重要的地方要加重语气，提高音调，形成高潮。如果会场出现松弛、听众精神涣散时，应考虑调整语气，稳定情绪，必要时应调整内容，压缩时间。

报告结束时，要向听众和主持人致谢。

4.会议嘉宾礼仪

会议嘉宾与主席团一样，在会场中占有重要位置。作为嘉宾参加会议，除了必须像主席团成员那样讲究礼仪外，还应当注意了解会议内容、程序和对本人的要求，了解会议时间、地点和有关规定。参加会议要守时、礼貌，客随主便，听从主人安排。切不可马虎了事、敷衍应付，甚至高傲自负。

5.会议代表礼仪

参加会议的代表，要遵守纪律、讲究礼仪。进入会场，即要轻声轻气，动作要严谨轻缓。发言人开始和结束发言时，要鼓掌致意。重要的贵宾讲话时，可以全体起立，并报以鼓掌。

发言人发言时，要认真倾听，必要时要作记录。不要交头接耳、左顾右盼。一般不应离席，确实必须离开时，应当向有关人讲明原因，离席时要弯腰、侧身，尽量少影响他人，并表示歉意。

养成做好会议记录的习惯

在会议过程中，由专门记录人员把会议的组织情况和具体内容如实地记录下来，就形成了会议记录。

会议记录有“记”与“录”之分。“记”又有详记与略记之别。略记是记录会议大要、会议上的重要或主要言论；详记则要求记录的项目必须完备，记录的言论必须详细完整。若需要留下包括上述内容的会议记录，就要靠“录”。“录”有笔录、音录和影像录几种。对会议记录而言，音录、影像录通常只是手段，最终还是将录下的内容还原成文字。

会议记录的要求归纳起来主要有两个方面：一是速度要求，快速是对记录的基本要求；二是真实性要求，纪实性是会议记录的重要特征，确保真实是对记录稿的基本要求。

真实性要求的具体含义是：准确——不添加，不遗漏，依实而记；清楚——首先是书写要清楚，其次是记录要有条理、突出重点。

会议记录应该突出的重点有：会议中心议题以及围绕中心议题展开的有关活动，会议讨论、争论的焦点及各方的主要见解，权威人士或代表人物的言论，会议开始时的定调性言论和结束前的总结性言论，会议已议决的或议而未决的事项，对会议产生较大影响的其他言论或活动。

虽然会议记录应当由会议秘书来做，但是如果有一天上司决定由你来负责会议记录时，你应该知晓以下的一些细则：

1.记录讨论的要点

在会议的进行中，经常要进行许多讨论。会议记录并不是要逐字记录会议内容，一般只要记录下讨论的要点即可。

具体来说，你应当记录会议的时间和地点、与会者姓名（如果适当）、提出的全部项目（但不必包括讨论的细节）以及作出的全部决定、协议和任命。在会议过程中做笔记，然后再据其写出完整的备忘录。备忘录必须公正、风格简明、清晰准确。准确是很重要的，特别是当会议记录可能作为以后辩论的依据时。

2.逐字录音和修改

会议进行中，可以借助录音设备对会议内容进行录音，特别是决议或修正案，一定要一字不漏地进行录音，这样在会后整理记录时，可以有充分的依据，便于逐字修改。

要注意录音机摆放的位置，不要离发言人太远，以免录取的声音太小；也不要离发言人太近，避免声音过大而不清楚。

3.会议记录的宣读和修正

在会务进程中的适当时间内，会议主持人请秘书宣读会议记录。有时也可延期或取消宣读会议记录，然而不该经常如此，延期宣读记录易使错误难以发现。

秘书宣读记录后，主持人问："对记录有什么修正吗？"问后应稍等一下。如有修正，修正意见又经过全体一致通过，主持人应说："如无反对，×先生所指出的错误将予改正。"

如果所提修正未获一致通过，主持人不需等待别人动议即可诉请投票，以决定是否应该修正。

如有小修正，秘书应立即用笔在会议记录原本旁边加以注明，并附上签名；如有大修正，要作为附录插在会议记录有错的那一页。修正声明要在会议记录上记下来作为批准的证明。

如果会议记录的错误在以后才被发现，则由大会修正。修正和最后批准会议记录是大会的任务。

会议记录归档后，只能修正错别字和标点符号，其他修正要得到大会的批准。

有些组织在每次会议后把会议记录复本分发给公众研读，以便下次会议时修正。

4.会议记录的批准

对会议记录如无修正，或已修正好了，可由会员提出议案，批准这份修正稿　或者由主持人请大家投票通过；或者由主持人声明：“如无其他修正，已修正的记录将获批准。”

会议记录获得大会批准前只是秘书的记录稿，批准后的记录，秘书要在记录最后写上“批准”两字，再签名及注明日期，这样才成为会议的正式记录。有些组织要求会长也签名，有些会长和秘书在记录的每一页上都标注他们的签名。

5.将打印批准后的会议记录发给会议成员过目

这方面的工作任务主要有：

（1）整理并制发会议纪要。许多会议在会议结束之后要印发会议纪要，使与会者对于贯彻会议精神有个依据。会议纪要若能在会议结束前写出初稿来，向到会代表征求意见，当然很好；如果不能这样做，在会后整理也是可以的。整理会议纪要

的主要依据是会议工作报告及其讨论情况。

（2）组织宣传报道。有许多会议为扩大影响，会后（有的在会议期间）往往要通过报纸、广播、电视等媒介进行宣传和报道。报道稿件，有的由采访记者执笔，为慎重起见，还往往请会议主办单位审核；有的由会议主办单位提供初稿，新闻单位酌情修改后发表。无论采用哪一种方式宣传报道，秘书部门都必须参与。

（3）整理会议全套文件归卷。会议全套文件，指会议通知、会议上发放的文件资料、会议记录和简报、会议总结、会议纪要、会议现场照片和录音、录像等。

（4）检查会议精神的贯彻执行情况。这方面应包括会议精神的传达情况、执行会议精神的实际活动情况和效果等。发现问题或者发现效果明显，都要及时向机关单位领导人汇报，并采取措施解决出现的问题或推广经验。

选择正确的座位

与会者座位的安排对会议的成功有很大的影响。预先考虑座位安排，如果必要，可设计一个座位安排方案，给会议创造一个良好机会来达到目的。

布置会议场地，应考虑会议的性质及与会人数的多少。例如：在提供信息的会议里，倘若人数众多，则以不设桌子的戏院式安排或是设桌子的教室式安排较为理想。在解决问题的会议里，假如人数不多，则最理想的安排是让每一位与会者均环绕桌子而坐，这样可方便每一个人跟其他的人进行多项沟通。

再如：在培训会议里，如人数不多，则可令与会者坐在马蹄型的桌子的外圈，这样不但便于与会者与主持人之间的沟通，而且也便于与会者跟与会者之间的交流；但若人数众多，则最好是将与会者分成若干小组，每一小组各聚在同一桌子周围，这种安排的好处在于方便分组讨论及综合讨论。

1.排列座次的几种规则

（1）凡要正式公布名单的，按照名单先后顺序排列座次。

（2）按照职位大小排列座次，职位一样的以姓氏笔画为序排列先后。

（3）按照姓氏汉语拼音字母字头为序排列先后。

（4）按照姓氏笔画为序排列座次。

2.排列座次的几种方法

（1）横排法。即按照公布名单或以姓氏笔画为序从左至右依次排列座次，先排出席会议的正式委员（代表），后排候补委员（代表）。

（2）竖排法。即按照各代表团成员的既定次序或姓氏笔画沿一条直线从前至后依次排列座次，正式代表在前，候补代表在后。每个代表团的排列次序按固有顺序从左至右排列，或以会场中心座位为基点，向两边交错扩展。

（3）左右排列法。即按照公布名单或以姓氏笔画为序，以会场或主持人台中心为基点，向左右两边交错扩展排列座次。中国传统习惯以左为上，排在第一位的居中而坐。以此为基点，其余的以居中者的左手方为第一顺序，一左一右，依次排列。

另外，关于座位的排列还应该安排不同的会议类型来灵活处理。

1.一对一会议

在一个一对一的会议上，两人的座位安排可决定会议的格调，并影响讨论的进程。如果你正在主持会议，可通过适当安排座位来影响会议的正式程度。一对一会议有两种座位安排：支持性的、合作性的和面对面的。为了解与会对方对会议气氛的感受，可在桌子四周放四把椅子，在他到会前你先坐下，再看他坐在哪里。

（1）支持性的、合作性的。如果你希望是支持性的，可与另一个人在桌角两边就座，这有助于消除障碍且可进行目光接触。

（2）面对面的。坐在桌子的对面，使自己与另一人保持距离，这个位置能使不一致的观点表达得更自在一些。

2.就座分组

大型会议的目的决定座位安排。围绕一张桌子安排一群人就座时，用两种形状的桌子有三种基本的选择。如有谈判或对立的可能性，选一张长方形的桌子，“双方”可相对而坐，在一边的中心安排一位中立的主席。要强调会议中的等级观念，主席就座于长桌的顶端。对于较非正式、不分等级的会议，选择一张圆桌，每个人平等地围桌而坐。如果一个会议的参加人数众多，将在礼堂或大房间内举行，就将座位排成行且面对主席。

3.文化差异

通常，重要性与职位相联系，一个资历较低的副总裁决不会被安排在比总裁更重要的座位上。但在一些文化中，年龄有很大的分量，所以最年长者在会议上往往就座于地位最高的座位。因此在安排座次时，要充分注意文化差异。

除了根据会议类型来适当安排座位之外，还可以运用策略来灵活地排座。

策略性排座是以与会者会受其邻座的影响这个假设为基础的。明确你想从会议中得到什么，然后通过安排座位帮助你达到目的。对于有争议的问题，通过座位安排把派系分散开，避免让观点相反或观点十分相似的人相邻而坐，这样做会使观点泾渭分明，并防止讨论离题。可根据你了解和分析的与会各人对所要讨论问题的观点，来构划座位安排图。目光接触对于向自己团队的成员表示下一步将做什么是很重要的。想一想谁应该与谁进行目光接触，相应地安排人们的座位。

因此，一个人要想在社交场合展示自己良好的修养，一定要善于观察座位安排，找准自己合适的位置来坐，否则将会影响别人对你的评价。

如果会议没有正式排座，可观察别的与会者坐的位置，相应地选择你自己的座位。某人坐的位置可能显示他对所讨论的问题的感觉以及他想在会上起什么作用。强硬的反对者可能会选择靠近主席的位置向全体与会者发号施令；坐在中间可能提示希望充分参与或对会议桌那边的讨论起支配作用。如果你是主席，尽力劝说声音最响、最直言不讳的人坐在你的正对面。

开会争论时**切忌人身攻击**

参加会议或讨论时最重要的一点就是只谈正题，不要讨论不相关的话题，否则就得不到真正的结论。

有些人总是喜欢在会议进行到一半的时候，因为某个论点而牵扯出别的话题，为了这个不相干的话题而滔滔不绝地讲个没完，甚至牵涉到人身攻击，占用了大家宝贵的时间。

如果你只就主题提出客观的看法，不但可以节省大家的时间，使会议能够顺利进行，也不会因为口不择言而事后追悔莫及。

同事间争吵的原因，十之八九都是说话不当惹的祸。等到引起了对方的不悦而发生争执时，你再向对方解释："我不是这个意思！""你误会了！""你想错啦！"对方也很难谅解。

在重大会议之前，你是否会先自我检查：自己所发表的意见里，会不会涉及人身攻击，会不会把一些例外的事件演绎成一般事件，会不会夸大其词，等等。

老张是公司的重量级人物，德高望重，业务精湛，但唯一的缺点就是听不得别人说他半句坏话，哪怕是别人好心的提醒，他都要先用气势把对方压下去再说。一次，部门开季度总结大会，一位新来的同事不了解老张性情，对他的策划案发表了一些自己的看法，话还没说完，老张立刻拍案而起：

“你一个刚刚参加工作的，懂什么！我做这份企划有多辛苦，你知道吗？别站着说话不腰疼！”突如其来的呵斥把新同事弄蒙了，之后只能对他敬而远之。

其实，对待批评首先有个心态问题。你可以不同意别人的观点，但要尊重别人说话的权利，否则大家表面上不给你提意见，但背地里的意见更大。

诸如此类的事情都该避免，开会或是讨论问题应该对事不对人。如果你不能保持公正而客观的态度，反而利用会议的时间来发泄个人恩怨，别人也会这么对待你，把你当成攻击的目标。那么，即使你有很宝贵的意见，也不会被大家接受。

其实，明智的做法应该是这样的：要知道在批评面前，反击、争辩或是无礼都无济于事，乐于接受批评才是成熟和职业化的表现。对此，在应对开会中别人对自己的批评时，应该注意以下4点：

（1）保持清醒。当别人对你提出批评时，你要明白，他没有具体操作你的工作，你的难处他并不了解，而且有些人只是为了发言而发言，他们的意见有的对，有的不对。但你更要清醒，其实绝大部分的批评确实是有建设性的。

（2）先从自己身上找原因。别人为什么会提这样的意见？按照他的意见会不会做得更好？自己有没有可能做得更好？如果这样想，那你一定能进步。

（3）不要寻找替罪羊。不要试图争辩、迁怒他人或是矢口否认，解释往往会被看成借口。保持职业化的姿态，说一句话："我会认真考虑大家的意见。"

（4）清楚自己的局限性。或许人们指责的事和你并不相干，你却因它而受到批评。也可能真正要讨伐的对象是公司的政策，或是整个部门对某个项目的努力程度，那就别把这回事私人化了，做自己力所能及的事。

切忌谈论与会议无关的事

一般情况下，在会议中出现离题是因为议程设计不够紧密，因为议程设计是会议的开始。如果议程存在问题，讨论就无法按既定计划进行，或者在会议中出现了使与会者更感兴趣的话题。

如果会议议程设计不够紧密，在会议中的讨论就容易失去系统性。有时，即使会议议程设计得很紧密，若主持人及与会者对议程缺乏有效率的讨论整合能力，讨论就很可能在大家默许的情况下越扯越远。解决的办法应该是在每个议题讨论告一段落时，即作归纳整理，以确保讨论按有计划的安排进行。

与会者常常无法专心讨论一个问题，以至于徘徊在多个话题间却无结果，这样的情况也是很普遍的。研究发现，每个话题只维持一分半钟的讨论，就换讲别的话题，这种情况在成员间互动性高的会议里可说是非常平常。当然，话题转变迅速并不一定都不好，但若缺乏适当的控制，常会导致会中无法达成决议，或有讨论而无决议。那么，什么时候转换话题好呢？一般来讲，当一个议题有了结果，并确定了负责执行的人，再转换话题、讨论下一个议题为好。

一个讨论议题往往包含许多子题。话题在各子题间转来转去，只要在合理的范围之内，都无可厚非。倘若其他意见不致影响正在进行的讨论，那倒无所谓，但若是在与议题完全不同的话题间转圈圈，讨论就会事倍功半。

不过在会中闲聊是造成讨论离题的又一个重要原因。因为闲聊肯定与议题无关，不管是自觉还是不自觉的闲聊都会影响会议质量。主持人发现这种情况应立即制止，并设法引起他们

对议题的兴趣，使他们的话题转移到议题上来。

离题是与会人员在会议发言中出现的一种“脱轨”现象。这种现象与会议中出现的冷场或会议人员沉默相反，会议热烈得过了火，容易出现发言离题现象。以往的经验告诉我们，如会议讨论中出现传闻、逸事等与议题无关的闲话，与会人员喜欢海阔天空、津津有味地谈论，越扯就离会议议题越远。这种现象的出现通常是因为与会者认为会议议题与自己无关，不感兴趣造成的；也有人认为对会议议题不好发言，而沉湎于题外的话。这时，主持人应视情况采取应变措施，如接过讨论的话题，顺势巧妙地引回到会议正题上来；联系议论的某一层意思，提出新的话题，引入到会议正题上来，或者用一句善意的话或风趣的话截住议论而引入会议正题。

另外，一些与会人员在会议发言中，为了借此显示自己的才能，或显示自己见解的高明，自觉或不自觉地讲与会议议题无关的内容，这是讨论离题的又一现象。主持人对这种离题现象的处理不宜简单粗暴，而应尽可能采用不影响发言者情绪和会议气氛的方式，用礼貌的形式提醒发言者，让他尽快结束离题发言。

毋庸置疑，会议离题不但降低会议成效，损失物力和财力，而且浪费与会者宝贵的时间，因此必须避免这种情况。避免会议离题和受干扰，可以采取这样的技巧：

（1）会议时间对于每个与会者而言，都是非常宝贵的。实际上，开会不仅仅花费时间，还有一系列费用开销，因此会议要想短而精，应紧扣主题进行，避免离题发言。

（2）会议上尽可能不安排即席讲话和即席发言，是避免会议中出现离题的一个技巧。会议主持人应该使用最明白的语言，对议题作出最明确的表述，并清楚地指出会议需讨论的主题。这样，在会议中，当某一个人的发言离题时，能够很快地被发言人和他人所察觉。

（3）当会议中出现离题现象时，既可以通过语言来处理，也可以通过传送“信号”以暗示的方式来解决。信号的优点是简洁、善意，有时还富于幽默感。信号不是像说话那样听起来唠唠叨叨，而是简单地表明一个意思：“请转换话题。”使用信号暗示时，必须弄清楚哪些是可以使用的信号，以确保每个与会者都能认同，没有谁会感到被侵犯，还应该保证主持会议的人通常能够及时地发送出正确的信号。

（4）当与会者在会上讨论一个他们不感兴趣的话题时，重新集中注意力尤为重要，否则他们常常会跑题。此时，会议主持人就必须把谈话离题的员工引到他最感兴趣的问题上，这样才能使会议达到预期的目的。开会时，只要中层经理能把与会人员的注意力吸引到议题上来，离题的现象最终是可以避免的。

PART 12

健康细节，影响一生

重视饮食和营养

在现实生活中，一些有作为、有知识、有天赋的人往往被不良的健康状况所羁绊，以至于终身壮志未酬。许多人都过着一种不快乐的生活，因为他们自己意识到，在事业上，他们只能拿出一小部分的真实力量，而大部分的力量却因为身体不佳而力不从心。由此，他们对自己、对世界产生了消极思想。

天下最大的失望，莫过于理想不能实现。他们感觉到自己有很大的精神能力，但是却没有充分的体力作为后盾。自己感觉虽有凌云壮志，却没有充分的力量去实现，这是人世间最悲惨的一件事情！

许多人之所以饱尝着壮志未酬的痛苦，就因为他们不懂得常常去维持身心的健康。保持身心健康，是事业成功的保障，是保障工作效率的重要前提。

而正确的饮食之道是与旺盛的生命活力紧密相关的。依据现代科学指出，抗衡都市压力的一个重要因素便是营养，而营养主要是从饮食中直接得来的。我们只有从饮食中摄取了养料，就可有应付压力的资本。所以正确的饮食观相当重要，这样可以增强身体抵抗压力的能力。

对于人类来说，要维持生命健康与长寿，最关键的一点就是要平衡膳食、合理营养。

所谓合理营养是指膳食营养在满足机体需要方面能合乎要求，也就是说由膳食提供给人体的营养素种类齐全、数量充足，能保证机体各种生理活动的需要。合理的营养能促进机体的正常生理活动，改善机体的健康状况，增强机体的抗病能力，提高免疫力。

达到合理营养要求的膳食一般称为平衡膳食，基本要求是：

（1）膳食中热量和各种营养素必须能满足人体生理和劳动的需要。即膳食中必须含有蛋白质、脂肪、碳水化合物、维生素、无机盐及微量元素、水和膳食纤维等人体必需的营养素，且保持各营养素之间的数量平衡，避免有的缺乏而有的过剩。

因此，食物应多样化，因为任何一种天然食物都不能提供人体所必需的一切营养素，所以多样化的食物是保证膳食平衡的必要条件。

（2）合理的饮食制度。如餐次安排得当，可采取早晨吃好、中午吃饱、晚上吃少的原则。

（3）适当的烹调方法。要以利于食物的消化吸收，且有良好的品相，能刺激食欲为原则。

（4）食品必须卫生且无毒。

当然由于人们的生活环境不同，饮食习惯、健康状况等也千差万别，对营养的要求也就各不相同。在实际生活中，只有根据合理营养的基本要求，按照每个人的性别、年龄、劳动状况、健康情况等方面综合考虑，安排好每日膳食，才能真正达到合理膳食的要求。

随着科学家对人体愈来愈了解，关于食物营养方面的资讯也愈来愈丰富。你应该随时注意有关膳食的信息，以下是几点可帮助你达到平衡膳食的方法：

（1）新鲜水果和蔬菜应该占所吃食物中的最大比例，它们含有相当丰富的维生素和营养物质，而人体最容易吸收这些物质。

（2）应多食的第二种食物就是碳水化合物，诸如面包谷物和土豆等。

（3）蛋白质（诸如瘦肉、鱼和乳酪）是非常重要的食品，但不宜吃得太多，每天食用少量即可。

（4）避免油性食物，限制食用油的食用量，并且拒绝油炸食物。同时也应避免少量或吃糖，像糖果和可乐之类。

此外我们还应摄取不同的食物，以供应身体不同的需要，不要偏食，应该拒绝不当的饮食方法。

切勿在生气、受到惊吓或担心时吃东西。因为当你在备战状态时，你的身体便无法充分吸收所吃食物的营养，尤其不可养成一紧张就想吃东西的习惯，因为这样只会使你变胖而已。

适当地调整饮食习惯是非常重要的事，因为如果饮食过量的话，你的身体会承担过多的负荷，而且沉溺饮食会使你延误一些应该立即处理的问题。如果你无法控制自己的饮食，不妨请教专家协助你。

养成良好的生活习惯

德国哲学家康德活了80岁，在19世纪初已算是长寿老人了。某医生对康德做了极好的评述：“他的全部生活都按照最精确的天文钟做了估量、计算和比拟。他晚上10点上床，早上5点起床。接连30年，他一次也没有错过点。他7点整外出散步。哥尼斯堡的居民都按他来对钟表。”据说康德生下来时身体虚弱，青少年时经常得病。后来他坚持有规律的生活，按时起床、就餐、锻炼、写作、午睡、喝水、如厕，形成了“动力定势”，身体从弱变强。生理学家也认为，每天按时起居，能使人精力充沛；每天定时进餐，届时消化腺会自动分泌消化液；

每天定时如厕，能防治便秘；甚至每天定时洗漱、洗澡等都可形成“动力定势”，从而使生物钟“准时”。

某著名养生专家认为：人体的一切生理活动都是起伏波动的，有高潮也有低潮。人体内有一个“预定时刻表”在支配着这些起伏波动，养生专家们称之为生物钟。人体血压、体温、脉搏、心跳、神经的兴奋抑制、激素的分泌等100多种生理活动，都是生物钟的指针，反映了生物钟的活动状态。人体各器官的机能是按生物钟来运转的。生物钟准点是健康的根本保证，而“错点”则是柔弱、疾病、早衰、夭折的祸根。

因此，我们不赞同年轻人通宵看电影、熬夜泡吧，因为通宵或熬夜会使你的生物钟“错点”，表面上看没什么变化，但会导致身体激素分泌紊乱，体力变化极大。如此日积月累，“错点”便会在身上产生反应，患病也就成为必然的了。

如果你的生物钟的运转和大自然的节律合拍融洽，就能“以自然之道，养自然之身”。目前，医学专家公认生物钟是自然界的最高境界，因为自古至今，健康长寿者的养生之道虽然千差万别，但生活有规律这一条却是共通的。为此，我们首先要养成良好的生活习惯。

越早奠定健康生活方式的基础，养成健康的习惯，以后获益就越大。养成良好的生活习惯，不仅可以避免中年体衰，而且到老都能身体健康。儿童比成年人更容易养成良好的健身习惯，如良好的饮食、运动和放松的习惯。我们越多向青少年灌输有关健康生活的知识，国人的体质将会越健康。要记住：导致过早死亡和丧失工作能力并浪费大量保健经费的许多疾病，都是由于不健康的生活方式造成的，如果在年轻时尽早采取预防措施，有些病完全可以避免。

1.戒除不良的嗜好

如酗酒、嗜烟（大量吸烟）、嗜赌（赌徒）。有人说得好，在危害健康的诸因素中，最严重的莫过于不良嗜好的危害持久而普遍。

2.改变不良的生活习惯

如卫生习惯差，病从口入，易得胃肠传染病或寄生虫病；暴饮暴食者，易患胃病、消化不良以及易于致命的急性胰腺炎；爱吃高脂及高盐食者，最易患高血压、冠心病等。一旦不良习惯养成，对健康的危害就会经常或反复出现。

3.不要滥用药物

有关专家指出，当前药害已成为仅次于烟害和酒害的第三大“公害”。全世界每年死于药害者不下几十万人。为此，欲求健康长寿，必须停止滥用药物，包括滥用补养药品。补药用之不当，也会伤人。

4.切忌操劳过度

卡耐基认为：野心很大的人可能会成功，但是，野心也容易使他无法活得很久、享受人生。所以，如果升职必须加上很大的压力、紧张和过度操劳，你就应该考虑放弃升职。

如果赚大钱的代价是不幸或早衰的话，你应该宁愿少赚一些钱；如果对自己鞭策得太严了，你应该鼓励自己满足于稍低一层的成就。

5.减缓节奏

放松可使你完全忘记一天的烦恼和问题，虽然每个人都有放松的必要，但就是有人无法放松自己。

放松自己并不是偷懒的表现，反而是使你的思想保持最佳状态的妙药。一天之中能有短暂的休息可以缓解你的紧张，并给你的潜意识活动的机会。

6.适量运动

最理想的情况，是把运动当作放松娱乐和自己的一种方式。放松和娱乐对你的思想能力有很大的影响，而运动除了能保持身体健康之外，对思想同样也会有所帮助。但你必须保持适量和适度，过量的运动反而会引起疲劳。

你可以每周做3次运动，每次20分钟。运动是对身体和心理最好的刺激物，它对于清除负面影响因素有很大的帮助。体育训练已成为了解人类潜力的重要方法，并且可以培养出一些有助于你追求成功的技巧。

7.抵制有害的情绪

自古以来就有“怒伤肝”“忧伤肺”“恐伤胃”及“积郁成疾”之说。这就是说，消极的情绪会影响人的身体健康。例如，长期不愉快、恐怖、失望等，胃的运动就会被抑制，使胃液的分泌减少。而这些对肠的影响也是同样的。总的来说，这样使人消化机能不好，容易产生胃溃疡。

消除内心的压力

事业上的成功、家庭的幸福美满，人际关系的和谐，是每个人都期望的生活目标。追求高质量的生活无可厚非，还应积极提倡。

问题出在哪里呢？你的能力和心理素质。除了极个别智力超常的人外，大家的智商其实都差不多，而能力却相差很大。在同一个目标下，能力强的人往往比能力弱的人压力要小，因为能力强的人觉得获胜的机会比较大，目标离他越近，压力就会越小。

有了压力不一定就是坏事，压力来源于人的需求，而这种需求就是人们追求奋斗的原动力。感受到压力，体会到自己的需求，能产生为之拼搏的欲望。人在走到绝路的时候，巨大的压力往往爆发巨大的潜能，“置之死地而后生”就是这个道理。

但是如果自己给自己的压力太大，或由于客观原因而压力过大，则会超过人的承受能力，使我们感到心力衰竭，不堪重负，甚至产生一些心理疾病，更别提奋斗了。就像弹簧一样，在没有超过其承受范围时，你用力压紧它，松开手，它会用力反弹；但一旦超过其范围，弹簧发生变形，再用劲也反弹不回来。

那么压力来自何方？

造成一个人压力的原因是多方面的，如企业内部缺乏良好的激励机制、工作中复杂的人际关系、工作强度大、自身的职业定位不正确等。超强的压力会给个体的职业发展与健康带来严重的负面影响，在个体身上造成的后果可以是生理的、心理的，也可以是行为方面的。笼统来说，压力来源主要有下述几个方面：来自体外的压力（专家们称之为外部压力）以及产生于个人体内的倾向和行为的压力（专家们称之为内部压力）。

具体来说，大致有以下 4 方面压力源：

1. 外部的逆境

压力无处不在，人们很大一部分的外部压力来自于外部的逆境，也就是人们都能感觉到的日常压力，比如丢了钥匙、遇到交通堵塞、手机出了毛病。另外，还有一种外部压力是组织压力——当不得不将有毒废物运往另一个地方，或者违反了交通规则时，就意味着人们遭遇到了“组织压力”。

同时，作为人类社会的一员，每个人都还面临着生活中的社会压力，面对他人的发火、挑衅和愤怒。同时，生活中还有一些让人不能忘记的重要事件，像失业、无法获得提拔或有人去世等。

2.内部陷阱

消极的暗示也是人们产生压力的主要诱因。各种各样的外部压力使人们担惊受怕，它们总是不断地发生在人们身边。

但令人奇怪的是，这些压力中的大部分都是我们自己制造出来的。常常进行消极的自言自语往往会带给人消极暗示，例如，“我最近身体状况不大好”“这份新工作可能和原来那一份一样糟糕”，这些都是工作压力产生的直接诱因。

3.不健康的生活方式

自我产生压力的另一种方式，就是选择了一种不健康的生活方式。不健康的生活方式直接影响到人们的身体健康，浪费了人们大部分的时间，这些都会反映在工作中的无秩序、缺乏效率，这些都是压力的主要来源。

4.忧郁的个性

有些人天生就容易给自己制造压力，这体现在其个性的许多方面。也许有人会认为，压力可以使人变好也可使人变坏，但是，最终它会让人为此付出代价。

当人们知道了自己所承受的压力以及来源时，就可以制订控制压力的计划。该计划必须详细，而且应该包括控制或消除压力的方法。例如，当压力出现，同时自己的工作期限又快到的时候，人们可能不得不加快速度并潦草地完成工作。也许这能逃过老板的眼睛，但自己知道干得很糟。这种做法可能会引起自己的挫折感和失败感，同时会造成压力增多——于是一系列的不愉快又开始了。

洞察了压力产生的内在原因，也就有了如何对抗或消除压力的一系列方法：

1.控制时间

人们对时间控制得越好，所做的工作就越多，承受的压力就越小。有效的时间控制的关键就是关注结果，而不是关注过程。要认识到追求工作质量和奉行完美主义是有区别的，追求完美只会浪费时间和增加不必要的压力。要学着创造更多的时间。如果你的工作比时间还多，那么试着早到30分钟或是迟走

30分钟。试着从午饭时间中节省15分钟。

另外，要经常评估你利用时间的方式。选择一天，记录一下自己花在工作上的每一分钟，你就会发现自己的时间浪费在了哪里。

2.控制节奏

即使再优秀的运动员，也不能在场上一直运动而不休息。起初，压力也许真的会提高人的工作绩效，但一旦过了头，过多的压力就会对人的工作能力造成影响。

每天的睡眠在不断地循环，工作的高效期也在不断循环。也许有人已经注意到，早晨的工作效率比下午要高，或者要在晚上11点以后工作效率才会再高起来。这些循环叫作“节奏”，它们每天都在发生。

为了能在高峰期高效地工作，要注意一下那些容易让人陷入倦怠的波谷，并且小憩一下，而不是沉湎其中而形成压力。

3.生活要有计划

生活没有计划，容易给个人造成额外的压力。如果同时要做好许多事情，当然就容易导致混乱、遗忘，还总让人觉得还有那么多事情没做完，加重了生活的压力。所以，如果可能的话，要为自己立个计划，让自己做到心里有底，做事时有条不紊。此外，最好能一次就只做一件事，并且一次性将任务完成。

4.改变你的认知方式

我们对事物的看法决定了我们感受到的压力。采用换位思考可以帮助我们更好地理解别人，如当你与上级沟通存在障碍时，可以设想一下如果你是上级会怎样处理，这样将有助于与上级更好地沟通。

5.改变你的思维方式

人的思想感情与个人的观念和人生哲学有关。仔细分析一下，如果发现这些观念在一定程度上导致了不良的情绪，给你的生活带来了压力，那就有必要为此做出一些改变了。改变个人的人生观、处世态度是很困难的，但是，哪怕只做一点改变，有时就可能收到意想不到的减压效果！

6.消除工作中的环境压力

你是愿意坐在一个干净整洁、一切都井井有条的办公室里，还是愿意坐在杂货店似的一团糟的办公室里？很明显，一个井井有条、令人愉快的工作环境，会减少压力并提高工作效率。如果一个人在每找一份新报告、一盒铅笔或一份重要文件时都要花10分钟，那么他感到十分压抑，并且无法按时完成任务，就毫不奇怪了。

7.学会宣泄

当遇到不如意的事情时，可以通过运动、读小说、听音乐、看电影、找朋友倾诉等方式来宣泄自己不良情绪，也可以找个适当的场合大声喊叫或痛哭一场。学会宣泄就是指当你的坏情绪累积到一定程度后，你应该找一个你信任并能与其自由自在地说话的人，如朋友、亲人、要好的同事，或者心理医生，向对方讲讲自己的心里话。研究证明，把闷在心里的话说给一个乐于倾听你的人听，是一种非常有效的减压方式。

8.消除压力源

当你感到有压力时，首先要找到压力源，尽可能地消除压力源。如果你的压力是因为工作量太大造成的，你可以通过合理的时间管理来区分工作的轻重缓急，重要的工作马上完成，次要的和不那么重要的可以先放一放，待时间充裕时再完成。

9.学点放松技巧

有时候，人们需要远离生活的压力，去玩、去放松一下，这是一种不错的减压方法。需要说明的是，应该尽可能从事那些能让自己愉快、全身心投入、忘掉一切烦恼的业余活动。不管自己有多忙，该玩就玩！现在流行的放松技巧很多，如冥想、深呼吸等。大家可以找到相关的资料进行练习，掌握一些放松技巧，这的确有助于减轻压力。有条件或有必要的话，可以就此请教心理医生。

10.经常锻炼身体

研究证明，经常锻炼身体可以减轻压力。值得注意的是，应该选择那些你认为比较有趣的活动，那些你觉得很苦、很枯燥的锻炼往往起不到减压的效果。

学会休息

雅格布森医生是芝加哥大学实验心理学实验室主任，他花了好多年的时间，研究放松紧张情绪的方法在医药上的用途，他还写了两本这样的书。他认为，任何一种精神和情绪上的紧张状态，在完全放松之后就会消失了。也就是说，如果你能放松紧张情绪，忧虑也就解除了。

美国陆军曾经进行过好多次实验，证明即使是经过多年军事训练、体格健壮的士兵，如果不带背包，每一小时休息10分钟，他们行军的速度就会明显加快，坚持的时间也更长，所以陆军一般都强迫士兵坚持这样做。如果你能坚持锻炼、合理休息，你的心脏也能和美国陆军一样强健。哈佛医院的韦加努博士解释说："绝大多数人都相信，人的心脏一刻也不停地跳动着。而事实上，在每一次收缩之后，它有完全静止的一段时间。当心脏按正常速度每分钟跳动70次的时候，一天实际的工作只有9小时左右，也就是说，心脏每天休息了大约15小时。"这充分说明了休息的益处。

历史上许多的成功人士都讲究劳逸结合、休养生息之道。第二次世界大战期间，古稀之年的丘吉尔能够每天工作16小时，指挥作战，确实是一件令人佩服的事情。他的秘诀在哪里？据说他每天在床上工作，看报告、口述命令、打电话，甚至在床上举行重要的会议。他并不是要消除疲劳，因为他根本不必去消除，他通过事先休息的方法就防止了。因为他经常休息，所以可以一直精神饱满地工作。

石油大王洛克菲勒也创造了两项惊人的纪录：他创造了当时全世界为数最多的财富，并且他活到了98岁。他如何做到这两点的呢？有一个原因是，他每天中午在办公室里睡半小时午觉，以养精蓄锐。在这期间，即使是美国总统打来电话，他也不接。

在短短的一点休息时间里，就能有很强的修补功能，即使只打5分钟的瞌睡，也能做到"防疲于未然"。

其实，在现实生活中消除疲劳、改善睡眠，有效休息的方法还挺多，在此向大家推荐一些小窍门，希望能给大家提供一些有益参考。

1.晚饭应早吃少吃

上完班或者看完电影之后美美地吃上一顿，当然是件惬意的事。但是，深夜进餐对你的睡眠不利，你的新陈代谢需要一段平静的时间。如果你能在饭后散步5～15分钟的话，可能更有利于消化，而且会觉得特别轻松。

2.放下手头的工作

夜晚是为休息准备的，而不是用来弹奏吉他，也不是用来打扫房间，或者打电话询问什么消息。通常情况下，你希望在就寝时间到来时略感疲倦或者昏昏欲睡，那么，放下你手中的杂志，关掉电视，暂停与他人的谈话。

3.调整你的身体

在就寝前喝一杯热牛奶能帮助你入睡。这并不是老掉牙的神话，它有一定的道理。牛奶含有色氨酸，这种天然的氨基酸能帮助你入睡。还需注意的是，切勿饮酒。虽然大量的乙醇会使你不省人事，但是它对你的睡眠没有任何好处。事实上，饮酒抑制了你做梦状态的睡眠，睡前少量饮酒会使你在第二天醒来时感到更加疲惫。

4.保持工作的适度紧张

白天繁忙的工作会让你晚上睡得更好，因为身体需要充足的睡眠以恢复精力，让你感觉良好。

5.改善睡眠的环境

研究表明，看着一些悦人的东西是一种放松，它有助于你的睡眠，最好以轻松的格调布置你的卧室。如果你的卧室能够看到远处美丽的风景，那么最好把你的床移到窗户边，以便欣赏外面的景色。或者在墙上挂一幅风景画，或者在写字桌上放一缸金鱼。

睡眠的好坏与睡眠环境关系密切。在15℃～24℃的温度中，可获得安睡，而过冷和过热均会使人辗转反侧。如果你搬迁新居而不能安睡，有可能是因对新环境一时不能适应，但更有可能是室内地毯、新家具及室内装饰等所发出的异味所致。当然，冬季关门闭窗后吸烟留下的烟雾，以及燃烧不全的煤气，也会使人不能安睡。在发射高频电离电磁辐射源附近居住，长期睡眠不好而非自身疾病所致者，最好迁居别处。在隆隆机器声、家电音响声和吵闹的人语声中失去深睡，则应设法排除噪声。灯光太强所致的睡眠不稳，除

消除光源外，也可避光而卧。

6.调整你的闹钟

如果你在上床后1小时或者更长时间里还是辗转反侧、无法入睡的话，那么请调整你的闹钟，让闹钟每天早晨都提前3～5分钟响。提前起床自然会使你在晚上的时候感到更加疲倦，这样你就会很快地入睡了。

但是，必须坚持，即使是在周末。否则的话，你的身体就会不适应这个新的作息时间表。

7.泡个热水澡

你也许不会相信，泡泡热水澡对消除疲劳有意想不到的效果。专家指出，热水浴能促进血液循环，消除疲劳，清洗掉人体表皮上的污垢，减少病菌的入侵。这是经过科学论证的、不可争议的事实。

每日的疲惫里，除了肉体上的疲乏之外，还有心理的忧郁，有人倾吐当然最好，但总不可能每天都有人愿意、有空听你说闲话。因此，上班拖着疲倦的身躯回家后，不如泡个热水澡，既可以清洗身体，又可以作为心灵的沐浴，何乐而不为呢？

无论学习或工作有多忙，无论生活是多么的不如意，你都不要忘了——随时泡个热水澡。

8.选择最佳时间上床睡眠

人在21时～22时会出现一次生物低潮，如果23时前不能入睡，那么零点以后就很难睡着。早晨5时～6时是生物高潮，因此成人从21时～22时入睡，次日早晨5时起床最好。

9.科学选择睡眠方向

地球南北极之间有一个大磁场，人体长期顺着地磁的南北方向睡卧，使人体主要的经、脉、气都同磁场的磁力线平行，可使人体器官细胞有序化，产生生物磁化效应，使器官机能得到调整和增强。所以，南北方向睡眠对身体有益。

10.睡眠时间要充足

你的身体需要为第二天的活动而充电，希望减少睡眠以增加白天工作时间的方式是最不明智的做法，一个人每天需要6～8小时的睡眠。记住，即使当你睡着时，你的潜意识依然在持续活动。

失眠，通常是因为在睡觉前无法放松自己，因此切勿一直到你精疲力竭时才停止工作。你应该在一天快结束时，做一些你喜欢做但又不会造成太大刺激的事情。你可以和你的另一半聊天、刷刷牙、整理床铺，这些动作会传达一种信息给你的身体，告诉它现在是睡觉的时候了。

PART 13

细节识人，小中见大

从学习教育背景看人

法国文艺史学家丹纳在他的经典著作《艺术哲学》中指出：艺术是由人的所在的环境、种族和时代三方面来决定的。对人而言，其出身、生活的环境，尤其是他所处的学习背景，都对一个人的性格、气质等有着很大的影响。

在现实生活中，是否受过教育和受教育层次的高低对一个人也有着不同的影响。

随着时代的发展、社会的进步，教育普及面越来越广，教育程度也越来越高。小学、中学教育都是普及性的教育，这种学习从最基本的文化需求开始，培养一个人基本的文化素养和道德水平。这种教育对一个人的影响是最大的，此阶段人的发育才刚刚开始，是性格塑造形成的初期，很容易接受外来的新事物，没有是非辨别能力，是精华糟粕一并吸收的。因此，在此阶段灌输的任何观念都可能被接受并影响其一生。所以这阶段的正规学习是最为重要的，对一个人今后的道德观、是非观都有着积极的作用。

随着高等教育的发展，越来越多的人进入高等院校。高等教育偏向于培养专业性、高水平人才，这对一个人今后的职业生涯有着重要的影响。

教育一方面对人的性格、素养、情操有着一定的影响，另一方面对收入水平也有一定的影响。有统计数据表明，随着受教育程度的提高，我国城镇职工年均教育收益率呈现出上升的趋势。然而，教育并不是影响个人收入的决定性因素，地区差异、行业差异、单位所有制差异、职业差异等因素对个人收入的影响也都非常显著。

不同国家的教育也不尽相同，国内和国外教育有着很大的差别。

在英国的大学，实行“考教分离”，教课的老师往往不负责该科目的考查和成绩评定工作。这种各司其职的教学方式让教师尽可能多地讲解知识。老师不断拓展教学的深度和广度，学生也尽可能地充实专业知识，学广学深。这促进了教学相长的灵活性，使教学有很大的扩展空间。而国内则是依大纲教学，依讲义考试，讲的人就是出题人。

其次，英国不以考试为唯一的评判标准。国外的大学，普遍实行的是最终评定学生学习成绩时，学生平时的科研水平、实践表现、取得的科研成果和最后的考试成绩各占50%。此外，考试考核的答案也具有相当的灵活性，绝不存在国内考试的“得分点”，而是注重其科学性、灵活性、开创性。只要学生的解答言之成理，具有创新意义和研究价值都会得到学校的认可和鼓励。

南京理工大学高等职业技术学院之前招收的12名大专生，现在是英国一些知名高校的硕士生。在国内，低于本科录取分数线的高考成绩使他们只能就读于学历层次为大专的高等职业技术学院，可在英国高校学习两年后，他们不仅拿到了学士学位，还获得了一些英国名校的硕士研究生入学资格。在国内读大专时，他们被老师认为是基础较差、自制能力较弱、上课不爱提问、有点懒散的学生；可在国外读了两年后，父母说他们变得非常自信、独立，动手能力、创新意识都很强。

可见，国外教育着眼于教育的“人性化”和“创新性”的开发，因人施教，不同于国内的“精英教育”。在这样不同的学习背景下，自然会对人形成不同的影响。

但是，现代社会除了看重学历，也越来越倾向于重能力，在世界上大名鼎鼎的微软公司明确地表明“你的学历只代表三个月”，也充分证明了这一点。而且现代国内也出现“海归”变“海待”的现象，可见，目前用人单位越来越侧重于对一个人能力和经验的考查，而非单凭学历以及留学背景。

有留学背景的人越来越多，“海归”为什么沦落成“海待”呢？广州留学人员服务管理中心坦言，这主要因为“海归”的成分发生了变化。留学已从19世纪八九十年代的精英教育转变成现在的大众教育，从留学生的总体素质来说，相对地降低了。特别是部分留学生中有的人在国内读不到好的大学，就出国念一年商科拿个学位，这部分留学生中相对平庸者在就业时碰到了阻碍。

因此，对现实生活中的人们来说，要想展示自己的实力，不必顾忌自己的出身，相信“天高任鸟飞，海阔凭鱼跃”；而对一些用人者来说，也不要戴着有色眼镜看人，应该有“英雄不问出处”的胸怀和气度，这样才能真正挖到你需要的良马将才。

衣着打扮会展示人的性格

服装在我们的日常生活中占有非常重要的地位。穿着打扮不仅反映一个人的修养、职业，同时也反映其个性与心理。心理学家从服装的颜色、式样等选择上，分析了人的不同个性与心理。

有的人穿着华丽，这样的人大多自我表现欲很强。假如华丽程度过分，就成了所谓的奇装异服。一般而言，穿着奇装异服者，除了自我表现欲极强外，而且对金钱也有很强烈的欲望。

有的人穿着朴素，这样的人一般都有些固执，缺乏主体性。全身服装朴素，但却着重某一华丽装饰的人，虽属于顺应体制型，也拥有个性化的自我主张。他们常常想利用一处醒目来掩饰其他弱点，即“一俊遮百丑”。例如：对自己面容缺乏自信心的女子，会试图以穿迷你裙来转移别人的注意力；秃顶的男士则试图穿进口的高级皮鞋来分散别人对其秃头的注意。

有的人对流行时装特别敏感，这样的人多缺乏主见，对自己缺乏信心，别人穿什么，自己则随之而择，在清一色的流行时装里掩饰自己的缺点。

还有一些人根本就不考虑自己的个人喜好，仅是由于流行，便一味地追求赶时髦。这种人大都具有孤独感，情绪也不稳定。

对流行毫不在乎的人，大多有自己的独特个性。但也有些人由于种种原因，而把自己关在象牙塔里，唯恐被人“同化”，而失去自我。这样的人在为人处世上很难左右逢源。

穿着的服装无定型，其式样、颜色、质料变幻无常，让人无法了解他的真正喜好的人，大多情绪不稳定，缺乏协调性。他们从不想积极地适应社会，只是一味地选择逃避。

还有一种人，本来一向穿着特定格调的服装，可是突然之间却穿起了与以前格调完全不同的服装来。这种人大多在物质或精神方面受到了新的刺激，情绪有所变化，或内心有了新的决定。

衣着打扮也是一种语言，这门语言在人际交往中有着不可估量的作用。在与人打交道的过程中，特别是与陌生人初次见面，对方就是从衣着来获取你的内部信息的。

在服装品类细节方面，有特殊爱好的往往也隐含某些不易察觉的潜意识——

（1）对白色衬衫有偏好的人：男性往往缺乏爱情，清廉洁白，是现实主义者；女性，尤其是年轻女性，往往希望自己年轻纯洁，能吸引异性，有好人缘，并给人以别致感觉。

（2）喜欢T恤的人：是肯努力求上进者。

（3）喜欢传统服装（如中山装）的人：庄重，性格含蓄，

某种意义上说是传统保守型的人士。

（4）喜欢穿西装的人：大多开朗、积极、大方，具有自信，交际广泛，属活跃型人物。

（5）对运动服、牛仔装感兴趣的人：性格中不受拘束的成分多一些，我行我素，更为年轻、活跃、精力充沛。

（6）喜欢穿宽松尺寸衣服的人：意欲掩饰身材缺陷，同时性格更加平和、包容。

（7）爱穿垫肩衣服的人：男士意欲显示和夸大男性的威严，女性喜欢垫肩则是为了强调自己具有坚强的性格。

整洁漂亮的衣着是你的一块敲门砖，但决不能把它当成摇钱树，外在的东西毕竟不是一成不变的。

只有聪明的头脑和熟练的业务成绩才是你成功的砝码。现在的上班族，男性以穿西装最为常见。西装、白衬衣、领带、皮鞋、公文包，这是典型的上班族服饰。虽然大同小异的男性服饰会掩盖“男儿”本性，但我们总能在“万绿丛中”找出“一点红”。

比如西装，如果展现在你面前的是一身裁剪合体、质地优良的西装，那么我们就可以断定西装的主人经济能力还不错，而且有品位，生活态度也很严谨。

再看衬衫，领口总是干净如新，袖口也鲜见污痕，而且没有皱褶，那么我们就可以推断这是一位讲究卫生的人。如果他已经有家室，那么通过他的衣衫，我们看得出，他有个贤内助；如果他至今还是单身，姑娘们可要抓紧了，讲究衣着的小伙子不错！

常言道，“人靠衣装，佛靠金装”，能透过衣装看入腠理，才是真正有本事。

看人要注意他的交际圈子

人是很复杂的，了解一个人并不是一件简单的事。但只要我们注意观察，就可以通过一个人的喜好了解他的素质、修养和品德。

每个人都有一种了解别人的愿望。因为只有了解别人之后，你才能在交友时有所选择。

物以类聚，人以群分。只有性情相近、意气相投的人，才能走到一块儿成为朋友。如果他的朋友都是一些不三不四、不伦不类的人，他的素质也不会太高；如果他结交的都是些没有道德修养的人，他自己的修养也不会太好。有的人交朋友以性格、脾气取人，认为能说到一块儿就是朋友；有的人则以追求取人，有相同的追求就能成为朋友；有的人则因为爱好相同而走到一起。但无论如何，只有两个修养相当、品质差不多的人才能成为永久性的朋友。所以，了解一个人的朋友也就了解了这个人。

嗜酒者，一杯薄酒就能成为结缘的纽带；弄墨者，一篇文章就能结金兰之好；好斗者，一次偶遇就能变成至交。有共同的爱好才有语言的交流，有相近的思维才有永远谈不完的话语。共同的志趣是人以群分最基本的前提，有了共同的志趣，相互间才有可能发展成为深厚的友谊，才容易达成认识上的一致、感情上的沟通、行为上的理解。

因此，如果一个人的朋友爱喝酒，那大致也可以推断此人也爱杯中物；如果一个人的朋友爱打架，那也可以判断此人也是生性暴躁、易动暴力之人。这就是所谓的“近朱者赤，近墨者黑”，表明跟什么样的人在一起你就会变成什么样的人。

我们必须承认这样的事实：我们总是在不知不觉中受到周围环境的影响。物以类聚，人以群分。成功者总是与成功者交友，失败者也总是与失败者为伍。不幸的人吸引不幸的人，而散漫者的圈子里也都是散漫的人。

你知道人为什么犯罪吗？一位对犯罪很有研究的学者是这样解释的：当人初次与罪犯接触时，是恐惧罪行的；如果继续与罪犯在一起接触一段时间，他便对罪行习以为常并开始容忍罪行；如果与罪犯在一起的时间更长，他就会跟着去犯罪，于是也变成了罪犯。

所以，要减肥千万不要与肥胖者在一起，要进步就不要与落后的人在一起，要积极就不要跟消极的人在一起。跟对人，跟对环境，这一点要引起高度重视，这是“交际圈子”这个观念中尤其要注意的一点。

明代苏浚将朋友分为四种：“道义相砥，过失相规，畏友也；缓急可共，生死可托，密友也；甘言如饴，游戏征逐，昵友也；利则相合，患则相倾，贼友也。”因此，交友要选择多交益友、畏友、密友，不交损友、昵友、贼友。“近朱者赤，近墨者黑。”这些古训都说明交友对一个人的思想、品德、学识会产生深刻的影响。清代冯班认为：朋友的影响比老师还大，因为这种影响是气习相染、潜移默化的，久而久之就不知不觉地受其影响。这就是《大戴礼记》中记载的："与君子游，苾乎如入兰芷之室，久而不闻，则与之化矣。与小人游，贷乎如入鲍鱼之肆，久而不闻，亦与之化矣。"涉世不深的青年人，尤应注意谨交游、慎择友的古训。在交友时要有知人之明，不要错把坏人当知己，受骗上当，甚至落入坏人的圈套而无法自拔。

交友有一个选择的过程。开始是结识和初交，在交往过程中互相了解以后，才由初交成为熟悉的朋友。朋友可以是暂时的，也可能是永久的。从学习、工作的需要出发，本着互惠互利、共同发展的原则，结交一些志同道合的朋友是有益的。如果不仅志同道合，而且感情深厚、心灵相通，这样就可以从合作共事的朋友变成生死相依、患难与共的知音知己。

因此交友一定要分清君子和小人。

交什么朋友，怎样交友，这是一个问题的两个方面。朋友有君子，有小人，交友也有君子之交和小人之交。君子之间的友谊平淡清纯，但真实亲密而能长久；小人的友谊浓烈甜蜜，但虚假多变，经不起时间的考验。

为此，当你在经营自己的交际圈时，一定要注意营造一张健康的关系网，避免与以下几种人交往：

（1）"披纱型"的人。这样的人在交往中把自己的内心封闭得很严实，他们或许过多地看到社会和人生的阴暗面，因而错误地认为没有真诚互助可言。这种世故者大多对人外热内冷，处处提防，信奉"见人只说三分话，不可全抛一片心"的处世哲学。与别人相处，常常是圆滑应付、心口不一。他们的心灵深处披上了一层使人难窥其内的厚纱。

（2）“反差型”的人。这种世故的人在交往中的反差度很大，“反差”主要有明暗、热冷对比。一是对周围人，于己有用者，交往之；于己无用者，疏远之；而交往之热情，则同于己有用之程度成正比。二是对某个人，有求于他时，交往之；无求于他时，冷淡之；有大求于他时，不惜讨好巴结之，所谓“有事有人，无事无人”。这种“反差型”交往完全由势利的坐标定向，其令人厌恶也就理所当然。

（3）“变色型”的人。见什么人说什么话，投人所好，八面玲珑，一时可以使人对你产生好感，但时间一长，人们就会对你不屑一顾。这种“变色龙”逢人迎合不吃亏，你中有我成“朋友”，一时间，他的朋友确实不少，可是没有多久，人们发现他从来不说真话，他的态度、语言不过是别人好恶、爱憎的镜子。

（4）“哈哈型”的人。凡事不讲原则，专搞中庸。他们和人可以谈天说地，但只

摆现象，不下结论，即使下结论也只是说些大家早已公认的结论。遇有争论，不问是非曲直，要不就说模棱两可的话，与人意见不一时，就采取“今天天气……哈哈哈”的回避态度。

对社会上的种种行为，他们虽知某些隐秘，却丝毫不动声色，既为明哲保身，也为日后留“路”。还有些世故者相信“随风倒”的处世准则。权势者的意志、多数人的做法就是他们的行事指南，东风来随东倒，西风来随西倒，什么良心、原则都不在心上。

上述四种人，都是不相信别人、只希望利己的人，世故使这些人与其他人的交往打上了圆滑、势利、虚伪的烙印。因而最好的办法是尽早地判断出不宜交往的人，只要你细心地观察，总能发现你身边真正的朋友。

其实想了解一个人，可以观察他是怎样对待别人的。

人在得意时，特别爱诉说他与别人在一起交往的情景。他说的时候是无意的，不会想到他与被说人有什么关系，所以一般比较真实。

如果对方当着你的面说自己如何占了别人的便宜、如何欺骗了对方等等，那你以后就得对他防着点儿，有可能他也会这么对待你。

还有一种人比较圆滑，好像很会处世似的。他们往往是当面一套，背后一套，当着你的面说你如何如何好、别人如何如何不好。聪明的人就得注意这种人了，因为他在背后说人坏，就有可能在你背后说你坏。

而有一种人可能当面批评你，指出你的缺点来，却又在你面前夸奖别人的优点，你也许不愿接受他这种直率，但这种人却往往是非常可信赖的人。

另外，看一个人如何对待妻子、儿女、父母，就可以分析出这人是否有责任感、是否自私。

你可以通过他是否按时回家，有急事时是否想着通知家人，说起家人时感觉是否很亲切，等等，从这些细节可以看出他对家人的态度。一个不把家人放在心上的人是不会把朋友放在心上的。这种人往往心里只装着自己，只关心自己的得失安危，根本就不会想到朋友。所以要注意尽量不要与那些没有家庭观念的人结交。

学会从身体语言看人

身体语言是一些不经意的动作。正因其不经意，所以很多人也就不在意它们了。但它们能真实地反映一个人潜在方面，如果能仔细观察，读懂身体语言，无论是交友还是用人，都将大有裨益。具体地可以从坐、立、行、走等身体语言来洞察一个人。

1.坐姿

坐在椅子上时，有不少人会交叉双脚或者立刻用手扶住椅把。坐在椅子上马上将脚交叠的人，是不喜欢输给对方且有对抗意识的表现。女性坐在车子里或客厅、办公室等地方，脚经常交叠的人也很多。

和上司或顾客谈生意时或会面时，双脚交叠，会被对方视为骄傲的人，有损对方对自己的印象。

女性两肘靠在桌面上交叠，同时又不断反复交叠后放下，放下之后又交叠时，是很关心男性对方的表示。在交谈之间，先将脚叠起来的人，是希望向对方展示自己特有的优势。另一种脚稍微叠起一点点是表示心里的不安。

像手臂一样，交叉的双脚也显示了负面或防卫的态度。起初，双臂交叉在胸前，是为了保护心脏及上半身，而交叉双脚则是为了保护下半身。双臂交叉比双脚交叉表露更强烈的负面态度，而且也比较明显。

2.立姿

古人云：“坐如钟，站如松，行如风。”其中对立姿提出了要求——“站如松”。从一个人站立的姿势，也可看出其某种心理状态。人的立姿本身并不表示什么意思，但它也有一个相当广的变动范围：

站立时背脊挺直、胸部挺起、双目平视是具有充分自信的表现；并可给人以气宇轩昂、乐观向上的印象，此种立姿属开放型。

站立时弯腰曲背，或略现佝偻状，属封闭型立姿，表现出自我防卫、封闭、消沉的倾向。与对方相比较，精神上处于劣势，显得紧张不安或自我抑制。

两手插腰的立姿也是具有自信心和精神上优势的表现，因为两手插腰属开放型动作，如果对面临的事物没有充分的心理准备是不会采用这个动作的。

双踝交叉站立，是一种习惯（防卫）动作，多见于女性。

若在听人谈话时采取双踝交叉的立姿，表明一种基本上排斥和审视的态度。

双腕反交叉或假交叉站立多半是不安、紧张心情的流露。中国人比较经常采用反背着手站立或走路的姿势，表明若有所思或胸有成竹。

单人足踝交叉站立，表示一种保留态度或轻微拒绝的意思。只要足踝的交叉化解开了，这种保留或拒绝的意思也随之化解了。

将双手插入口袋站立（或行走）者具有不表露心思、暗中策划、盘算的倾向；若是与弯腰曲背的姿势相配合，则是心情沮丧苦恼的反映。

3.走姿

每个人具有独特的走路姿势，能使熟悉他的人哪怕相隔较远也能认出来。至少有一些特征，是因为身体的结构而有所不同，但是步法、跨步的大小和姿势，似乎是随着情绪而改变的。假如一个人很快乐，他会走得比较快、脚步也轻快；反之，他的双肩会下垂，脚像灌了铅似的很难迈动。一般来说，走路快且双臂自在摆动的人，往往有坚定的目标而准备积极地加以追求；习惯双手半插在口袋中，即使天气暖和时也不例外的人，喜欢挑战而颇具神秘感。

一个自满甚至傲慢的人走路时，他的下巴通常会抬起，手臂夸张地摆，腿是僵直的，步伐是沉重而迟缓，似是故意引起别人的注意。一个人在沮丧时，往往拖着步子将两手插入口袋中，很少抬头注意到自己往何处走。走起路来双手叉腰像个短跑者的人，往往想在最快的时间内跑最短的距离，以达到自己的目标。他突然爆发的精力，常常是在他计划下一步决定性的行动之前看似沉寂的一段时间内所产生的。

法国心理学家简·布鲁西博士发现，人的性格与行动有着很大的关系。从一个人走路的姿势、笑的样子、说话的方式等，甚至从一个完全出于无意的小动作，都可以推断出其当时的心理状态。也就是说，即便是走路，也会反映出一个人的特点：沉着冷静的人走路时，步伐稳健；健步如飞的人，充满朝气。

4.头部动作

将头垂下成低头的姿态，它的基本信息是“我在你面前放低我自己”，但是这种姿态并不仅限于地位低下的人。当同事或居上位者做此动作时，它的信息乃是以消极的方式表达：“我不会只认定我自己”；然后变成这样的目标：“我是友善的。”

头部突然高高抬起又回到原来的位置。这是在刚刚遇见但还不十分接近的时候，表示“我很惊讶会见到你”。在这儿，惊讶是关键性的要素，头部上扬代表吃惊的反应。用于距离较远的时候，头部上扬是用在彼此非常熟悉的场合。

摇头本质上是否定信号。

颈部把头用力转向一侧，然后再回到原来的位置，这是单侧的摇头，同样传递“不”的信息。头部半转半倾斜向一侧是友善的表示，因为这种动作特别像是在与同路的人打招呼。

摇晃头部时，说话者正在说谎，而且试图压抑住要表示否定的摇头动作，但又不能彻底。

晃动头部，一般被用来表达特别惊讶的意思。其中隐含刚得知的消息是那么不寻常，以至于必须晃动头部才能确信这不是做梦。

头部僵直，表示一个人特别有魄力而且无所畏惧。

猛地把头垂下然后隐藏脸部，也可用来表示谦卑与害羞。在心怀敌意的情况下，把头低下则具有截然不同的意义，其主要差异在于眼睛向前瞪视敌人，而不是随着脸部而下垂。

头部后仰，这是势利小人或非常自信之人鼻子朝天的姿态。当一个人把头向后仰的时候，其情绪变化包括：从沾沾自喜、桀骜不驯到自认优越而存心违抗。基本上，这种姿态是挑衅的仰视而不是温顺的仰视。

头部轻轻地歪在一边，　这个动作源自幼时舒适的依偎——小孩把他的头部依靠在父母的身上，当成年人（通常是女性）把头歪斜一侧时，此情此景就像倚在想象中的保护者身上一样。

5.面部表情

如果说眼睛是心灵的窗户，那么可以说，面部表情是性格的窗户，人脸的情态与性格有着必然的密切关系。

性格达观者，平时开朗愉快，无忧无虑，这种人的面部表情总像是在微笑，面部肌肉较为松弛，两唇微张，嘴角上扬，两腮上面的肌肉突出，抬头纹和眼角下的皱纹较明显。

性格内向者，平时安静沉稳，处事谨慎，表现为办事顾虑多，较孤僻。这种人的面部表情很不舒服，两唇紧闭一字形，显得嘴小了些，唇颊相接部位的皱纹和眼角皱纹较明显。

性格幽默诙谐者，平时快乐滑稽，妙趣横生，面部表情是嘴角上扬，口为上凹弧状而眼眉挑起成上凹弧，恰与口的上凹弧遥相呼应，眼睛眯成一条缝，总有一种引人发笑的感觉，幽默者一般抬头纹和眼角下的皱纹较明显。

性格忧郁者，情绪苦闷、孤独、焦虑、忧愁，其表情拘谨，极不舒展，眉间纹、人中纹和唇下纹一般表现得明显。屠格涅夫在《前夜》中对叶琳娜的面部表情有下面的描写："她的唇际，当她没有笑容时，却有一抹几乎看不见的浅痕，表现出一种隐秘的永在的焦虑。"唇际的这抹"浅痕"，正是她漂泊生涯中长期郁积心头的焦虑的痕迹。

6.目光

眼睛是心灵的窗户，它会毫不掩饰地表露出你的学识、品性、情操、趣味和性格。

心胸宽广、为人正直者，其目光明澈、坦荡。

心胸狭窄、为人虚伪者，眼神狡黠、阴晦。

目光执着的人，志怀高远；眼神浮动者，为人轻薄。

眼神内敛，表示自私；目光暴露，表示贪婪。

自信者，眼神坚毅、深邃；自卑者，眼神晦暗、迷离。

以下使用眼睛的不同方式，还会泄露一些个人不同的心底秘密：

当对方的眼睛看远方时，表示对你的谈话不感兴趣或在考虑别的事情。

对方的眼睛上下左右不停地转，表现出慌张时，可能是惧怕你而在说谎。这类人多半是心里有一定的难处，为了不失去对方的信任和帮助，而对某些真相有所隐瞒。

对方长时间凝视你，目光久久不移开时，说明他肯定有对你隐瞒的事情。这种情形一般是曾经向你借过什么，由于无法偿还而在躲避，或过去曾被人欺骗过，不希望让你知道等等诸如此类的情况，所以在潜意识里有隐瞒事实的表现。

和异性视线相遇时故意躲开，表示关心对方，或对对方有意，但不敢让对方知道。

对方眼睛滴溜溜地转，这种人反复无常，容易见异思迁。对方的目光发亮并冷峻逼人时，表示对人不相信，自身处于戒备中。

对方做没有表情的眼神时，表明心中有所不平或不满。

对方根本不看你，可视为对方对你不感兴趣或无亲近感。

目不转睛地注视对方谈话的人，一般表示较为诚实。

7.手部动作

在身体动作当中，手的活动最为丰富，能够充分地表达出人的思想活动状况。在身体动作当中，人们经常用手表达态度的方式有如下几种：

双手相搓，一般说来，这个人的内心左右为难、烦躁不堪。

用手搔头很可能表示尴尬、为难、不好意思。

用手托住额头很可能表示害羞、困惑、为难。

双手插在胸前，一般是表明胸有成竹，对将要发生的事有思想准备。

双手插在口袋里，表明一个人内心特别紧张、对未来要发生的事情没有明确的心理预期。

双手叉腰，通常说明一个人的挑战、示威或感到自豪。

双手摊开，一般是表示真诚、坦然或无可奈何。

交谈中用手指做小幅度的动作，可能昭示其对你的提议不感兴趣、不耐烦或持反对态度。

俗话说：手有“手语”，脚有“脚语”，看似一些不轻意的小动作，都可以透露出一个人内在的机密。因此，了解这些身体语言的秘密，将会使你练就一双鹰一样敏锐的眼睛，使你更准确、更迅速地识别他人，赢得交往中的主动权。

PART 14 说话细节，打动人心

说服前认真听取对方的意见

在与别人交流时，每个人都不喜欢只做听众，都有“说”的欲望。这时，如果你适时地为对方提供一个说的机会，对方会很高兴，你的说服工作也会进行得很顺利。

对此，某自然食品公司王先生有切身体会。

虽然自然食品已风行好长一段时间，但一般家庭对此产品仍认识不足，都不敢贸然购买这种产品，使得王先生的业绩始终不见好转。

一天，王先生还是一如往常，把芦荟精的功能、效用告诉顾客，对方同样表示没有多大兴趣。王先生自己嘀咕：“今天又无功而返了。”准备向对方告辞时，他突然看到阳台上摆着一盆美丽的盆栽——一种紫色的植物。王先生于是请教对方说：“好漂亮的盆栽啊！平常似乎很少见到。”

“确实很罕见。这种植物叫嘉德利亚，属于兰花的一种。它的美，在于那种优雅的风情。”

"的确如此。会不会很贵呢？"

"很昂贵。这一盆就要800元呢！"

"什么？800元！"

王先生心里想："芦荟精也是800元，大概有希望成交。"

于是慢慢把话题转入重点："每天都要浇水吗？"

"是的，每天都很细心养育。"

"那么，这盆花也算是家中一分子喽？"

这位家庭主妇觉得王先生真是有心人，于是开始倾囊传授所有关于兰花的学问，而王先生也聚精会神地听着。

一刻钟以后，王先生很自然地把刚才心里所想的事情提了出来："太太，你这么喜欢兰花，你一定对植物很有研究。同时你肯定也知道，植物带给人类的种种好处，带给你温馨、健康和喜悦。而我们的自然食品正是从植物里提取的精华，是纯粹的绿色食品。太太，你为什么不试一试我们的自然食品呢？

你就当自己又买了一盆心爱的兰花吧！”

结果太太竟爽快地答应下来。她一边打开钱包，一边还说道：“即使我丈夫，也不愿听我嘀嘀咕咕讲这么多；而你却愿意听我说，甚至能够理解我这番话。希望改天再来听我谈兰花，好吗？”

这一天，王先生可谓受益匪浅。

古希腊有句民谚：“聪明的人，借助经验说话；而更聪明的人，根据经验不说话。”西方也有句著名的话：“雄辩是银，倾听是金。”我国也流传着“言多必失”和“讷于言而敏于行”这样的济世名言。说服，有时功夫并不在说上，恰恰相反，却是在听。给对方一个说的机会，自己多听一听，有时会带来意想不到的好效果。因为：

第一，倾听别人说话，会增进你对对方的理解。即使对方刻意隐瞒，也难免在不自觉中透露出些许有用的信息，如此你就可以知道对方心中的想法了。

第二，认真聆听对方的倾诉，会让对方觉得你很尊重他。

第三，明白对方的心态，让说服的目标明朗化，借此使你的说服力在无形之中跟着加强。

第四，你认真的态度会令对方感到欣慰，进而增加对你的信任感。当然，对方也会很愿意向你敞开心扉。

第五，你能够认真倾听对方的诉说，对方就会对你产生信任和依赖的感觉，其直接结果就是增强你的说服成功率。

第六，对方一旦敞开心扉，就会把自己的心事向你诉说，这样你就能得到更多有价值的情报。

第七，取得对方的信任显然是成功说服的关键。先取得对方的信任，再切入说服的主要内容，才是正确的步骤。

因此，倾听别人说话远比自己滔滔不绝地说话来得更重要。

劝说，**不妨给别人“戴高帽”**

从孩子身上，我们可以发现一点：当我们称赞、夸奖他们时，他们是何等高兴、满足。其实，他们并不一定具有我们所称赞的优点，而只是我们期望他们能做到这点而已。这就是一种典型的“戴高帽”。在我们与他人交往时，何不也效仿这一做法呢？因为不管是大人还是小孩子，他们都喜欢别人给自己一个美名，如果他们没有做到这一点，内心里也会朝此目标努力，因为他们知道这样就可以得到一个美名、站在一个受人赞赏的高度。

有一位老师，她弟弟因为一场纠纷被人告上了法庭，而接案的法官恰恰是她昔日的得意门生。一天晚上，这位老师前往法官家，希望他能念在师生的情面上帮帮她弟弟。法官显然有些为难，既不能枉法裁判，又不能得罪恩师。于是，他说：“老师，我从小学到大学毕业，你一直是我最钦佩的语文老师。”

老师谦虚地说：“哪里哪里，每个老师都有他的长处。”

法官接着说：“你上课抑扬顿挫，声情并茂，尤其是上《葫芦僧乱判葫芦案》那一堂课，至今想起来记忆犹新。”

语文老师很快就进入角色了：“我不仅用嘴在讲，也是用心在讲啊。薛蟠犯了人命案却逍遥法外，反映了封建社会官官相护、狼狈为奸的黑暗现实。”

法官接着感叹：“记得当年老师你讲授完这一课，告诫学生们，以后谁做了法官，不要做‘糊涂官’判‘糊涂案’，学生一直以此为座右铭呢。”

本来这位语文老师已设计好了一大套说辞，但听到学生的一番话，再也不好意思开口了，自动放弃了不合理的请求。这位法官用的就是赞美的技巧，先用恭维的话满足了老师的荣誉心，终拒人于无形之中。

如果你懂得赞美对方，那再难的事情也会变得顺利起来。在那些信用受到普遍怀疑的年代，贷款变得越来越不容易，可是就有人靠一张会说话的嘴换来了巨额款项。

约翰是美国的大企业家。1960年，他决定在芝加哥为他的公司总部兴建一座办公大楼。为此，他出入了无数家银行，但始终没贷到一笔款。于是，他决定先上马后加鞭，他用自己设法筹集的200万美元聘请了一位承包商，要他放手进行建造，好去筹措所需要的其余500万美元。假如钱用完了，而他仍然拿不到抵押贷款，承包商就得停工待料。建造开始后，到所剩的钱仅够再花一个星期的时候，约翰恰好和大都会人寿保险公司的一个主管在纽约市一起吃饭。他拿出经常带在身边的一张蓝图，想激起这个主管对兴建大厦的投资兴趣。他正准备将蓝图推在餐桌上时，主管对约翰说："在这儿我们不便谈，明天到我办公室来。"

第二天，当主管断定大都会公司很有希望提供抵押贷款时，约翰说："好极了，唯一的问题是今天我就需要得到贷款的承诺。"

"你一定在开玩笑，我们从来没有在一天之内为这样的贷款进行承诺的先例。"主管回答。约翰把椅子拉近主管，并说："你是这个部门的负责人。也许你应该试试看你有无足够的权力，能把这件事在一天之内办妥。"

主管满意地笑着说："让我试一试吧。"

事情进行得很顺利，约翰在自己的钱花光之前的几小时拿着到手的贷款回到了芝加哥。

这就是赞美对方的妙处，谁也拒绝不了那种突然拔高的感觉。当遇到某些顽固而又爱美的女性，不妨直接在这个方面夸赞一番，这样她会更加飘飘然，说服她也就不难了；而要想说服男性，比如你的领导、你的客户，或者你的朋友，先赞美也能提高说服的效率。

拟好说服过程的大纲

有过“要怎样做才能说服那个人”的困扰吗？这大概是因为没有事先在脑子里整理出具体说服的大纲，准备不够。

如果你站在被说服者的立场，就能深切体会到，比起任意随便说说，有条有理地说服较容易理解得多。

在你的周围，不也有那种不知他究竟在说什么，让人非常纳闷的人吗？

造成这种情况的最大原因，就是没有事先在脑海里描绘出要说话的大纲，因此无法完全将自己要表达的意见明确传达给对方。

可是凭空想象的说明，反而会造成对方的思维混乱，这样也失去了使其理解的意义。

为了了解对方，应事先将要说服的内容逐条列出。当然，由于说服对象的不同，所描绘出的内容也不尽相同，但是基本的一些大原则还是没有什么大变动。如果能领会这个技巧，做好适应对方的准备，就能成功。

1.列出大纲的三个重点

（1）时间的设定。太冗长的言谈不容易抓住真正的重点。所以，开头的部分要占多少时间？重点的部分占多少时间？结论需花多少时间？这些时间上的安排需恰当，不宜过长或过短。

（2）决定说明事项的排列顺序。一般从对方已知的部分说到未知的部分，重点说明关键点。

（3）说明内容的因果关系。为了让对方更深切了解内容，简单扼要地说明其因果关系是必要的。总之，可以按“原因→结果→根据”的顺序做重点说明。

2.随着对象的不同，大纲也有所不同

说服的关键取决于对方是否能理解、是否能接受，真正的决定权还是在于对方。

由于个人的价值观、思考模式、见解、能力以及所处环境的不同，即使是相同的说服方法，如果对象换了一个人，其结果也会不一样。

（1）对方的能力如何？有你所期望的行动力吗？有如你所想的才能吗？经济力如何？拥有决定权吗？

（2）对方的环境如何？有其他的权限、决定权吗？对于被说服的内容，有不了解的吗？对方对于说服的内容感兴趣吗？信誉如何？

（3）对方的个性特质如何？男性，还是女性？是性格温和，还是性情急躁？较理性，还是较感情用事？

从这些观点中，找出对方的特征，试着列出要说服的大纲。

或许一开始有些困难，但是为了要锻炼说服力，只要是有关对方的资料，都要全部收集起来。列出大纲，不但有助于了解对方，也是一种额外的收获。

婉转指出他人犯的错误

在说服别人的时候，你永远不要这样开场："好！我要如此证明给你看！你这话大错特错！"这无异于向他人表明："我比你聪明，我要让你改变想法。"这种做法无疑会引起反感并有可能爆发一场冲突。在这种情况下，要想改变对方的观点根本不大可能。所以，为什么要弄巧成拙？为什么要自找麻烦呢？如果你想证明什么，别让任何人知道，而且应不着痕迹、很有技巧地去做。正如著名英国诗人波普所说："你在教人的时候，要好像若无其事一样。事情要不知不觉地提出来，好像被人遗忘一样。"

克洛里是纽约泰勒木材公司的推销员。他承认：多年来，他总尖刻地指责那些大发脾气的木材检验人员的错误，他也赢得了辩论，可这一点好处也没有。因为那些检验人员"和棒球裁判一样，一旦判决下去，他们绝不肯更改"。

在克洛里看来，他虽然在口舌上获胜，却使公司损失了成千上万的金钱。因此，在卡耐基讲习班上课的时候，他决定改变这种习惯，不再抬杠。下面是他在讲习班上的报告：

一天，一位愤怒的主顾打电话，抱怨我们运去的一车木材完全不符合他们的要求。他的公司已经下令停止卸货，请我们立刻把木材运回去。

放下电话，我立刻去对方的工厂。在途中，我一直在思考着一个解决问题的最佳办法。通常在那种情形下，我会以我的工作经验和知识来说服检验员。然而我又想，还是把在课堂上

学到的为人处世原则运用一番看看。

到了工厂，我走到卸货的卡车前面，要他们继续卸货。我请检验员继续把不合格的木料挑出来，把合格的放到另一堆。

看了一会儿，我才知道是他们把检验规格搞错了。那批木材是白松木，虽然我知道那位检验员对硬木的知识很丰富，但检验白松木却不够格，经验也不够，而白松木碰巧是我最内行的。但我能以此来指责对方检验员评定白松木等级的方式吗？

不行，绝对不能！我继续观看着，慢慢地开始问他某些木料不合格的理由是什么，我一点也没有暗示他检查错了。我强调，我请教他只希望以后送货时，能确实满足他们公司的要求。

我以一种非常友好而合作的语气请教，并且坚持把他们不满意的部分挑出来，使他们感到高兴。偶尔，我小心地提问几句，让他自己觉得有些不能接受的木料可能是合格的，但是，我非常小心不让他认为我是有意为难他。

最后，他向我承认他对白松木的经验不多，而且问我有关白松木板的问题，我就对他解释为什么那些白松木板都是合格的，但是我仍然坚持：如果他们认为不合格，我们就不要他收下。检验员终于到了每挑出一块不合格的木材就有一种罪过感的地步。最后他终于明白，错误在于他们自己没有指明他们所需要的是什么等级的木材。

结果，在我走之后，他把卸下的木料又重新检验一遍，最后全部接受了，于是我们收到了一张全额支票。

就这件事来说，讲究一点技巧，尽量控制自己对别人的指责，尊重别人的意见，就可以使我们的公司少损失一大笔钱，而我们所获得的良好的关系绝非金钱所能衡量。

明人陆绍珩说：“人心都是好胜的，我也以好胜之心应对对方，事情非失败不可。人都是喜欢对方谦和的，我以谦和的态度对待别人，就能把事情处理好。”所以，如果你要说服别人，千万别说“你错了”。

说服的首要原则：对别人的意见表示尊重。如果你认为有些人的话不对——不错，就算你确信他说错了——你最好还是这样讲：“啊，慢着，我有另一种想法，不知对不对。假如我错了的话，希望你们帮我纠正。让我们共同来看看这件事。”

选择适合对方性格的场所

试着想象利用双方一起吃饭的机会进行说服的场面。和对方一起吃饭，是提高双方亲近度最恰当的方法。能否灵活运用这个方法，会影响到说服的成败。

1.较有格局布置的场所

选择酒店里的附设餐厅、火锅城、西餐馆等，对处理任何事都讲求效率的人是最恰当的。选择较有格局布置的场所会提高成功的概率，保持适度的紧张气氛可以提高其说服力。

2.不受拘束的场所

选择较没有格局限制的桑拿浴室，对于坦率、干脆型的人是最适当的。一些企业家在这里促膝交谈，大概是因为在这里可以互相刺探对方的消息，能够开诚布公、坦率干脆地说话。

另外，像是离对方公司较近的咖啡厅、餐厅这些场所也可以，看机会提出“离你公司不远的距离”“我们换一个地点”等的话，也可以让双方气氛改变一下。

3.有气氛的场所

对于与对方还未相处得很融洽的说服者，到酒吧、卡拉OK等地方边喝边谈较有效果。在照明昏暗的店里，双方会更亲近些。但是这里指的并不是那些声色场所，去那里的话只会造成反效果。总之，要制造能让双方更融洽的交谈气氛才是最正确的。

4.开放式的场所

对下属、同事想要开诚布公地交谈，听听对方的真心话时，或是想要拜托对方帮忙时，在屋顶的平台、公园、露天式茶馆，这些开放式的空间里较适合。因为蔚蓝的天、柔和的风，会让人与人之间的隔阂淡化。

除此之外，若是想要说些对自己有利的话时，可以选择自己常去且较适合自己的店。因为熟悉周围的环境，所以不用小心翼翼地注意着四周，能够更安心地进行说服。

相反，若对方是个很难被说服，且有高度警戒心的人，可选择去对方较熟悉的地点，反而能让他放松心情、解除戒备，较利于说服的进行。

根据对方性格的不同，而选择最有利的场所，更能够提高自我的说服力。可是，有时候自认为选择了一个很适当的地点，但就是不知道为什么总说服不了对方的情况也有。

这时候，换个场所看看，或许因场所的改变而有不同的效果。比如从狭窄的地方换到宽敞的地方，从宽敞的空间换到狭小的空间，从明亮的地方换到昏暗的地方等，可以改变说服的氛围。

总是与对方面对面而坐的人，下次应试着与对方并肩而坐，像这样近距离的沟通、说服，成功的概率就大大提高了。

在说服的过程中**注重声音效果**

你对自己的声音有信心吗？

事实上，声音大大地影响说服的效果。

这个世界上有的人拥有迷人的声音，特别是广播员，靠声音来工作，声音相当有魅力。当然，也有只靠声音就充满说服力的人。

其实我们自己并不清楚自己真正的声音，你耳边所听到的声音和对方所听到的声音并不尽相同。比方说，当你把自己的声音录下来，用录放音机放出来听时，大多数的人都会有“这是我的声音吗”的疑问，虽然这录音带里的声音和你的声音很相近。

虽然自己感觉录制录音带时发音很清楚，但是放出来的声音还是很难辨别清楚，就像有时候自己虽然满怀诚心地说了一番话，对方却感到冷漠无情。

也许有人会说：“声音是与生俱来的，再怎么努力也无法改变。”但尽管如此，请参照以下原则，即使只有一点点改变，也能将你的声音变得更好。

（1）保持不勉强、轻松的姿势。放松全身，让身体感觉轻松，上身向前弯，两手托腮，勒紧喉咙发声。

（2）靠腹部发声。从腹部发声较好，光靠喉咙发出的声音

往往很难让人听得懂，这样当然无法进入对方的心。

（3）嘴巴要完全张开。确实地念出每个字，发音就会很清楚。

（4）提高声音的说服力。在知道自己声音的特征之前，先要想想易于让对方接受的是怎样的声音，以此来调整自己声音的大小、高低、节奏、速度、语调等。

（5）声音的大小、高低。如果自己所说的话无法确实地传达给对方，就很难说服对方。有些人认为大声说话是必要的，但是这只会带给对方不快感，音量适度、适当才是最重要的。

（6）说话的速度。话说得太快是一个禁忌。一进入话题，说话速度就容易变快的人，要时时提醒自己“说慢一点儿，再说慢一点儿”。不过也不能因为纠正过头，反而让对方因说话速度太慢而急躁不安。要在说服对方的同时，从对方的表情来判断自己的说话速度是否被对方所接受。

（7）声音的节奏感。若是说服的语调从头到尾都只是平平而无起伏，那么是无法引起对方注意的。在特别重点的地方，要尽可能地提高音调，用稍微大声的音量慢慢说。总之，要抑扬顿挫。

以上这些要点，只要平时多加注意的话，自然就能培养出有说服力的声音。

讲道理时最好**打个比方**

譬喻，可谓说辩艺术之精华。譬喻是用具体的、浅显的、熟知的事物去说明或描写抽象的、深奥的、生疏的事物的一种手法。说理中，如果取喻得当，可以把精辟的论述与摹形状物的描绘糅合为一体，既能给人以哲理上的启迪，又能给人以艺术上的美感。

古希腊哲学家亚里士多德说过：“比喻是天才的标志。”的确，善于譬喻，是驾驭语言能力强的表现。说理时运用贴切、巧妙的譬喻，可以生动地表情达意，增强说理的魅力。

公元前598年，南国霸主楚庄王兴兵讨伐杀死陈灵公的夏徵舒。楚师风驰云卷，直逼陈都，不日即擒杀了夏徵舒，不久后将陈国纳入楚国版图，改为楚县。楚国的属国闻楚王灭陈而归，俱来朝贺，独有刚出使齐国归来的大夫申叔时对此不表态。楚王派人去质问他说：“夏徵舒杀其君，我讨其罪而戮之，难道伐陈错了吗？”申叔时要求见楚王当面陈述自己的意见。申叔时问楚王：“你听说过‘蹊田夺牛’的故事吗？有一个人牵着一头牛抄近路经过别人的田地，践踏了一些禾苗，这家田主十分气愤，就把这个人的牛给夺走了。这件事如果让大王来断，你怎么处理？”庄王说：“牵牛践田，固然是不对，然而所伤禾稼并不多，因这点事夺人家的牛太过分了。若我来断，就批评那个牵牛的，然后把牛还给他。”申叔时接过楚王的话茬儿说：“大王能明断此案，而对陈国的处理却欠推敲。夏徵舒弑君固然有罪，但已立了新君，讨伐其罪就行了，今却取其国，这与夺牛的性质是一样的。”楚王顿时醒悟，于是恢复了陈国。

讲道理以打比方为辅助，有很多好处：一是比较含蓄委婉；二是比喻晓理，道明理通；三是如此说话，较有美感。因此，说服他人时不妨采用适当的比喻，既对说服有很大效用，又能体现一个人说话的艺术感。

说“不”时保持温和的态度

在社会交际活动中，有些人觉得说“不”会伤害对方的面子，就随便找些不值一驳的理由来暂时搪塞对方，以求得一时的解脱。然而这个方法并不好，因为对方可以找理由跟你纠缠下去，直到你答应为止。

比如，你不想答应帮他洗衣服，便推说：

“今天没有时间。”

他就会说：

“没有关系，你明天再帮我洗好了。”

又如你不想要对方转让给你的一台旧电脑，你推说：

“现在没有钱。”

那么对方会说：

“钱以后再说好了，什么时候有了再给，我也不急用。”

或者你不愿意跟对方约会，推说：

“我有男朋友了。”

那么他可能会说：

“没关系，你可以有更多的选择余地啊！”

就因为你的理由不强硬、不充分，所以一经对方反驳，你就招架不住，“不”的意志便很难贯彻了，要对付这种情况，你倒不如直截了当地用较单纯的理由明确地告诉对方：

“我没有时间帮你洗衣服，请原谅。”

“我刚买了一台电脑，很抱歉。”

“我已经有了未婚夫，不能再接受你的感情，对不起。”

这样拒绝虽说显得生硬些，但理由单纯明快，不让对方有机可乘，就可以彻底免除后患。

不过，当你拒绝对方的请求时，切记不要咬牙切齿、绷着一张脸，而应该带着友善的表情来说“不”，才不会伤了彼此的和气。

30岁出头就当上了20世纪福克斯电影公司高层管理的雪莉·兰辛，是好莱坞第一位领导一家大制片公司的女士。为什么她有如此能耐？主要原因是，她言出必践，办事果断，经常是在握手言谈之间就拍板定案了。

好莱坞经纪人欧文·保罗·拉札谈到雪莉时，认为与她一起工作过的人，都非常敬佩她。欧文表示，每当她请雪莉看一个电影脚本时，她总是马上就看，很快就给答复。不过好莱坞有很多人，给他看个脚本就不这样了，若是他不喜欢的话，根本就不回话，而让你傻等。

通常一般人十之八九都是以沉默来回答，但是雪莉看了给她送去的脚本，都会有一个明确的回答，即使是她说“不”的时候，也还是把你当成朋友来对待。这么多年以来，好莱坞编剧最喜欢的人就是她。

可见，以温和的态度拒绝别人，既能表达自己的想法、意见，又不伤害对方的自尊心。所以，日常生活中，即便我们在果断拒绝别人的请求时，也应保持温和的态度和友善的表情。

用幽默的话拒绝别人

拒绝的话一向不好说，说不好就很容易得罪人。因此拒绝他人时，要讲究策略，最重要的一点就是含蓄委婉。而幽默地拒绝正是能巧妙地体现这一点。用幽默的方式拒绝别人，有时可以故作神秘、深沉，然后突然点破，让对方在毫无准备的大笑中失望。

有一位“妻管严”，被老婆命令周末大扫除。正好几个同事约他去钓鱼，他只好回答：“其实我是个钓鱼迷，很想去的。可成家以后，周末就经常被‘没收’了啊！”同事们哈哈大笑，也就不再勉强他了。

有时候拒绝的话像是含糊其词，但因为它是用幽默的方式表达出来的，所以也就在起到拒绝目的的同时，让别人很愉快地接受了。

现代文学大师钱锺书先生，是个甘于寂寞的人。他居家耕读，闭门谢客，最怕被人宣传，尤其不愿在报刊、电视中扬名露面。他的《围城》再版以后，又被拍成了电视，在国内外引起轰动，不少新闻机构的记者都想约见采访他，均被钱老执意谢绝了。一天，一位英国女士看了小说之后，非常想见钱老，好不容易打通了他家的电话，恳请让她登门拜见钱老。钱老一再婉言谢绝都没有效果，他就妙语惊人地对英国女士说：“你看了《围城》，就好比吃了一个鸡蛋，虽然觉得不错，但何必要认识那个下蛋的母鸡呢？”该女士终被说服了。

钱先生的问话，首句语义明确，后续两句“吃了一个鸡蛋觉得不错”和“何必要认识那个下蛋的母鸡呢”虽是借喻，但从语义效果上看，却是达到了一举多得的奇效：其一，这句话是语义宽泛、富有弹性的模糊语言，给听话人以仔细思考的伸缩余地；其二，与外宾女士交际中，不宜直接明拒，采用宽泛含蓄的语言尤显得有礼有节；其三，更反映了钱先生超脱盛名之累、自比“母鸡”的这种谦逊纯朴的人格之美。一言既出，

不仅无懈可击，且又引人领悟话语中的深意，令人格外敬仰钱老的大家风范。

此外，还可以用假设的方法，虚拟出一个可能的结果，从而产生一个幽默的后果，而这个后果正好是你拒绝的理由。这样，不仅不会引起不快，反而可能给对方一定的启发。

一位演技很好、姿色出众，但学历不高的女演员，对萧伯纳的才华早就敬而仰之。她平时生活在众星捧月的环境中，多少有一些高傲，总以为自己应该嫁给天下最优秀的男人。某次宴会中，她和萧伯纳相遇了，她自信十足，以最迷人的音调向萧伯纳说："如果以我的美貌，加上你的天才，生下一个孩子，一定是人类最最优秀的了！"

这位大文豪立刻微微一笑，不疾不徐地回答："对极了。但是如果这孩子遗传了我的貌和你的才，那将是怎样的呢？"

这位美女演员愣了一下，终于明白了萧伯纳的拒绝之意。她失望地离开了，但一点儿也不恨萧伯纳，反而成了他最忠实的读者和好朋友。

拒绝别人的话总是不好说出口，但拒绝的话又经常不得不说出口。这时不妨用幽默的方式说出拒绝的话，抹去对方遭到拒绝时的不愉快感。

变换话题，转移对方注意力

在社交场合中，有时会遇到自己不想公开，而别人又偏偏要打听的事；或是自己偶然触及对方的伤痛、忌讳及隐私，出现了尴尬的局面。这时，以周围的环境为媒介，迅速转移话题便是一种普遍有效的应急措施。

1981年，白宫突然得到里根遇刺的消息后，总统办公厅一片慌乱，不知所措。富有经验的国务卿黑格出来维持局面。黑格曾任美国驻欧洲部队司令，脱下军装后又当上国务卿，一向以果断、稳重而知名。但他听到里根被刺的消息，也慌了手脚。

一个记者问黑格："国务卿先生，总统是否已经中弹？"

黑格回答："无可奉告。"

记者又问："目前谁主持白宫的工作？"

黑格答道："根据宪法规定，总统之后是副总统和国务卿，现在副总统不在华盛顿，由我来主持工作。"

这一回答引起了轩然大波，记者们议论纷纷。另一个记者马上又问："国务卿先生，美国宪法是不是修改了？我记得美国宪法上写明总统、副总统之后，是众议院院长和参议院院长，而不是国务卿。"

黑格听后明白是自己失言，急中生智反问道："请问在两院院长后又是谁呢？他们都不在白宫现场，当然由我来主持了。刚才为了节约时间，少说了一句话而已。"

几句话便自圆其说地为自己解了围，拒绝直接回答记者的提问。

这种"顾左右而言他"的办法就是转移话题法。当然，这个新的话题必须和原来的话题有一定联系，还必须能引起提问人的兴趣，否则会引起对方的疑虑或反感。话题一转移，对方

自然不好再问同样的问题。

所以，如不愿回答别人向你打听的事情时，可用巧妙变换话题的方法，让对方处于被动地位，从而改变意图。

拒绝求爱者最好委婉些

面对不喜欢的人甚至是讨厌的人向自己求爱，很多人不知该如何拒绝，结果由于处理失当，造成了一些不良后果。

一个姑娘，长得很漂亮，又热情活泼，好些男青年向她求爱，犹如众星捧月，让她顿时觉得身价倍增。面对那些求爱者，她傲慢无礼，不是当面讽刺、挖苦这个，就是公开那个的求爱信。小伙子们被激怒了，有的人甚至痛恨她。从此，她身边很少有小伙子围着转，也没人给她写求爱信了。她孤影自怜，没办法，只好调换工作。造成这种局面，只因为她不讲究拒绝求爱的方式，不尊重人，伤害对方，才给自己带来痛苦，让自己失去别人应有的尊重。

对待别人的求爱，有人激动得手足无措，有人为难得一筹莫展，有人甚至会气得大发雷霆。尽管心情及其表现千差万别，但究其态度不外乎两种：一种是允诺；一种是拒绝。允诺也好，拒绝也好，都应当有正确的态度和方法。

拒绝求爱的方法有多种，可以用书信，可以口头交谈，也可以委托别人。但不管用什么方法，一定要做到恰到好处。那么如何才能恰到好处地拒绝别人的求爱呢？以下有几种方法可供大家参考：

1.讲明情况，好言相劝

倘若你认为自己年龄尚小，不想考虑个人恋爱问题，那就讲明情况，好言劝解对方。

的状态，向说话者传递“你的话我很喜欢听”的信息。

录音机是没有眼睛的，俗语说，“眼睛是心灵的窗口”，适当的眼神交流可以增强听的效果。这种眼神是专注的，而不是游移不定的；是真诚的，而不是虚伪的。发自灵魂深处的眼神是动人心魄的。

录音机做不了“小动作”，而倾听者则必须做一些“小动作”。身体向对方稍微前倾，表示你对说者的尊敬；正向对方而坐，表明“我们是平等的”，这可使职位低者感到亲切，使职位高者感到轻松。自然坐立，手脚不要交叉，否则让对方认为你傲慢无礼。倾听时和说话人保持一定的距离，恰当的距离给人以安全感，使说话者觉得自然。动作跟进要合适，太多或太少的动作都会让说者分心，让他认为你厌烦了。正确的动作

应该是跟说话者保持同步，这样，说话者一定觉得你对他的谈话很感兴趣。

倾听并不意味着默默不语，除了做一些必要的“小动作”外，还得动一动自己的嘴。恰当的附和不但表示了你对说者观点的赞赏，而且还对他暗含鼓励之意。

当你对他的话表示赞同时，你可以说：

“你说得太好了！”

“非常正确！”

“这确实让人生气！”

这些简洁的附和使说话者想释放的情感找到了载体，表明了你对他的理解和支持。

入神地倾听并在适当时间附和，有利于对方更好地表达自己的思想和情感。在对方明白我们的倾听是对他的尊重以后，他同样会认真地听我们说活，这样谈话才能产生良好的效果。

例如对于领导来说，倾听职员的谈话，不仅有助于充分了解下情，还说明了你对下属的体贴和关心。这种没有架子的亲民领导到哪儿都会受员工欢迎的。

对于员工来说，倾听领导的谈话，是对领导威严的有效维护，说明了你对他的尊重。这样的员工，说出来的话——即使不是赞美之辞，领导也会很喜欢听的。

人与人之间，倾听能促进情感，加深相互间的理解，引发精神上的共鸣。

通过说话方式探索对方心理

在人际交往中，人们通常会把自己的真实情感深深地隐藏起来，但无论怎样，其言谈中总会流露出蛛丝马迹。这时，有志了解别人的人，需要用心去体察，注意他的话语中蕴含的意思，推测他同意或赞赏的观点，这样就可以对他有另外的认识。

说话方式便是一个透露对方内心所想的“窗口”。一个人的说话方式不同，所反映出的真实想法也不同。注意对方的说话方式，你便能猜透对方的真实心理，听出对方在想什么。

如果对于某人心怀不满，或者持有敌意时，许多人的说话速度都变得迟缓，而且稍有木讷的感觉。如果有愧于心或者说谎时，说话的速度自然就会快起来。

例如，有一个男人每天下班都按时回家，而这一天他下班后却留在办公室与同事打扑克，回到家时，他就马上跟老婆说他加班了。那位“加班”的男人，当他向老婆解释时，说话的语调不仅快，而且慷慨激昂，好像今天“加班”的确让他很反感——他是很不愿意“加班”的。这样，他可以解除内心潜在的不安。

当两个人意见相左时，一个人提高说话的音调，即表示他想压倒对方。

对于那种怀有企图的人，他说话时就一定会有意地抑扬顿挫，制造一种与众不同的感觉。这样的人有一种吸引别人注意力的欲望，自我显示欲在言谈之中隐隐约约地就透露出来了。说话暧昧的人大多数喜欢迎合他人，他们说同一句话既可这样解释，又可那样解释，含糊其词。这种人处世圆滑，从不肯吃亏，懂得如何保护自己和利用别人。

经常对他人品头论足，说长道短，这样的人嫉妒心重，心胸狭窄，人缘不好，心中孤独。如果他对诸如别人不跟他打招呼之类的小问题耿耿于怀，说明他在自尊心上受挫，渴望得到别人的尊重。有些人常以领导的过失和无能为话题，则表明他自己有出人头地、取而代之的愿望。

有人在说话时极力避开某个话题，这说明他在这方面有隐衷，或者在这方面有强烈的欲望。比如当一个人的心中对金钱、权力或某异性怀有强烈的欲望时，很怕被别人识破，于是就故意避开这个话题以掩饰自己的真实用意。

交谈时，对方先是与你谈一些家常话，这表示他想试探你的态度，了解你的实力，探明你的本意，然后好转入正题。

总之，说话方式在一定程度上也能透露对方的内心真意。

在与人交谈时，注意观察对方的说话方式，是了解对方说话本意的一个有效的方法，会给你了解对方带来意外的收获，也能使你先一步掌控对方。

PART 15 宴请细节，展示形象

请客吃饭宜有一个好理由

宴请是求人最常用的一种手段，恰当的宴请可以为求人顺利和成功提供条件、奠定基础。

根据办事的性质、对象而采取不同的方式发出邀请。如大多数学者、专家、领导等，工作忙、时间紧，对他们最好提前相约，以便他们做好工作调整、时间安排；如对某团体的要人，公开邀请，甚至借助传播媒介，既能体现公正无私、光明磊落，又利于引起关注、促进宣传、扩大影响。

向别人发出邀请，可以采用开门见山式，例如，当你想邀请上级领导吃饭时，就可以直接说："请问是徐经理吗？我们现在在某某酒楼吃饭，过来认识几个朋友吧，我们等你来啊。"这种方式既显示出了关系的亲近，活跃气氛，又能使求人办事变得很自然。

或者采用借花献佛式，例如："陈工！今天获奖名单公布了，我中奖了！走吧，我们去庆祝庆祝！"然后在酒宴上再提自己求他所办之事，那个时候的他酒都喝了，哪好意思不帮你？

也可以采用喧宾夺主式，例如："哦！你中午没有时间啊？没有关系，这样吧，下午我去订个位置，然后晚上你带上你的家人，我们一起去吃怎样啊？晚上我给你电话哦！"这样发出去的邀请，别人就很难再有借口推辞了。你也就有了接近对方，求其办事的机会。

精心挑选宴请地点

宴请客人时，用餐地点的选择是非常重要的。例如饭店的远近、服务态度、食物的质量等。各种因素都会对宴请活动产生不同的影响。

选择地点时，可遵循以下3个原则：

1.宴请别人时，要考虑被宴请的对象和事由，选择宴请地点

根据主人意愿、邀请的对象、活动性质、规模大小及形式、商谈的内容等因素，选择宴请的地点。一场宴会，你所宴请的对象可能不止一两个，要想让一种宴会环境满足所有与宴者的心理要求是很难的，这就要求我们在尽量满足大多数与宴者的客观要求的同时，侧重迎合其中少数特殊人物的心理要求。很显然，这些特殊人物对你办事情有非常大的帮助。当主宾的地位、身份、影响高于主人时，以主宾为主。当主宾的身份、地位低于主人时，则要以主人为主。

2.确定宴请地点时，要考虑周边环境、卫生、设施和交通状况等问题。这样，于人于己都很方便

（1）选择交通方便的地方。选择用餐地点，对于交通方便与否，也要高度关注。要充分考虑聚餐者来去交通是否方便，有无停车场所，有无交通线路通过此处，是否有必要为聚餐者预备交通工具等一系列的具体问题。

（2）选择卫生良好的饭店。外出用餐时，人们最担心的就是“病从口入”。所以确定宴请的地点时，一定要看其卫生状况如何。倘若用餐地点过脏、过乱，会破坏用餐者的食欲。

（3）选择环境幽雅的地方。对现代人来讲，宴请不仅仅是为了“吃东西”，而且也讲究环境。如果用餐地点档次过低，环境不佳，即便菜肴再有特色，也会令宴请大打折扣。

这里的环境既包括宴会举办场地的自然环境（如湖边、闹市、船上等），宴会所在的建筑环境（如酒店建筑风格、餐厅装修特点等），也包括宴会举办场地——餐厅的大小、空气状

况和环境布置等。

3.在选择餐厅时，要特别留意餐厅的用餐环境

而挑环境时，必须考虑以下三方面因素：

（1）包间要足够大。在一个相对宽松的空间里，气氛才能轻松；环境好，心情也会跟着变好，饭桌上气氛也会比较融洽。

（2）包间要有独立的沙发区和卫生间。吃饭时客人一般不会同时到达，沙发区可以给先到的人有一个休息之处。另外，沙发最好为U字形或L字形，因为除了非常熟悉的人，人们并不习惯在沙发上并排而坐，尤其是初次见面的朋友，保持一个礼貌的距离很重要。

（3）如果宴请很重要的客户，要留好地面停车空间，最好不用地下车库。地下车库一般没有装修，看上去比较脏乱，客人一进入，心情就会受影响。而且，从地下车库上地面的通道，没有人给开门。这样会让客人感到不太受尊重。选地上停车处，车门、楼门、房门都要有人给开，这才显出对客户的尊重。

除此之外，确定宴请地点时还应注意以下问题：

（1）询问你的客人是否有某些饮食方面的偏好，比如是否属于素食主义者或者是否爱吃鱼等，事前确保你选择的饭店符合客人的口味。

（2）选择一处大家都喜欢的地点就餐，让聚会中的每个人都有宾至如归的感觉也是很重要的。比方说，要事先问清楚有没有适合素食者的选择、小孩子用的高凳，还有那些对某些食

物过敏的人能吃的东西。如果聚会上的人有需要的话，甚至还要看看有没有足够的车位。

（3）请熟悉的人去不熟悉的饭店，请不熟悉的人去熟悉的饭店。对熟人（包括家人、朋友等），可以去以前没去过的饭店尝尝鲜、探探路，熟人在一起就不必拘束，可以随心而为，可畅心问价、调换，等等。而请不熟悉的和重要的客人则要求对整个点菜服务质量等了然于胸，这样就需要去一个熟悉的饭店。

宴请中经常点选的**酒茶**

中国人搞宴请活动讲究排场，也重视品位，因此在商务宴请中，烟酒茶品的选择和消费就显得非常重要。下面介绍一些宴请中经常点选的烟酒茶品，以供参考。

宴请中常喝的中国十大名酒：

（1）茅台酒。茅台酒在历次国家名酒评选中，都荣获名酒称号。

（2）五粮液。五粮液酒是浓香型大曲酒的典型代表。

（3）西凤酒。西凤酒属其他香型（凤型），曾被评为国家名酒。

（4）双沟大曲。产于江苏省泗洪县双沟镇，曾被评为国家名酒。

（5）洋河大曲。洋河大曲曾被列为中国的八大名酒之一，至今已有三百多年的历史。

（6）古井贡酒。据当地史志记载，明代万历年间，当地的美酒曾贡献皇帝，因而就有了“古井贡酒”这一美称。

（7）剑南春。其前身当推唐代名酒剑南烧春。唐朝就列入当时天下的13种名酒之中。

（8）泸州老窖特曲酒。泸州老窖窖池于1996年被国务院确定为我国白酒行业唯一的全国重点保护文物，誉为“国宝窖池”。

（9）汾酒。1915年荣获巴拿马万国博览会甲等金质大奖章，被评为国家名酒。

（10）董酒。董酒1963年首次被评为国家名酒，1979年后都被评为国家名酒。

宴请中常喝的中国十大名茶：

（1）西湖龙井。“茶中之美数龙井。”龙井茶素有“色翠、香郁、味醇、形美”四绝之称。

（2）洞庭碧螺春。“洞庭碧螺春，茶香百里醉。”碧螺春产于江苏太湖洞庭山，兼有茶香果味之美。

（3）黄山毛峰。黄山毛峰成茶外形细嫩扁曲，多毫有峰，冲泡杯中雾气轻绕顶，滋味醇甜，鲜香持久。

（4）君山银针。君山银针色泽鲜绿，香气高爽，滋味醇甜，汤色橙黄，是中国黄茶珍品。

（5）祁门红茶。祁门红茶曾于1915年在巴拿马万国博览会上获得金质奖。

（6）六安瓜片。一种外形似瓜子，色泽翠绿，香气清高，味鲜甘美的片形茶。

（7）信阳毛尖。是我国著名的内销绿茶，以原料细嫩、制工精巧、形美、香高、味长而闻名。

（8）都匀毛尖。明代时就已为“贡茶”。冲泡时茶叶沉于杯底，绒毛浮游水中，清香持久，醇和回甜。

（9）武夷岩茶。武夷岩茶具有绿茶之清香，红茶之甘醇，是中国乌龙茶中之极品。

（10）安溪铁观音。成品茶外形头似蜻蜓，尾似蝌蚪。泡于杯中“绿叶红镶边”，是乌龙茶之上品。

根据就餐性质安排客人的座次

当客人抵达主人的请客地点时，作为主人，应该怎样为客人安排座次呢？

虽然现在桌具的演进使座位的排法发生了变化，但总体来说，座次是“尚左尊东”“面朝大门为尊”。如果是家宴，则首席为辈分最高的长者，末席为最低者。

如果是圆桌，则正对大门的为主客，左手边依次为2、4、6等，以此类推，右手边依次为3、5、7等，直至汇合。巡酒时自首席按顺序一路敬下。

如果是八仙桌，若有正对大门的座位，则正对大门一侧的右位为主客。如果不正对大门，则面东的一侧右席为首席。然后首席的左手边坐开去为2、4、6，右手边为3、5、7。

如果是大宴，桌与桌间的排列讲究首席居前居中，左边依次2、4、6席，右边为3、5、7席，根据主客身份、地位、亲疏分坐。

西餐的座席安排比较讲究，如果用西餐请客，则有如下礼仪，千万不可坐错了位子。

（1）桌次：在正式宴会上，桌次的高低尊卑以距离主桌位置的远近而定，越靠右的桌次越尊贵，桌次较多时一般摆放桌次牌；在同一桌上，越靠近主人的座位越尊贵。

（2）位次：英国式的座位顺序为，主人坐在桌子两端，原则上是男女交叉坐；法国式的座位顺序为，主人相对坐在桌子中央。以女主人的座位为准，主宾应当坐在女主人的右上方，主宾夫人坐在男主人的右上方。

（3）在非正式宴会上，座位遵循女士优先的原则。如果是男女二人进餐，男士应请女士坐在自己的右边，还要注意不可让她坐在人来人往的过道边。若只有一个靠墙的位置，应请女士就座，男士坐在她的对面。如果是一对夫妻就餐，夫人应坐在靠墙的位置上，先生则坐在夫人的对面。如果两位男士陪同一位女士进餐，女士应坐在两位男士的中间。如果两位同性进餐，那么靠墙的位置应让给其中的年长者。男士应当主动为女士移动椅子让女士先坐。在宴请外宾时，首先明确一点，宴请不是为吃而吃，更重要的是要表达出对外宾的尊重，创造出一种有利于宾主双方进行进一步交流的气氛。所以，座次的安排就显得非常重要，考虑不周全、座次安排不妥当，轻则会惹得外宾不高兴，重则可能引起国际纠纷。所谓“外交无小事”，即使在就餐座次上，也要多花些心思。

在国际惯例中，在就餐时排列桌次，通常讲究采用圆桌，并且各桌的就餐者宜为双数。在正式的宴会厅内安排桌次时，应遵循以下五大原则，即“面门为上”“居中为上”“以右为

上”“以远为上”“临台为上”。其实，为了避免届时因外宾坐错了座位而产生不快，隆重的大型宴会可以在各餐台座位前预先摆放座位卡，所发请柬上则标明与宴者的台号，或由司仪导入，或持柬按图索骥、对号入座，这样就不容易出差错了。

点餐时先征求客人意见

根据中国人的饮食习惯，请客吃饭其实是“请客吃菜”，菜单在一次宴席中的地位可见一斑。

如果你是请客者，若时间允许，应等客人到齐之后，将菜单供客人传阅，并请他们来点菜。当然，如果是公务宴请，要控制预算，你最重要的是要多做饭前功课，选择合适档次的请客地点非常重要。一般来说，如果由你来埋单，客人也不太好意思点菜，都会让你来做主。

如果你的上司也在宴席上，千万不要因为尊重他，或是认为他应酬经验丰富，酒席吃得多，而让他来点菜，除非是他主动要求；否则，他会觉得不够体面。

如果你是作为赴宴者出现在宴席上，在点菜时，不应该太过主动，而要让主人来点菜。如果对方盛情要求，你可以点一个不太贵、又不是大家忌口的菜，最好征询一下同桌人的意见，特别是问一下“有没有哪些是不吃的”或是“比较喜欢吃什么”，要让大家有被照顾到的感觉。点菜后，可以请示“我点了菜，不知道是否合几位的口味”“要不要再来点其他什么”，等等。

点菜并非一件简单的差事，其中的学问其实很多。点菜的基本原则是要做到能让所有人都吃得满意，而且花费不是太

多。同时点菜既不能点得剩太多，也不能不够吃。具体来讲，以下几项点菜技巧必须注意：

（1）一定要看人员组成，一般来说，人均一菜是比较通用的原则。如果是男士较多的餐会可适当加量。同时，要看菜肴组合。一般来说，一桌菜最好是有荤有素，有冷有热，尽量做到全面。如果桌上男士多，可多点些荤食，如果女士较多，则可多点几道清淡的蔬菜。

（2）若是普通的商务宴请，可以节俭些。如果这次宴请的对象是比较关键的人物，则要点上几个够分量、拿得出手的菜。

一般说来，优先考虑的菜肴有3类：

①有中餐特色的菜肴。在宴请外宾的时候，这一条更要高度重视。

②有本地特色的菜肴。宴请外地客人时，上些特色菜要比千篇一律的生猛海鲜更受好评。

③本餐馆的特色菜。很多餐馆，都有自己的特色菜。上一份本餐馆的特色菜，能说明主人的细心和对被邀请者的尊重。

（3）在安排菜单时，一定要先问问桌上同餐者有没有什么人有特殊忌讳。比方说有素食者、不食牛羊肉者、不吃辣椒者、不吃海鲜者等，做到胸中有数。

（4）点菜前要对价格了解清楚，点菜时不应该再问服务员菜肴的价格，或是讨价还价，这样会让你在对方面前显得有点小家子气，而且被请者也会觉得不自在。

赴宴时应注意**体现修养与内涵**

赴宴礼仪是现代人交际过程中需要经常面对的问题。参加一个宴会，最重要的不是吃，而是体现你修养与内涵。

1.及时回复

在接到宴会邀请时，不管是否能出席，都要尽早答复对方，以便主人安排，一般可用电话或便函答复。

2.忌随意改动

接受邀请后不要随意改动。万一遇到特殊情况不能去赴宴，尤其自己是主宾的情况下，应立即向主人说明、道歉，甚至亲自登门表示歉意。

3.核对地点、时间

应邀出席之前，要与宴请的主人进行核实：活动举办的时间地点，是否邀请了配偶，以及主人对服装的要求。

4.适度修饰

外出赴宴或聚餐时，应适度地进行个人修饰。总的要求是：整洁、优雅、个性化。一般而言，男士可穿套装，并剃须。女士则应穿时装或旗袍，并化淡妆。倘若不加任何修饰，甚至仪容不洁、着装不雅，则会被视为不尊重主人，不重视此次聚餐或宴请。

5.准时到场

应邀赴宴或参加聚餐时，一定要准点抵达现场。抵达过早或过晚，均为失礼。早到的话，主人往往还未做好准备，因而措手不及。晚到的话，则会令他人望眼欲穿，甚至打乱整个原定的计划。

6.携带礼物

抵达宴会地点后，应先到衣帽间脱下帽子和大衣，然后向主人问好或表示祝贺。参加他国庆祝活动时，可按当地习惯以及两国关系，赠送花束或花篮。家庭宴会中，可酌情给女主人赠送鲜花。

7.各就各位

在一些正式的用餐活动中，一定要按照指定的桌次、位次就座。倘无明确排定，亦应遵从主人安排，或与其他人彼此谦让。如邻座是年长者或女士，应主动协助他们先坐下。

8.认真交际

大凡宴请或聚餐，其主要目的是交际，而不仅仅是为了大饱口福。所以在用餐前后，尤其是用餐前稍事等候时，不要忘记尽可能地进行适当的交际活动。假若一言不发，就会显得与其他人完全格格不入。

9.开始宴会前，主人与主宾大都要先后进行致辞

当他们进行致辞时，务必要洗耳恭听，专心致志。如果此刻开吃，闭目养神，与人交谈，或是打打闹闹，都是不对的。

10.礼貌地离席

早退、逗留时间过短都被视为失礼或有意冷落。一般说来，主宾退席后再陆续告辞。确实有事需提前退席，应向主人说明后悄悄离去；也可事前打招呼，届时离席。

不过分亲近或疏远任何人

人性的细节，一旦发挥过分，就会讨人嫌恶，就无法圆润为人。圆润为人就是不要过分地亲近或疏远任何人。既不要过于亲近比你高的尊贵的人，也不要过于疏远那些地位比较低的人，尽管人们的社会角色和社会地位不同，但每个人都渴望得到他人的尊重。如果你忘记这一事实，与他们交际时，对“重要人物”谦卑有加，而对其他人却毫不在意，则会刺伤后者的自尊，失去一大批人，这样的人际代价是不值得的。

有这样一场家宴：宴席上坐着男主人、男主人单位的领导以及几位同事，圆桌上的酒菜已经摆得让人感觉十分满意了，可是，围着花布裙的主妇还是一个劲地上菜，嘴上直对领导说：“没有什么好吃的，请领导对付着用点！”

男主人则站起来，把领导面前吃得半空的菜盘撤掉，接过热菜又放在他面前，热情有余地给领导夹菜、添酒，而对其他同事只是敷衍地说声“请”。

面对这样“尊卑有别”的款待，试想男主人的几位同事将做何感想？即便不觉得难堪，也会觉得主人对他们款待不同。也许未等宴席告终，有些同事就“有事”告辞了。

像这样的宴席，男主人眼里只有领导，而慢待他人，使同事们的自尊心和面子受到损伤，非但不能增进主客间的友谊，反而会造成心理隔阂，稍作权衡就会发现如此尊卑有别的待客之道实属不智之举。

圆润处世时，不能过分亲近权势，如果亲权势大的、疏远

权势小的，等于从中挑拨，必导致两势相争。两者取其中，

“公事公办”，不搞拉拉扯扯那一套，也不要把精力和心思花费在研究某某“背景”之上。以权势视其关系亲疏，实则亲一时，疏一世。凡是这样“套”来的亲，没有长久的。因为权势本身就不是永恒的，而是无常的，那么以此为筹码的亲疏一定不会长远，这是必然的。

尽管人们在社交中需要分清主次，有轻有重，不可能平均用力，等齐划一。但圆润为人的人，在保证“重点”的时候，绝不忽略“一般”。比如，去某单位办事，恰巧遇见了三个都认识的人，都好久未见了，其中一位正是自己急于寻找求助办事的，你怎么对待呢？是抓住一人，不计其余，还是逐个关照，热情寒暄一番，然后和其他人说明情况，保证重点？这就是一个技巧。

进餐细节集锦

作为客人，有些细节在进餐时要特别注意。主人招呼进餐后，取菜时，不要盛得过多。盘中食物吃完后，如不够，可以再取。如由招待员分菜，需增添时，待招待员送上时再取。对不合口味的菜，勿显露出难堪的表情。当招待员上菜或主人夹菜时，不要拒绝，可取少量放在盘内。

吃东西时不要发出声音。应闭嘴咀嚼食物，喝汤不要啜。太热的汤和菜，可稍待凉后再吃，不要用嘴吹。吐鱼刺、骨头时要用餐巾掩嘴，用手或筷子取出，放在菜盘内。嘴里有食物的时候不要说话。要剔牙时应用手或餐巾遮口。吃剩的菜以及用过的餐具牙签，都不要放在桌上，应放在盘内。

作为陪客或宾客，在交谈时不要只同几个熟人或一两个人说话，如果邻座不相识，可先自我介绍。在社交场合，无论天气如何炎热，不能当众解开纽扣脱下衣服。小型便宴会，如主人请客人宽衣，男宾可脱下外衣搭在椅背上。

中餐的餐具主要是碗、筷，西餐则是刀、叉、盘子。吃西餐时右手持刀，左手持叉，将食物切成小块，然后用叉送入嘴内。就餐时按刀叉顺序由外往里取用。每道菜吃完后，将刀叉并拢排放盘内，以示吃完。如未吃完，则摆成八字形或交叉摆，刀口应向内。

吃鸡、龙虾时，经主人示意，可以用手撕着吃，也可用刀叉把肉割下，切成小块吃。不管切什么菜，都要注意不要用力过猛撞击盘子而发出声音。不容易叉的食品，可用刀把它轻轻推上叉。汤用深盘或小碗盛放，喝时用汤匙由内往外舀起送入嘴，即将喝尽，可将盘向外略托起。除喝汤外，不用匙进食。吃带有腥味的食品均会配有柠檬，可用手将汁挤出滴在食品上去腥味。

有时宴会中难免遇到意外情况，如刀叉撞击盘子而发出声响、餐具摔落地上、酒水被打翻等，此时，不应手忙脚乱。餐具碰出声音，可轻轻向邻座或主人说一声“对不起”。餐具掉落可由招待员再送一套。酒水打翻溅到邻座身上，应表示歉意并协助擦干；如对方是女士，则应递上干净纸巾。

在宴请中，喝酒前要做好准备，比如作为主宾参加国外举行的宴请时，应了解对方的祝酒习惯。碰杯时，主人和主宾先碰，人多可同时举杯示意。祝酒时注意不要交叉碰杯。在主人和主宾致辞、祝酒时，应暂停进餐，注意倾听，也不要借此机会抽烟。宴会上相互敬酒表示友好，但切忌喝酒过量。

喝茶或咖啡时，牛奶和糖可自取加入杯中，用小茶匙搅拌后，茶匙仍放回小碟内。喝时右手拿杯把，左手端小碟。

吃水果时，不要整个拿着咬，应先用刀切成四瓣或六瓣，再用刀去皮、核，方可用手拿着吃，削皮时刀口朝内，从外往里削。香蕉先剥皮，用刀切成小块吃。橙子用刀切成块吃，橘子、荔枝等则可剥了皮直接吃。西瓜、菠萝通常都去皮切成块，吃时可用水果刀切成小块用叉取食。

在宴席上，如果送上一小水盂，水上漂有玫瑰花瓣或柠檬片，注意，这是供洗手用的（有人曾误以为是饮料，因此闹笑话）。洗时两手轮流沾湿指头，轻轻刷洗，并用餐巾或小毛巾擦干。

做好宴会收尾工作

有很多人认为，既然宴会已经结束，那么就可以完全放松下来，不必再顾虑什么，其实不然。宴会结束时，我们更应该做好细节性的工作。如果一时疏忽，就会使得自己之前费尽心思在宴请对象心里留下的好形象瞬间崩溃，求人办事也变得一波三折。

那么，宴会结束时应该注意哪些细节呢？

第一，宴会结束的时间。

一般说来，当宴会主人把餐巾放在桌子上或者从餐桌旁站起身来，即表明宴会结束。只有看到这种信号以后，宾客才可以把自己的餐巾放下，站起身来。

正餐之后的酒会的告辞时间按常识而定，如果酒会不是在周末举行，那就意味着告辞时间应在晚间10时至午夜之间。若是周末，则可更晚一些。除非客人是主人的亲密朋友，一般都不应在酒会的最后阶段还心安理得地坐在那里。

第二，离席的先后顺序。

当宴会结束，离开餐桌时，不应把座椅拉开就走，而应把椅子再挪回原处。男士应该帮助身边的女士移开座椅，然后再把座椅放回餐桌边。要注意，有些餐厅比较拥挤，贸然起身，或使手提包、衣服等掉得满地，或是碰到人，打翻茶水、菜肴，失礼又尴尬！离席时让身份高者、年长者和女士先走，贵宾一般是第一位告辞的人。

第三，热情话别。

当宾客离去时，宴会主人应像迎接宾客一样地站在门口与他们一一握别。当宾客成群离去时，也应送至门口，挥手互道晚安，并应致意说：非常感谢各位的光临，真谢谢你们把宴会的气氛维持得这样好。不要以时间过早挽留客人，如果是星期天晚上，你尤其不宜说：现在还早得很嘛，你绝不能这么早走，太不给我面子了！要知道多数人次晨都要起个大早的。对于迟迟还不离去的客人，他们明显地热爱这气氛，这时你可以停止斟酒或停止供糖果、瓜子等，以此暗示客人该是离去的时候了。

此外，有的主人为每位出席者备有一份小纪念品。宴会结束时，主人招呼客人带上。除主人特别示意作为纪念品的东西外，各种招待品，包括糖果、水果、香烟等都不能拿走。

总之，宴会结束时与开始时一样重要，你丝毫不能大意，必须注意到每个细节，力求尽善尽美。

PART 16 面试细节，轻松过关

时刻保持**仪表整洁**

仪表整洁，既是对自己的尊重，也是对别人的尊重。

一个仪表整洁的人，总是让人感觉良好，仪表整洁是一种礼貌，既是对自己的尊重，也是对别人的尊重。一个邋遢的人，只能给别人留下无教养的印象，更会给人留下“此人活得很糟糕”的印象。

李强是电脑行业中的“金领”一族，很有工作能力，但在生活中他是一个不拘小节的人，整天一身破牛仔，从未想过注重个人形象这回事。

有一次，他去一家公司面试，依旧穿的是那套“行头”。

刚一见面，负责招聘的人便皱起了眉头，双方谈了几句，对方便下了逐客令：“对不起，我们公司需要的是工作态度和生活态度都很严肃的人！”

李强的面试以失败而告终。看来，要想在面试工作中顺利过关，衣装打扮是不能忽略的环节，否则连进门的资格都没有，更谈不上得到施展自己才华的机会！英国哲学家培根有句名言："相貌的美高于色泽的美。"仪表是展示自己才华和修养的重要外在形态。要想有良好的形象，就必须注意穿着打扮、行为举止及自身素质的提高，从而使你的形象在交往中光彩夺目。要创造良好的第一印象，首先要注意服装及仪表。

服饰是一种无声的语言，服装的整洁得体不仅是自我形象的树立，也是对对方的尊重。假如一个蓬头垢面、衣衫不整的人站在你的面前，一定会让你觉得讨厌。服装最要紧的是大方得体、干净整洁，如果你想在服装方面"标新立异"，那只能使你脱离人群，是不会得到别人的喜欢和接近的。

那么，怎样保持整洁的仪表呢？我们可以从以下几方面对自己做出改善。

1.留意你的穿着

"先敬罗衣后敬人"，从道德上说是不正确的，但面对现实的社会观念，我们尚无法改变。因为要对方了解你的内在美尚需一段时间，而体现一个人个性的着装却一目了然。留意你的穿着，并不是叫你穿上最流行、最时髦的衣服，而是希望你穿得干干净净、整整齐齐，至于衣服是新是旧，质料是好是坏，并不是主要问题。美国有许多家大公司对所属雇员的装扮都有"规格"，这规格不是指要穿得怎么好看，而是人们观感的水准。

2.注意细节

鞋擦过了没有？裤管有没有痕？衬衣的扣子扣好了没有？胡须刮了没有？梳好头没有？衣服的皱褶是否熨平了？

乍一听似乎可笑，事实上，这些细节会给人留下良好的印象，整洁的着装总是给人一种信赖感。

一个衣衫不整、邋邋遢遢的人，是对自己不尊重，对他人也不尊重。这样的人，是不可能赢得他人的好感与尊重的。因此，一个懂得做人之道的人，应该时刻注意保持整洁的形象。

恰如其分地**做自我介绍**

求职面试时，招聘者最想知道的就是求职者的独到之处。在能力相同的情况下，那些求职者之所以能够成功，关键在于他们在面试时自我介绍得恰如其分。

要做到恰如其分的自我介绍，可以从以下几个方面着手：

1.彬彬有礼

在做介绍前，要先对主试官打个招呼，道声谢，如："经理，你好，谢谢你给我这么好的机会，现在我向你做个简单的自我介绍。"介绍完毕后，要注意向主试官道谢，并向在场面试人员表示谢意。

这能给主试官留下很好的印象。没有人会拒绝谦恭的态度。

2.主题明确

在做自我介绍时，最忌漫无中心，东扯一句西扯一句，或者陈芝麻烂谷子，事无巨细一一详谈，让人听了不知所云。求职面试中的自我介绍宜简不宜繁，一般包括这些基本要素：姓名、年龄、籍贯、学历、学业情况、性格、特长、爱好、工作能力和工作经验，等等。对于这些不同的要素该详述还是略说，应按招聘方的要求来组织介绍材料，围绕中心说话。假如招聘单位对应聘者的工作能力和工作经验很重视，那么求职者就得从自己的工作能力及经验出发做详细的叙述，而且整个介绍都是以这个重点为中心。

下面是一位求职者面试时的自我介绍，非常精练，分寸把握得当。

“我的经历非常简单。1985年，18岁的我高中毕业没有考上大学，招工进入某厂当上了一名车工。从此，我操刀切削十多年。其间3次参加全市车工岗位技术大比武，荣获两次第3名，一次第2名。去年企业破产，我下岗失业。下岗后参加过3个月的电脑培训，3个月的英语培训，取得两个上岗证书，为我掌握现代化的数控车床操控技术打下了基础。听说贵公司招聘技工，我觉得我是比较合适的人选。”

从上例中可以看出，介绍自己简历时可以从参加工作时讲起，不要拉得太远；经历中重点介绍自己从事什么工种，有何特长，凡与此无关的都可省略；能够显示自己优势的，可以讲详细些，而且应与招聘内容联系起来。例如，三次参加技术比武获奖，两次参加技术培训，都显示了应聘者的技术水准，可以说正投招聘者所好。所以，立刻引起了主考官的兴趣。

3.让事实讲话

在自我介绍中，要尽量避免对自己做过多的夸张，一般不宜用“很”“第一”“最”等表示极端的词来赞美自己。在面试场上，有些人为了让面试官对他留下深刻的印象，往往喜欢对自己进行过多的夸赞，如“我是很懂业务的”“我是年级成绩最好的一个”，总是喜欢带着优越的语气说话，不断地表现自己。其实，如果对自己做过多的夸耀，反而会引起面试官的反感。

谈论自己的话题，应尽可能避免一些夸大的形容词，把话讲得客观真实，尽量用实际的事例去证明你所说的，最好用真实的事例来显露你的才华给面试官。

一家物流公司在招聘考试时，发现一位应试者在校成绩不太好，主考者问道：“你的成绩不是很好，是不是不太用功？”应试者回答说：“说实在话，有的课我认为脱离实际，所以把时间全花在运动上了，所以身体特别好，还练就一身好功夫。”主考者很感兴趣，让他表演一下。应试者脱下衣服，一口气做了100多个俯卧撑，使主考者大为吃惊，立即录用了他。

有位成功面试者说：“我毕业于一所没有名气的大学，但请看看我过去10年的工作成就吧！”这样说突出了他的精明和强干，用事实来说话。

当你在谈论自己某方面的长处时，请千万记住用具体论据来支持。比如，你说“我和其他工作人员关系很好”时，别说到这里停止了，还要举一些具体事例来加以陈述，如“我总是和我的工作伙伴和属下有着相当融洽的关系，而且我也和从前每一位上司都成了好朋友”。

自我介绍的话并不需要说得太多，但要句句说到点子上，这样就能轻易为你的面试加分。

不管面试的类型设计得如何科学，让人喜欢的气质在对方决定谁能获得职位时总是起着很大的作用。愿意雇用自己喜欢的人是人之常情。

准备一份简明扼要的简历

如何让自己在水平相当的竞争者中脱颖而出，是决定成功的关键，所以除了必要的资料外，那些看了也不会留下任何印象的事情就不必写在履历中。在填表时，要把自己过去工作的成绩量化、具体化，以便让人对你的能力有比较具体的了解。曾经进修的课程，例如计算机、管理、英文等不同领域的课程，一定要写进去，让别人一目了然，这往往有助于让别人对自己更加了解。

如果是到外企求发展，一定要了解不同国家企业的用人习惯。例如在美国某些地方，履历表要求“三不”：第一，绝对不超过一页；第二，绝对不要把与工作无关的事写上去，例如婚姻状况、家庭状况、种族等，以避免企业主由于其他原因而产生歧视；第三，薪水一栏要空着，求职的人应认清履历的目的只是为了争取面试的机会。

对现代人来说，要自我炫耀并不是一个难事。然而最麻烦

的是，许多冠冕堂皇的身价都建立在空泛的形容词之上，如果你没有足够的理由来支持的话，那么最好不要在简历上写“我一定能胜任这个工作”这样的话。另外，就外企而言，公司想知道提拔你能为公司带来什么利益、贡献或成效，并不是想付费找个人来学习，所以若写上“想来贵公司学习”等词语，一定会对自己不利。

有些大学生，为了推销自己，总是极力把自己包装成无所不能的全才，但对于招聘单位来说，一般而言，都是因岗选才。只有求职者能证明你有这方面的特长，才会让招聘单位觉得你就是最适合这个岗位的人选。常常有这样的情况，求职者自我介绍了半天，在被问及“在你所有的特长中，你最擅长的是什么”时，求职者往往回答不上来，这实在是一件很遗憾的事。

所以，建议求职者应聘时，与其把自己包装成一个全才，不如把自己包装成某一方面的专才。等到招聘单位因为你的专才有意录用你时，再意外地发现你还是一个全才，这就会非常有利于你今后的发展。相反，如果你在简历上把自己包装成全才，等见了面一谈，才知道其实你所谓的全才就是对各方面问题都只知道一点皮毛而已，这对你的发展必定是很不利的。

从实用的角度来说，如果你应聘不同的职位，最好能准备不同的简历，关键是特长部分的介绍要有所侧重，比如你想应聘质量管理和生产管理岗位时，所要突出的地方当然是不应该一样的。

最后一点是，简历一定要简明扼要，最好不要超过一页纸，招聘单位工作人员面对的求职者有几十甚至几百人，把一些无关紧要的资料堆积在一起，只会使审查者厌烦，还会使其对你产生一个负面印象——这个人的办事效率不高、喜欢自吹、表达不简练，等等。

对离职原因要慎重描述

“你能否描述一下你离开以前所供职单位的原因吗？”这类问题在面试时经常会被问及，招聘单位能从中获得很多关于你的信息。因此，在回答这个问题时应该非常小心，要考虑到单位的感受，千万不要说得愤世嫉俗，“众人皆浊我独清”。

要选择诸如“大锅饭”阻碍了发挥、专业不对口、生病、结婚等人们都是可以理解的离职原因，千万要避免把离职原因归结为别人的主观因素，让招聘单位怀疑你的个人品行和团队合作能力。

你不能把离职原因归结到人际关系复杂方面。现代企业讲求团队精神，要求所有成员都能有与别人合作的能力，你对人际关系的看法可能会被认为是心理状况不佳，处于自我封闭的心境之中，从而妨碍招聘单位对你的选择。

你也不能说离职是因为分配不公平。现在企业中实行效益薪金、浮动工资制度是很普遍的，旨在用物质刺激手段提高业绩和效率；同时，很多单位都有员工收入保密的措施。如果你在面试时将此作为离开原单位的借口，一方面你将失去竞争优势，另一方面你会有爱打探别人收入乃至隐私的嫌疑。

最不可取的就是说上司有毛病。既然是在社会中生存，就得和各式各样的人打交道。假如你挑剔上司，说明你缺乏工作上的适应性，那么很难想象你在遇到客户或与单位有关系的人时会不会凭好恶行事。

至于像竞争过于激烈、工作压力太大都不能当成你离职的主要原因。随着市场化程度的提高，无论是在企业内部还是在同行之间，竞争都日益激烈，员工必须适应在这种环境下干好本职工作。而现代企业的生存状况是快节奏的，企业中的各色人等皆处于高强度的工作状态下，有的单位在招聘启事上干脆直言相告，要求应聘者能在压力下完成工作，这是越来越明显的趋向。

很多招聘者建议把加入一家新公司的理由设定为事业发展的需要。例如“在原公司销售科工作了两年后，我学到了许多有关营销方面的知识。现在，我想学点别的”“现在，我想学点新东西，而贵公司是我最中意的”。不过，要是你确实因

与老板发生冲突而被解聘，那么，你最好主动把事情原委告诉他们，而不要让他们问你。话要说得既明确又有艺术性，例如“在管理形式方面，我和原公司的一位新金融主管存在分歧。不过，我们双方对此表示理解”。

招聘者心里完全清楚很多人离开原来的工作岗位是由于他们跟老板合不来，然而，没有多少人想听到这样的离职原因。

在面试的时候，对离职原因要避免敏感答案。但这并不意味着欺骗，因为你的个人素质在一言一行中都能表现出来，你自己可能注意不到，别人却能很容易地看出来。

要求薪酬时不宜讨价还价

求职面试时难免不谈起薪酬。一个人的薪酬是与其能力、作用、表现和贡献等息息相关的，在用人单位尚未了解你上述情况时，开价过高，难以被用人单位接受；开价过低，吃亏的又是自己。

怎样与用人单位协商薪酬？你必须首先知道以下几点：

1. 除非用人单位已经十分明确地表态要用你，否则不要讨论薪酬。

2. 切勿盲目主动提出希望得到的薪酬数目。

3. 尽可能从言谈中了解用人单位给你的薪酬是固定的还是有协商余地的。

4. 面试前设法了解该行业薪酬福利和职位空缺情况。

在协商过程中，如果用人单位要你开价，可告诉其一个薪酬幅度。如他一定要你说出个明确数目，可问他愿意付多少，再衡量一下自己能否接受。

为减少讨价还价的盲目性，可到其他同类公司询问职位空缺情况和大概的薪酬标准，以便自己心中有数。同时别忘了，福利也是你应得的报酬，如医疗保险、公积金、带薪休假和年底分红等。

理想的薪酬数，应是用人单位和求职者双方都能接受的，而应试者应表现一定的灵活性。当薪酬福利谈妥后，最好要求用人单位写份协议合同，因为有些用人单位面试之后，很可能会忘掉曾答应你的事。

工作谈判不能像其他谈判那样，一味设法提高对方开出的条件，而对方就只顾压低你的价钱，把原来和谐的气氛弄成敌对的局面，这对你实在没有好处。

谈判一旦出现僵局，不妨把话题转移到有关工作的事情上。例如，对方有心压低你的薪酬，就可将话题转移到你上任后有何大计，如何扩大市场占有率和如何降低产品成本等，那样，原来紧张敌对的状态很快便会变成同心协力的局面。

公司都希望应试者对应聘的职位感兴趣，而非纯与金钱挂钩。因此，只要老板觉得请你没有令公司损失，要争取高薪、福利并不困难。你可以讨论自己的才能、经验，要求老板让你承担多一点责任，甚至把职位提高，这样就有机会将福利提高。即使没法调升职位，但是工作范围扩大了，公司多付薪水给你，也不过是补偿你额外的工作，就不会因任何一方吃亏而令谈判中断。

如果受公司预算限制，对方开出的工资甚至比你现有或以往的薪水还要少，但只要你认定这是一份理想的工作，不妨暂时不谈薪水。待对方认定你是最佳人选，再尝试以职位及工作为由，多要求些福利津贴。例如，若想要求提高公务开销，你就应说以往工作顺利全因频频与客户交际应酬，从而提出担心公务开销不够，雇主也会乐于增加这方面的津贴。

采取折中术回答令你左右两难的问题

中国自古以来讲究中庸之道，折中可以说是一门艺术，是祖先智者留下的智慧结晶，是为人处世各个方面都可以适当运用的生存立世之道。

在求职面试中，主考官经常会给你出一些令你左右两难的问题。在这个时候，你可以选择缄默吗？不能，那只会使你与工作失之交臂。你只能勇敢作答，但有勇也要有谋。左不行，右也不行，那就最好采取折中术。

在一次外企面试中，双方交谈得很投机，看来希望不小。

接近尾声时，考官看了一下表，问："可不可以邀请你一同吃晚饭？"

原来这也是一道考题。如果考生痛快接受，则有巴结考官的嫌疑；如干脆拒绝，又被说成不礼貌。考生动了动脑筋，他机智地回答道："如果作为同事，我愿意接受你的邀请。"

由于他预设了一个前提条件，所以他的回答十分得体到位，获得了好评。

总之，对于可能设有"陷阱"的提问，一般情况不要直答，而应想一想对方的用意是什么，"机关"在哪里，然后运用预设前提的说法跳过陷阱，予以回应。所谓折中术，就是采取一个巧妙的方法将划分左右的界限模糊掉。

有一家银行招聘公关人员时，极为重视职员协调人际关系的才能。该银行没有专门考核应聘者的业务知识，而是提出了一道别出心裁的判断题："当国家的利益和住友银行的利益发生冲突时，阁下会采取何种对策？"

三类不同的应聘者对问题的回答迥然不同。

第一类人回答："当国家利益跟我们银行利益发生冲突时，我会坚决地站在我们银行的立场上。"

银行主管人员认为，这样的人将来准会捅娄子，不能聘用。

第二类人回答："当国家利益和住友银行利益发生冲突时，我作为国家的一员，应该坚决保护国家的利益。"

银行主管人员认为，第二类人员适合政府部门的工作，也不可取。

第三类人则回答说：“当国家利益和银行利益发生矛盾时，我要尽全力淡化矛盾。”

主管人员认为这种人才是银行需要的高手。企业公关人员作为企业与公众之间的媒介，只有注重社会整体的协调性，善于采取圆融战术，才有可能妥善处理好企业与国家的关系。

进入公司瞬间，面试就已经开始

面试时不要把注意力只集中在专业问题上，面试官许多时候想了解的，是一个人的综合素养。一家公司的总经理曾经谈起过应聘时的细节问题，每次有人去面试的时候，她都会先给对方倒一杯茶。而面对这杯茶，面试者的反应有很大的区别。

第一种人，当看到有人给他倒茶时，一动不动、心安理得地在椅子上稳稳地坐着。

第二种人，将茶杯拿起来放到边上，连声称谢。

第三种人，立刻站起身来，抢过茶壶，说：“我来，我来……”

总经理认为通过这一杯茶，就能看到不同的人具有的不同素养。

第一种人自不必说，连基本的礼貌都不懂。

第二种人虽有礼貌，但不够主动。

而第三种人，是最有眼色的人，会主动做事。

别等面试官说“开始”，从走进面试官的办公室的那一刻起，面试就已经开始了。这时要对每个细节都加以留意，说不定被你忽视的部分就是面试的核心呢。

面试结束时的礼节是公司考查录用的重要环节。成功的方法在于，首先不要在面试官结束谈话前表现出浮躁不安、急欲离去的样子，你应该知道在什么时候告辞是最恰当的。

你应该把刚才坐的椅子扶正，一面徐徐起立，站在椅子的旁边，一面以眼神正视对方，与人事经理以握手的方式道别，趁机进行最后的表白，以显示自己的满腔热忱，边点头边说："谢谢，请多关照。""谢谢你给我一个面试的机会，如果能有幸进入贵公司服务，我必定全力以赴。"然后拿好随身携带的物品，到刚进门时的位置，先打开门，在出去之前要转向屋内，并有礼貌地鞠躬行礼，再次说"谢谢你，再见"之类的话，特别要注意的是，告别话语要说得真诚，发自内心。然后转过身轻轻地退出面试室，再轻轻将门关上。

离开面试室，在走廊里和公司范围以内，不要和别人讲述过程，不能马上打电话，甚至兴高采烈地大声高叫，也不能无精打采地走出办公大楼。经过前台或在接待处归还来宾证时，要主动与工作人员点头致谢，边点头边说："多谢关照。"有些应聘者对面试官彬彬有礼，走出门却对普通员工或其他工作人员傲慢无礼。

不要忘记，进入公司的瞬间，就要接受所有人的面试，公司里的每个人都是你的面试官。

PART 17

恋爱细节，俘获芳心

男人表白要刚柔并济

求爱是一种特殊的爱的信息交流，必须具备起码的前提条件。如果你不讲求爱的方法和技巧，直来直去地贸然向人家求爱，会碰一鼻子灰。

胡朋是一个老实人，他爱上了同事小玉，他觉得小玉对自己也有好感，只是拿不准。因为这事，他神魂颠倒，茶饭不香。一天，他决心向小玉求爱，管它成不成，至少心里踏实点，免得老是这样探不到底。刚巧，他从办公室出去办事时，在走廊里碰见了小玉。胡朋心里一冲动，说："小玉，你过来一下，我有话跟你说。"小玉走过来，问："什么事？""我爱你！你愿意跟我交朋友吗？"小玉毫无思想准备，大惊失色，啐道："神经病！"说完，匆匆而去。胡朋受此打击，不要说求爱，连小玉的面都不敢见了。

露骨地表达爱意，虽然是情感的真实表露，但由于过分关注功利性，便显得粗俗而肉麻，让对方难以接受，最终使爱情之舟搁浅，甚至触礁。

马克思曾经说过：“在我看来，真正的爱情是表现在恋人对他的偶像采取含蓄、谦恭甚至羞涩的态度。”含而不露的表白方式，是指用不包含“爱”的语言，表达“爱”的情感，这种方式适合于双方早已认识，并且有了较多的了解，而对方又是有一定文化教养且性格内向的人。由于这种方式发出的信息比较模糊，即使对方拒绝，也不至于难堪。

含蓄地表达爱情，可以使话语具有弹性，不至于一遭到拒绝就没法挽回。再者，这也符合恋爱时的羞怯心理。含蓄表达爱情的方法多种多样，要根据具体人、具体情况灵活运用。假如你的恋人是一位文化水平不高的人，你就不能采用写深奥难懂的诗赠给对方的方式。如果这样，非但不能达到表示爱情的目的，还可能会引起不必要的误会。

含蓄传情一般有以下三种方式：

（1）以言传意。在老电影《归心似箭》中，农家姑娘玉贞爱上了在她家养伤的解放军战士魏得胜。怎样表达这种爱情呢？有一天，玉贞在井边挑水，魏得胜夺过了水桶帮玉贞挑，玉贞深情地对他说："好，让你挑，俺还要让你给俺挑一辈子水呢！"字里行间没有"我爱你"三个字，可是，内心的火热感情谁也不会误解。

（2）以物传意。许多少数民族的姑娘常用赠送一个类似荷包、绣带等物品给男方，以表深情。马克思和燕妮求爱的方式也很别致。一天，马克思对燕妮说："我已经爱上一个人，决定向她求婚。"燕妮吃惊地问："这人是谁？"马克思没有正面回答，只是递给她一个小方盒，说打开这个小方盒就知道了。燕妮打开方盒一看，里面是一面镜子，照出了她自己清晰的面容，顿时恍然大悟。

（3）以物传意似乎仍有羞涩之处，因此有些人采用情书的形式。因为笔端泄情毕竟不同于面面相视，有些话可以考虑得周到些，或者说得大胆、直率一些，即使被对方拒绝也不至于弄得很难堪。在由他人介绍相识的恋人中，也有不少是通过介绍人在中间传递情意的，在这里，介绍人就起着"传书"的作用。

总之，应该根据双方的性格特征、文化素养、感情发展程度以及社会风尚等情况，选择适当的方式，说出"我爱你"。

和TA昔日的恋人成为朋友

很多情况下，恋人或夫妻分手并非因感情破裂，虽然分手了，他们心中仍然没有忘记对方，仍保留着对对方的一份情感，只不过新的婚姻和爱情使他们把那份情感埋藏得很深，不使它外露罢了。但就我们生活的狭小圈子来说，难免会碰上昔日的恋人，如真是这样，那么这时我们该怎么办呢？

生活经验告诉我们，最好的方法便是理解。它也包含两方面的内容：配偶之间的相互理解，与昔日恋人之间的相互理解。

有这么一个真实的故事：有一对夫妻，并不是因为爱情而结合，但在婚后的共同生活中逐渐有了感情，并且生下一子。

但双方都总感觉在幸福的背后还有那么一丝阴影，就是女方在婚前认认真真爱过一个人，是由于家庭原因分的手。面对昔日恋人一直未婚，女方觉得这是她犯下的不可饶恕的罪孽。

曾经一段时间内，妻子的情绪十分低落，聪明的丈夫已猜出了八九分。在他的追问中，妻子才说出她碰到过昔日恋人，面对着昔日恋人的落魄样，她还流了泪，使她心里更不安的是昔日恋人经常给她打电话。丈夫叹口气说："如果他再约见你，你就好好和他谈谈。""我相信我会与他成为朋友的！"

丈夫还特意补充了一句。

丈夫的理解，令妻子感动万分。如果说以前仍存那么一点异想的话，而今她觉得无论如何也不能愧对丈夫。于是，在与昔日恋人的再次约见中，她推心置腹谈了自己心理历程的变化，说明他们重修旧好已属不可能。她的真诚成功地换取了昔日恋人的理解，也唤醒了昔日恋人重新择偶的念头。而且她还真的使两个男人成了朋友。

要想把配偶与昔日恋人的关系都处理得这般圆满，自然是很困难的。但一般说来，最起码可以做到以下几点：

第一，宽大为怀。这种宽大并不是对配偶与其昔日恋人之间的事听之任之，而是以较好的修养冷静处事，或主动与配偶的昔日恋人接近，或尽可能与配偶的昔日恋人交朋友。即使有某种不快，也不能公开暴露，更不能闹得满城风雨，留下问题在家中再与配偶论短长。

第二，难得糊涂。允许配偶在心底留下一片自己的天空，也许你知道配偶与其昔日恋人偶有来往，完全不必见风就是雨。因为配偶与其昔日恋人来往不想让你知道，这就说明他这样做已有愧于你，本来他们之间没什么，经你一渲染，很可能使其产生逆反心理，让事情走向反面。装糊涂并不是对此事一

直不闻不问，而是在适当的时机里点明此事，使配偶大吃一惊之后羞愧而收敛。

第三，以退为进。夫妻双方都很忌讳一方与昔日恋人相处。假如配偶的昔日恋人千里迢迢出差来到你的居地，只是想见见面、叙叙旧，作为夫妻的一方，应该允许配偶与昔日恋人有这种机会。那么，他会在配偶的信任中与昔日恋人保持一定的距离，不越出“雷池”。强令阻止也可能使一些人勉强接受，但很可能阻止不了他偷偷去赴约，背着配偶与昔日恋人相见，而且还会对配偶的不近人情耿耿于怀，与昔日恋人之间会发生什么就很难预测了。

单刀直入地邀请女孩

初次接触后，怎样约女孩一起出游呢？大多数女生都会出于害羞和矜持而拒绝邀请，而男生也会因为害怕被拒绝，颜面扫地，通常不肯死皮赖脸地去邀请女生。其实恰恰相反，只要男生主动一些，在言语上略施小计，约女生出游并非难事。

当你要去邀请她时，不要用商量的口气问她“愿不愿意”之类的话，而最好直接说：“咱们一道去。”

如果用“愿不愿意”这种问法，乍看起来好像非常“绅士”，但事实上却给了对方说“好”或“不”的两种机会。警戒度高的女人，为了不节外生枝，干脆就摇头对你说“不”了。

相反，如果你用单刀直入的问法，那就大不一样了。

如果能在你的言辞中加入更多的肯定语气，勾勒出更多的美好画面，那对方肯定会怦然心动，最终答应你的恳求。

下面这一段，是一位小伙子煞费苦心地劝说心仪的女生答应邀约的对话：

“你今天真漂亮，晚上六点钟我们出去吃顿饭、聊聊天，好吗？”

“不行。”

“我们应该彼此多了解一点。就在六点钟好了，到时我来接你。”

“不行。”

“说不定我们可以遇到一个我们喜欢的人，或是一件有趣的事呢！就今晚六点钟吧！”

“不行。”

“六点钟见面以后，我们可以吃顿饭、看场电影，然后到咖啡厅去坐坐，我们会有一个非常美妙的夜晚，还是去吧！”

“是吗？”

“我发觉我越来越喜欢你，今天晚上一定要见到你，就六点钟，我来接你。”

“那好吧，六点钟见。”

可以看得出来，这个小伙子很聪明，肯定加“引诱”，在这段邀请词中，他表现出了极大的信心，他确信“会有一个非常美妙的夜晚”，所描述的美丽场景已经钻进了心仪女生的脑海里，她不得不最后“束手就擒”。

不要害怕太过主动，女生其实恰恰希望你能再多敲几次门，希望多听几次邀请她的话。只要做到情真意切，百折不挠，约她出来就并非难事。

刻意制造“机缘巧合”

在《机会》杂志创刊的时候，比尔·盖茨说过这样一句话：“根据我自己的经验，假如你爱上了一位姑娘，千万不要闷在心里，否则她就会属于别人。”言外之意，对于爱情，如果你还是一味地相信命运的安排，等待着好运的降临，一切也只能成为泡影。

聪明的男孩会主动创造机会，而不是等待机会。他会精心设计“巧遇”情节，让对方觉得两人之间似乎有姻缘红线，最后赢得女孩芳心。

有一个男孩住在一家医院附近，他看上了一位女护士，苦于难以接近她，于是他想到一个方法。

有一天，男孩双手抱满东西，和迎面匆匆而来的一个人撞了个满怀，东西散落一地。

这个人当然就是那个护士，她对自己的不小心连声道歉，同时帮他捡起散落的物品。男孩通情达理地说："没关系，你也是太忙碌了，才弄成这样嘛！"

初次的计划成功后，男孩每天在医院下班时间牵着小狗在附近徘徊。几天后，他又遇到了那个年轻护士，两个人攀谈起来，不久就成为恋人。

有一个男孩追一个女孩，他发现女孩早晨有跑步的习惯，于是他也开始跑步。

一次，在跑到女孩面前时，他友好地和她打招呼，脚下却失去平衡摔倒在地。他碰破了膝盖，女孩把他带到诊所，陪他看病。这样，男孩虽然跌伤了，却得到了和女孩接近的机会。

主动创造机会接近心仪的女孩，你才有可能与她由陌生人变成朋友，由朋友变成恋人。

时光如流水，爱情不会等你。喜欢她，就要创造机会，这个世界欣赏敢作为的男人。

美国电影《超人》中，超人平常不会显出超人身份，但却总会在他暗恋的女性面前突然变成超人。一般人要突然改变身份出现在恋人面前较难做到，不过如果可以突然出现在他（她）面前也算是偶遇的一种。

你知道对方每天的路径吗？什么地方是对方可能经过或

出现的地方呢？公司唯一的电梯口？对方习惯泊车的那个停车场？公交车站牌？等等。

如果你有把握，大概几点钟，对方会在哪个地方出现，你便可以偶尔给对方这种惊喜——好好地策划一番，和对方不期而遇，把自己当成礼物，“送”到对方面前。

即使是确定恋爱关系的情侣，也可采用“偶遇”招数，让平静的爱情掀起层层波澜，使彼此间充满激情、神秘感。

你不妨玩这样的游戏：快下班时在对方公司附近的街角打电话给对方，但别告诉对方你在哪里，最好让对方误以为你在家里。等对方走出公司，赫然发现你在对方面前，那种惊喜是很戏剧性的。

但是，这种游戏大概只能够玩一次，太频繁，对方就没有这么好“骗”，也没这么惊喜了。而且，这种惊喜不一定要安排在生日那天，可以只是两个人想出去吃顿饭、独处一下的时候，甚至也可以是“哪里都不想去，只想一起结伴回家”的时候。

同样的惊喜也可以安排在飞机场、火车站。你没有说要去接对方，却突然出现，对方一定非常感动。

每次让她先挂电话

婷和明恋爱的时候，虽然因为两人在不同的学校而不能经常见面，但常常通电话。每次打电话，两个人总要缠绵许久。末了，总是婷在明一句极为不舍的“再见”中先收了线，明再

男人表白要刚柔并济

细枝末节体现人情味

慢慢感受空气中剩下的温馨，还有那些难舍难分的言语。偶尔一两次，婷不愿意先挂，明就一直坚持下去。但后来，两人还是分手了。

婷属于那种高回头率的女孩，身边从来不缺追求者。她很快就有了新男友华，帅气、豪爽。女孩很得意，以为找到了一个比明更帅的男友。可她渐渐感到，她和华之间好像缺了点什么。是什么呢？她也不知道。只是和华通电话时，婷总感到自己的“再见”还只说了一半，华那边已经挂了线，婷感到那刺耳的声音在空气中结成冰，纵使通话时有再多的温情都像是转了个僵硬的弯。终于有一天，婷和华吵架了，华很不耐烦地转身走了，很潇洒的背影。婷很难过，却仿佛还掺杂着一种解脱。也许是脆弱吧，婷想起了明——那个每次通话要听完她“再见”的傻男孩。

一股热气从婷的心里升起，她很冲动地拿起电话，拨了明的号码，久违的声音传来，好像很深沉，好像多了一点苍老。

婷一阵难过，慌乱地说了声“再见”，可这次婷没有收线，一种莫名的情绪让她静静聆听电话那头的沉寂。不知过了多久，明的声音传了过来：“为什么不挂电话？”“为什么你总要我先挂呢？”婷抽噎着。“习惯了。”明平静地说，“习惯你先挂电话，这样我才放心。”“可是，”婷说，“你觉不觉得后挂线的人总会有些遗憾和失落？”

“所以我宁愿把这份失落留给自己，只要你开心就好。”当明的声音再次传来，婷终于控制不住，哇的一声哭出来。她终于明白：没有耐心听完她最后一句话的人，不是她一生的守

望者！

故事的结局不言而喻，婷和明和好如初。这次，婷下定决心，她再也不会轻易放开这个让她先挂电话的男人。

原来爱情有时候就这么简单，一个守候，便能说明一切。就像那首诗所描写的："我爱你，不是因为你能为我做什么，而是因为我能为你做什么。"

恋爱的细节最温暖人心。给心仪的女孩打电话时，最后最好轻轻地对她说："你先挂。"虽然自己听到的是"嘟嘟"的盲音，且有些失落，但女孩会回味着你带给她的温暖入眠。